U0292010

机械工程前沿著作系列 **HEP MEF**
HEP Series in Mechanical Engineering Frontiers

机械创新设计理论与方法

Theory and Method of Mechanical Innovative Design

JIXIE CHUANGXIN
SHEJI LILUN YU
FANGFA

邹慧君　颜鸿森　著

高等教育出版社·北京
HIGHER EDUCATION PRESS　BEIJING

内容简介

　　机械创新设计的目的是设计出工作机理独特有效、结构新颖巧妙的机械产品。机械创新设计的关键是方案设计，它决定了产品的质量、性能、功效和性价比等。

　　为了系统地阐述机械创新设计理论与方法，本书共设 14 章，除第 0 章绪论外，其余 13 章分为三篇。第一篇创新设计基础，包括创新思维和创新原理、创新技法；第二篇机构创新设计，包括机构的拓扑结构、机构的表示和特征、闭链机构的创新设计、开链机构的创新设计、变链机构的创新设计；第三篇机械系统创新设计，包括机械产品的市场需求和工作机理、机械创新设计过程模型和功能求解模型、工艺动作过程构思和分解、机械运动系统方案的计算机辅助设计、机电一体化系统方案设计基本原理、机械运动方案的评价体系和评价方法。

　　本书适合从事机械系统和机电系统设计与研究的科研人员、教学工作人员、研究生等参考使用。

图书在版编目(CIP)数据

　　机械创新设计理论与方法/邹慧君，颜鸿森著. —北京：高等教育出版社，2008.12(2014.3 重印)
　　ISBN 978 - 7 - 04 - 023719 - 1

　　Ⅰ. 机…　Ⅱ.①邹…②颜…　Ⅲ. 机械设计　Ⅳ. TH122

　　中国版本图书馆 CIP 数据核字(2008)第 150793 号

策划编辑	刘占伟	责任编辑　刘占伟	封面设计　刘晓翔	责任绘图　尹　莉
版式设计	范晓红	责任校对　杨凤玲	责任印制　田　甜	

出版发行　高等教育出版社　　　　　　　　咨询电话　400 - 810 - 0598
社　　址　北京市西城区德外大街 4 号　　网　　址　http：// www. hep. edu. cn
邮政编码　100120　　　　　　　　　　　　　　　　　　http：// www. hep. com. cn
印　　刷　北京铭成印刷有限公司　　　　　网上订购　http：// www. landraco. com
开　　本　787×1092　1/16　　　　　　　　　　　　　　http：// www. landraco. com. cn
印　　张　21　　　　　　　　　　　　　　　版　　次　2008 年 12 月第 1 版
字　　数　390 000　　　　　　　　　　　　印　　次　2014 年 3 月第 3 次印刷
购书热线　010 - 58581118　　　　　　　　定　　价　69.00 元

本书如有缺页、倒页、脱页等质量问题，请到所购图书销售部门联系调换。
版权所有　侵权必究
物　料　号　23719 - A0

前　言

21 世纪是世界全面进入知识经济的时代，人们更强烈地意识到一个国家的创新能力是决定其在国际竞争和世界总格局中地位的重要因素。

创新是一个民族进步的灵魂，是国家兴旺发达的不竭动力。当前，机械产品的国际竞争愈演愈烈，要使我国机械产品在世界市场中占有一席之地，特别是中高端市场，关键是增强我国机械产品的创新设计能力，迅速摆脱照搬照抄的传统设计模式，从而使我国制造业不但做大而且做强。

机械创新设计已经引起国内外机械工程界的普遍重视，机械创新设计的理论、方法、技术和应用已经被国内外从事机械设计的科技人员广泛研究。总的来说，机械创新设计的目的就是设计出独特有效的产品工作机理、新颖巧妙的产品结构，从而使新型机械产品具有较高的附加值和实用性。机械创新设计的内涵是比较广泛的，大致可分为机械产品方案创新、机械产品构形创新和机械产品工业设计创新等三个方面，它们大体对应于三项专利，即发明专利、实用新型专利和外形设计专利。

机械产品方案创新是机械产品设计中决定产品的质量、性能、功效、性价比等指标的关键，因此机械产品方案设计（又称为机械产品的概念设计）是机械创新设计中最关键的内容。作为一本阐述机械创新设计原理与方法的著作，其内容重点应放在机械产品的方案创新设计上。

机械产品不同于其他产品，它具有传递性、变换运动性、机械能的互换性等机械特征，因此应牢牢把握机械产品特征来研究机械创新设计的理论和方法。根据作者多年来对机械创新设计的研究，认为机械产品创新设计的过程应具有显著的创新性和可操作性，具体表现在：

（1）根据市场需求确定机械产品的功能；

（2）按机械产品的功能寻求产品工作机理；

（3）根据产品工作机理构思产品工艺动作过程；

（4）将产品工艺动作过程分解为若干可行的执行动作；

（5）选择或创新设计执行机构实现分解后的各种执行动作；

（6）将所得的执行机构按工艺动作过程程序进行关联组合，从而设计出机构系统。

从上述六个步骤来看,第 1 步至第 4 步是机械产品运动方案设计的基础和前提,为创新思维的发挥和展示提供了舞台,对机械产品的创新设计具有很大的影响。由第 5 步和第 6 步则可以看出,进行机械创新设计必须着重做好机构创新设计和机构系统创新设计两方面的工作,这也是本书加强对机构创新设计和机构系统创新设计理论和方法阐述的原因。为了使机械产品设计体现更大的创造性,还必须掌握好创新思维、创新原理、创新技法等,因此本书还专门对这些创新基础知识加以阐述。

本书共 14 章,除第 0 章绪论以外,其余 13 章分成三篇。第一篇为创新设计基础,包括第 1 章创新思维和创新原理,第 2 章创新技法;第二篇为机构创新设计,包括第 3 章机构的拓扑结构,第 4 章机构的表示和特征,第 5 章闭链机构的创新设计,第 6 章开链机构的创新设计,第 7 章变链机构的创新设计;第三篇为机械系统创新设计,包括第 8 章机械产品的市场需求和工作机理,第 9 章机器创新设计过程模型和功能求解模型,第 10 章工艺动作过程构思和分解,第 11 章机械运动系统方案的计算机辅助设计,第 12 章机电一体化系统方案设计基本原理,第 13 章机械运动方案设计的评价体系和评价方法。

本书由上海交通大学邹慧君教授和台湾成功大学颜鸿森教授紧密合作完成。两人长期以来对机械创新设计理论和方法进行了潜心研究,颇有心得。因此本书对机械产品创新设计理念的阐释具有明显特色,希望广大读者喜欢。

本书第 0 章、第 1 章、第 2 章、第 8 章、第 9 章、第 10 章、第 11 章、第 12 章、第 13 章由邹慧君教授撰写,第 3 章、第 4 章、第 5 章、第 6 章、第 7 章由颜鸿森教授撰写。

由于作者水平有限,不当之处在所难免,敬请广大读者不吝指正。

邹慧君　颜鸿森

2007 年 6 月 7 日

目　录

Table of Contents

Part Ⅲ　Creative Design of Mechanical System

第 0 章　绪　　论

0.1　机械的基本概念

0.1.1　机构、机器和机械

要研究机械创新设计，首先要真正理解机构、机器和机械的概念，掌握它们的内涵和基本特征。随着科学技术的发展，机构、机器和机械的概念也在发展，但它们的机械功能是不变的。

目前，机器种类繁多，遍及整个制造业，例如内燃机、蒸汽机、起重机、挖土机、纺织机、包装机、加工中心、电脑绣花机等。随着各个行业发展的需要，各种新颖形式的机器层出不穷，但无论是现有机器还是创新机器都具有机器的共同特征。机器实质上就是一种人工物体组成的具有确定机械运动的装置，用来完成一定的工作过程，以代替人类的劳动。现代化机器的组成比较复杂，通常由控制系统、信息测量和处理系统、动力系统及传动和执行机构系统等组成。现代化机器中的控制和信息处理是由计算机完成的。不管现代化机器如何先进，机械装置皆用于产生确定的机械运动，并通过机械运动来完成有用的工作过程。因此，实现机械运动的传递和执行的机构系统是机器设计的核心，机器中各个机构通过有序的运动和动力传递最终实现其设计功能。

那么什么是机构？从运动的角度来说，机器中的运动单元体称为机构。因此，机构是把一个或几个构件的运动变换成其他构件所需的具有确定运动的构件系统。从现代机器发展趋势来看，机构中的各构件可以都是刚性构件，也可以令某些构件是柔性构件、弹性构件、液体、气体或电磁体等。现代机器的产生和发展提出了广义机构的新概念，它将各种驱动元件与构件融合在一起。机构概念的提出有利于研究机器的组成，特别是作为机器核心的传动和执行机构系统的组成。研究机构的功用和特性将有利于进行机器的创新设计。

1

机械是机构和机器的总称。

此外，在实际生产过程中，还将多种机器组合起来，共同完成比较复杂的工作过程。这种机器系统称为生产线。

0.1.2　机械系统

从系统的概念来考虑问题，上述的构件系统、机构系统和机器系统均可称为机械系统，只是它们的组成要素各不相同。从完成单一的运动要求考虑，机构就是机械系统，它的组成要素是构件；从完成某一工艺动作过程的角度考虑，机器也是机械系统，它的组成要素是机构；从完成某一复杂的工艺动作和工作过程的角度考虑，生产线也是机械系统，它的组成要素是机器。如果从对某一机器进行加工制造的需要出发，可将其中的各个零件作为它的组成要素，因此零件组成的系统也可称为机械系统。由上述分析可见，机械系统是一个广义的概念，它的内涵要按分析研究的对象加以具体化。

广义的机械系统定义是：由各个机械基本要素组成的，能够完成所需的动作（或动作过程），实现机械能变化以及代替人类劳动的系统。机械系统的特点是必须完成动作传递和变化、机械能的利用，这是机械系统区别于其他系统的关键所在。

由于动作的实现方式和完成的具体功能的不同，机械系统的种类形形色色，例如液压系统、气动系统、物流输送系统、自动加工系统等均是机械系统。

机器的种类繁多，结构也愈来愈复杂，但从实现机器功能的角度来看，一般应该包括下列一些子系统：动力系统、传动－执行系统、操作系统及控制系统等。这些子系统分别实现各自的分功能，综合实现机器的总功能。从完成机器的工作过程需要来考虑，传动－执行系统是机器功能的核心。因此，一般情况下，机械系统研究的重点也是传动－执行系统。研究机械系统概念设计时将重点放在传递－执行机构系统上，其依据是显而易见的。

从系统设计的角度来看，把机械系统界定为机器是比较合理的，有利于开展机器的创新设计。目前，在许多文献上把机构也称为机械系统，从系统的观点来看这是正确的，但是对机构的结构、运动学和动力学的研究在机构学中已经有了深入和全面的阐述，是机构学的主要研究内容。因此如果把机构学的研究改称为机械系统的研究，反而易使人产生误解。本书将机器称为机械系统，有两方面的考虑：一是机器各部分作为组成要素可以按系统科学的方法来研究，有利于机器的创新并达到综合最优的目标；二是有利于将机器内部系统与外部环境系统综合在一起形成一个广义机械系统，使其成为人、机、环境的综合体，由此既能满足人机工程要求又能适应环境变化。

0.1.3 人、机、环境的广义机械系统

任何一台机器要达到最有效能的运动均离不开人和环境所构成的外部条件。我们把机器本身称为内部系统，把人和环境称为外部系统。内部系统和外部系统组成了全系统，也可称为广义机械系统，如图 0 - 1 所示。

外部系统

内部系统
（机器）

（人与环境）

图 0 - 1 广义机械系统

人与环境是机械系统存在的外部条件，人与环境对机械的效能起着一定的支配作用。机械系统的整体性是在内部系统与外部系统的相互联系中体现出来的。例如，一台精密加工机床的效能与操作者的生理、心理和技术水平有关，也与环境对机床的影响有关。

0.1.4 机械系统设计的重要性

机械系统是将机器看作具有特定功能的、相互间具有有机联系的组成部分所构成的一个整体。机械系统设计是从系统的观点来进行机器的设计，这将大大有利于机器设计的创新性、多样化和综合最优化。

机械系统设计的重要意义主要表现在如下几个方面：

1. 设计的创新性

机械系统设计把实现机器功能和进行功能分解作为设计出发点。由于功能的抽象化和功能分解的多样化，将大大有利于机械设计的创新，而不拘泥于老套套。

将机器所要实现的功能加以抽象化，可以开阔设计者的思路，采用多种工作原理实现机器的功能，有利于机器的创新。

功能分解和功能结构的多样性，可使机器总功能的实现方案多种多样，设计者可以从中寻求适合某些要求的综合最优方案。

2. 设计的全面性

机械系统设计需要考虑产品生命周期全过程各个阶段的要求，包括市场的显需求或隐需求；寻求设计方案的综合最优化；实现产品制造的经济性和先进性；满足用户要求和有利于维护保养；考虑回收利用等问题。机械系统设计中考虑的问题比较全面，从而可以大大提高设计水平和质量。

系统设计的全面性使所设计的产品更具市场竞争力，能满足人类可持续发展的需要。

3. 设计的系统性

机械系统设计强调了机器本身是由各部分组成的相互联系、相互作用的系统，各部分的要求离不开整体的需求，从而使机器的设计更具整体优良性能。一个系统中，部分的作用是通过总体来体现的，有了总体的概念，才能处理好各个部分的设计。

机械系统设计的系统性还表现在人、机、环境的广义系统的考虑方面，从而使机械系统更有利于发挥人－机的整体效率，使机器的效能得到充分的发挥。人－机系统把人看作系统的一个组成部分，同时按人的特性和能力来设计和改造系统。

环境可以作为人－机系统的干扰因素来理解，系统设计就是要排除环境的不利影响。

4. 设计的综合最优化

机械系统是由相互作用和相互依赖的若干组成部分结合而成的具有特定功能的有机整体。各部分的设计必须符合整体的需要，离开整体需要的部分设计是没有意义的。因此系统设计特别强调系统思想，追求目标系统综合最优化。

机械系统的各个组成部分不能离开整体来研究，各个组成部分的作用不能脱离整体的协调来考虑。在一个整体系统中，即使每个组成部分并不很完善，但通过一定方式加以协调、综合也可成为具有良好功能的系统；反之，即使各个组成部分都很好，若协调不好也可成为性能不佳的系统。

系统的综合最优化要求机械系统设计时追求整体最优、全局最优。为了达到这一目标，通常采用综合评价方法来寻求综合最优的机械系统方案。

0.1.5　机械系统的能量流、物质流和信息流

机械系统与其他系统一样都存在着能量流、物质流和信息流的传递和交换。机械系统的能量流、物质流和信息流又有它们特殊的形态和变化规律。

1. 能量流

能量流在机械系统中存在于能量变换和传递的整个过程，它是机械系统完成特定工作过程所需的能量形态变化和实现动作过程所需的动力。没有能量流也就不存在机械系统的工作过程。在机械系统中能量流又有其特定的变化规则，即机械系统中存在机械能转换成其他形态的能，或者其他形态的能转换成机械能的现象。机械能与其他形态能的互换是机械系统主要的能量流特征，没有这种转换也就不能成为机械系统。

能量的类型也是多种多样的，例如机械能、热能、电能、光能、化学能、太阳能、核能、生物能等。机械系统的动能和位能均属于机械能。

电动机将电能变换成机械能；内燃机将燃油的化学能通过燃烧变成热能，再由热能变换成机械能；发电机将机械能变成电能；压气机将机械能变换成气体的位能等。

图 0 - 2 表示电动机的能量流；图 0 - 3 表示内燃机的能量流；图 0 - 4 表示发电机的能量流；图 0 - 5 表示气压机的能量流。

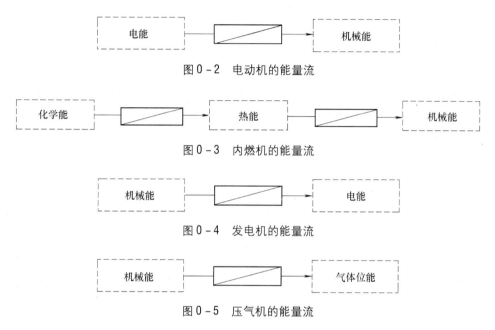

图 0 - 2　电动机的能量流

图 0 - 3　内燃机的能量流

图 0 - 4　发电机的能量流

图 0 - 5　压气机的能量流

对于电动机驱动的切削加工机床的能量流可用图 0 - 6 表示。

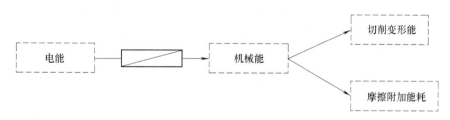

图 0 - 6　电动机驱动的切削加工机床的能量流

对于电动机驱动的工业平缝机的能量流可用图 0 - 7 表示。

图 0 - 7　电动机驱动的工业平缝机的能量流

能量流表示图能较好地反映该机械系统的功能和工作特性。所有机械系统必须有机械能与其他形态能的互换以及机械能的利用等，否则就不成为机械系统。例如

图0-3所示的内燃机的能量流，如果只有化学能变成热能而不再变成机械能，则这个系统就成为燃烧器。

2. 物质流

物质流在机械系统中存在的主要形式是物料流，它是机械系统完成特定功能过程中的工作对象和载体，没有物料流也就体现不出机械系统的工作过程和工作特点。

物料的种类也是多种多样的，例如金属材料包括黑色金属和有色金属，纺织品包括麻、棉、丝等，塑料包括容器、薄膜等，此外还有皮革、橡胶，各种液体，各种气体等。

物料流是物料的运动形式变化、物料的构型变化以及两种以上物料的包容和混合等的物料变化过程。机械系统的物料只有形态、构型、包容、混合的变化，也就是说物料只产生物理的、机械的变化。

机械运动系统所实现的工艺动作过程是为了满足特定的物料变化过程。

金属切削机床是将金属毛坯通过上料、切削、下料得到所需形态的零件；织布机械是将纱线织成布匹；包装机械是将物件包入包装容器；汽车是将人或货物运送到指定场所；挖土机是将土壤挖开并运送土块。

图0-8表示缝纫机的物质流，即输入面料、缝线，输出缝制后的缝纫制品；图0-9表示包装机械的物质流，即输入被包装的物件、包装容器，输出包装后的成品；图0-10表示金属切削机床的物质流，即输入工件的毛坯、切削冷却液，输出制成的零件及切削冷却废液。

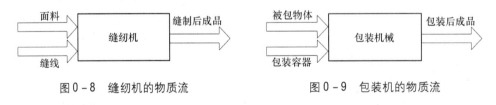

图0-8 缝纫机的物质流　　　　　　图0-9 包装机的物质流

图0-10 金属切削机床的物质流

物质流细化后可以较全面地反映机械系统的工作特点和工作过程，有利于区别机械系统的工作类别。物质流的变化过程和变化规律代表了机械系统的工作机理，这是机械系统设计的重要依据。

3. 信息流

信息流是反映信号、数据的监测、传输、变换和显示的过程。信息流的功用是实现机械系统工作过程的操作、控制以及对某些信息实现传输、变换和显示。因此，信息流对于机械系统实现有序、有效的工作过程是必不可少的。

信息的种类是多种多样的，例如某些物理量信号、机械运动状态参数、图形显示、数据传输等。

在工作机器中，信息流对实现机械系统的操作和控制是必不可少的，例如加工中心的工作过程是根据给定的信息和数据来控制的。

在信息机器中，信息流的作用更加突出，例如照相机根据所拍摄景象的远近、外界光线的强弱确定距离、光圈大小以及曝光时间，最终通过成像原理获得清晰的景象。

图 0-11 为"傻瓜"照相机的主要信息流的示意图。

图 0-11 "傻瓜"照相机的主要信息流

信息流主要反映了机械系统信号和数据的传递、工作过程的基本特点以及如何实现机械系统操作和控制等，对了解一个机械系统具有重要的意义。

由上述分析可见，任何一台机器的主要特征都是从能量流、物质流和信息流中体现出来的，要设计一台新机器首先应剖析其能量流、物质流和信息流，即从能量流、物质流和信息流着手，构思各种供选择的能量流、物质流和信息流就可得到多种新机器方案。

0.2 机器的类型及其基本特征

0.2.1 机器的分类

机械系统的概念是广泛的，但是从机械产品设计的需要出发，我们重点研究机器的运动方案设计。因此，应对机器的类别作较为系统的研究。

机器的种类繁多，形形色色，但根据工作类型，机器可以分为三类，即动力机器、工作机器和信息机器。

动力机器的功用是将任何一种能量变换成机械能，或将机械能变换成其他形式的能量，例如内燃机、压气机、涡轮机、电动机、发电机等都属于动力机器。

工作机器的功用是完成有用的机械功或搬运物品，例如金属切削机床、轧钢机、织布机、包装机、汽车、机车、飞机、起重机、输送机等都属于工作机器。

信息机器的功用是完成信息的传递和交换，例如复印机、打印机、绘图机、传真机、照相机等都属于信息机器。

不管现代机器如何先进，机器与其他装置的主要不同点是产生确定的机械运动，完成有用的工作过程，随之也发生能量的交换。无论是动力机器、工作机器还是信息机器，它们的工作原理虽然各不相同，但都必须产生有序的运动和动力传递，并最终实现功和能的交换，完成特有的工作过程。有序运动和动力的传递主要是依靠机器的运动系统，也就是传动－执行机构系统。因此，机械运动方案设计就成为机器设计的关键。

按机器的工作类型来划分机器，可以将众多的机器分成三种类型，这将有利于寻找机器设计的一般规律，根据机器的工作特点来进行机械运动系统的创新设计。

0.2.2　机器的基本特征

任何机器从总体上看是实现某种能量流、物质流和信息流传递和交换的，如图0－12所示。因此，可以这样说，任何一种机器都是实现输入的能量、物料、信息和输出的能量、物料、信息的函数关系的机械装置。新机器的设计就是为了建立实现这种函数关系的机械系统。

通过对输入的能量、物料、信息形态和输出的能量、物料、信息形态的深入分析，可以求出机器所要实现的功能。再通过功能分析和功能求解来构思和设计新机器的运动方案。

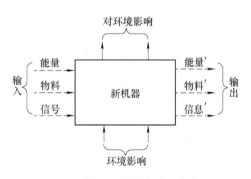

图0－12　三流的传递和变换

分析三类机器的基本特征将会找到一些设计新机器的线索，从而便于构思和设计。

三类机器的基本特征可以用表0－1来说明。

表0－1　三类机器的基本特征

特征\类别	能量流	物料流	信息流	举　例
动力机器	将其他能量变换成机械能；将机械能变换成其他能量	为了实现能量变换所需的物质运动变换	控制能量变换的速度和大小	内燃机、电动机等；发电机、压气机等
工作机器	实现物料搬移所需的机械能；实现物料形态变化所需要的机械能	物料从一位置搬移至另一位置，即上料、切削、下料（或上料，包装，下料）	控制物料搬移，即控制上料、加工、下料	起重机、汽车等；金属切削机床、包装机等

续表

特征　　类别	能量流	物料流	信息流	举　例
信息机器	实现信息传递和变换时所需的能量，这种能量较小	信息载体的输送和转移	相关信息的传递和变换	绘图机、复印机、照相机等

由表 0 - 1 可见，动力机器的最基本特征是其他形式能量变换成机械能，或将机械能变换成其他形式的能量，这种能量变换就是动力机器的主要功能。

同样，从表 0 - 1 可见，工作机器是利用机械能来搬移物料或改变物料的构形。因此，它最基本的特征是使物料产生运动、改变构形、进行包容等。工作机器的动作过程相对比较复杂。

信息机器的主要功能是传递和变换信息。对于普通的印刷机其传递和变换原理比较简单，由给纸、匀墨、印刷和收纸等动作完成；静电复印机的工作原理较为复杂，它由控制系统、曝光系统、成像系统以及搓纸及图像转印系统组成，完成曝光、显影、转印、定影等工作。

虽然动力机器的基本特征是机械能与其他形式能量的互变，工作机器的基本特征是搬移物料或改变物料构形，信息机器的主要特征是传递和变换信息，但是它们都应该具有其他形式的流，如动力机器还应有物料流和信息流，工作机器还应有能量流和信息流，信息机器还应有能量流和物料流。每种机器的三种流（能量流、物料流和信息流）构成了机械系统特有的性质。

0.2.3 动力机器类别与功能

化学能变换成机械能的动力机器有汽油机、柴油机、燃气轮机等，它们将燃油或煤燃烧后使其由化学能变成热能，形成高压燃气或高压蒸汽，由此产生机械能。对于这种动力机器，关键是如何有效地将化学能变成热能。而由热能转换成机械能的机械装置其结构一般不太复杂。这类动力机器的设计较多地涉及热能学科。

电能变换成机械能的动力机器有三相异步电动机、直流电动机、变频电动机、伺服电动机、步进电动机等，它们将电能变换成机械能。这类动力机器的设计主要应用电磁理论和电工学。

机械能变换成其他形式的能的动力机器有压气机、水泵、发电机等。这类动力机器的设计需按相关的转换原理，涉及各种专业知识。

总之，动力机器的设计要涉及其他形式能量与机械能互换的基本原理。动力机器所涉及的执行机构一般并不复杂，而能量变换原理则往往成为这种机器设计的关键。

0.2.4　工作机器的类别与功能

工作机器种类繁多，是三类机器中类别最多的一类。过去这类机器往往按行业来分，例如机床、重型机械、矿山机械、纺织机械、农业机械、轻工机械、印刷机械、包装机械等。按行业和用途类型来划分机器类别对生产和应用是有利的，但是从设计的角度看，按工作特点来对机器进行分类是比较有利的。应用比较广泛的机器可以分成如下几类：

（1）金属切削机床，例如车床、铣床、刨床、磨床，加工中心等。它们主要的工作特点是工件和刀具的夹持和相对运动情况。按物料输入、输出状况可确定机床的类别和组成特点。

（2）运输机械，例如起重机、输送机、提升机、自动化立体仓库等。它们的工作特点是搬运物料、堆积货物。按物料类别不同和搬运要求可确定机器的类型。

（3）纺织机械，例如各种纺机、各种织机。它们的工作特点是将纱线按要求进行纺纱、织布。按纺纱和织布的不同工作原理可确定机器的类型。

（4）缝制机械，例如各种平缝机、包缝机、绷缝机、钉扣机、锁眼机、绣花机等。它们的工作特点是按缝纫要求运送衣料和缝线，形成衣料成品。不同的缝制要求就构成不同的缝制设备。

（5）包装机械，例如糖果包装机、啤酒罐装机、软管充填封口机、制袋充填包装机等。它们的工作特点是将物料（包括固体、液体、气体）充入容器，或将包装材料包容物料。由于物料形态不同，包装物具体情况相差较大，包装机械的执行动作构想和执行配合就会有不同的设计方案。

工作机器的设计关键在于如何构想物料的动作过程，实现相应的工艺动作过程。

0.2.5　信息机器的类别与功能

信息机器的种类不多，一般有打印机、传真机、绘图机、照相机等。信息机器的功能是进行文字、图像、数据等的传递、变换、显示和记录。信息机器由于其工作原理的不同，具体的结构形式也多种多样。信息机器是精密仪器技术、传感技术、计算机控制技术、微电机技术等多种技术的融合体，是典型的机电一体化产品。例如，打印机由打印机构、字车机构、走纸机构三部分组成；静电复印机由曝光、控制、成像以及搓纸、输纸、图像转印四部分组成；绘图机通过接口接收计算机输出的信息，经过控制电路由 X 轴步进电动机和 Y 轴步进电动机发出绘图指令，由电动机驱动滑臂和笔爪滑架移动，同时逻辑电路控制绘图笔运动，在绘图纸上绘制所需图形。

信息机器的设计要求对文字、图像、数据等的传递、变换、显示和记录等工作原理和实现技术要有全面的掌握。信息机器虽然种类不多，但是设计难度较大，而且这类机器更新速度较快，机电一体化水平较高。

0.3 机械产品设计的一般程序和内容

0.3.1 机械产品设计的类型

根据机械产品设计的要求、内容和特点，一般可分为开发设计、变异设计和反求设计。

1. 开发设计

针对新的市场需求和新的设计要求，提出新的设计任务，完成产品规划、产品原理方案设计、概念设计、构形设计、施工设计等设计过程。开发设计具有开创性和探索性，其设计风险较大，但一旦成功获益也较大。

2. 变异设计

在已有产品基础上，针对原有缺点或新的工作要求，从工作原理、功能结构、执行机构类型和尺度等方面进行一定的变异，设计出新产品以适应市场需要，增强产品竞争力。这种设计也包括以基本型产品为基础，保持工作原理不变，开发出不同参数、不同尺寸或不同功能和性能的变型系列产品。变异设计具有适应性和变异性，由于这种设计在原有产品上进行发展，因此风险也较小。

3. 反求设计

针对已有的先进产品或设计，从工作原理、概念设计、构形特点等方面进行深入分析研究，必要时还需进行实验研究，从而探索其关键技术，在消化、吸收的基础上，开发同类型但又能避开其专利的具有自己特色的新产品。反求设计绝不是对现有先进产品的照搬照抄，而是在消化、吸收的基础上进行再创造。

一个企业、一个行业要谋求发展就应重视产品的开发设计，但大量的设计毕竟还是变异设计、反求设计，因此要重在这两种设计中创新。设计的本质是创新，设计的生命力也在创新。

0.3.2 机械产品设计的一般程序

无论哪一类设计，为了提高机械产品设计质量和设计水平，必须遵循科学的设计程序。目前较为广泛应用的机械产品设计程序如图 0 - 13 所示。

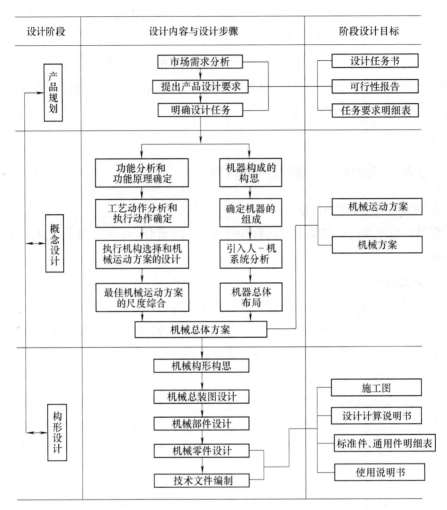

图 0 - 13　机械设计的一般程序框图

　　目前对机械产品设计程序的表达不尽相同。图 0 - 13 突出了具有创新思维的概念设计阶段，说明产品设计中创新的重要性。

0.3.3　机械系统设计的基本内容

　　对图 0 - 13 所示的三个设计阶段的基本内容分别进行阐述。

1. 产品规划

　　产品规划要求进行需求分析、市场预测、可行性分析，确定设计参数及制约条件，最后给出详细的设计任务书(或要求明细表)作为设计、评价和决策的依据。

2. 概念设计

　　需求是以产品的功能来体现的，功能与产品设计的关系是因果关系。体现同一功能的产品可以有多种多样的工作原理。因此，这个阶段的最终目标就是在功能分析的基础上，通过构想设计理念、创新构思、搜索探求、优化筛选较为理想的工作原理方案。对于机械产品来说，在功能分析和工作原理确定的基础上进行工艺动作构思和工艺动作分解，初步拟定各执行构件动作相互协调运动的循环图，进行机械运动方案的设计（即机构系统的型综合和数综合）等，就是产品概念设计过程的主要内容。

3. 构形设计

构形设计是将方案（主要是机械运动方案）具体转化为机器及其零部件的合理构形，也就是要完成机械产品的总体设计、部件和零件设计，完成全部生产图纸并编制设计说明书等相关技术文件。

构形设计时要求零件、部件设计满足机械的功能要求；零件结构形状便于制造加工；常用零件尽可能实现标准化、系列化和通用化；总体设计还应满足总功能、人机工程学、造型美学以及包装和运输等方面的要求。

构形设计时一般先由总装配图分拆成部件、零件草图，经审核无误后，再由零件工作图、部件工作图绘制出总装配图。

最后还要编制技术文件，如设计说明书，标准件、外购件明细表，备件、专用工具明细表等。

0.4 机械创新设计的内涵和方法

0.4.1 关于设计

英文单词 design（设计）起源于拉丁语 designare（动词）和 designum（名词）。designare 由 de（记下）和 signare（符号、记号、图形）两词组成。因此，design 的最初含义是将符号、记号、图形之类记下来的意思。随着科学技术的发展，设计不断向深度和广度发展，以至人类活动的一切领域几乎都离不开设计。

设计是根据一定的目的要求预先制订方案、图样等，设计是一个创造性的决策过程。

设计普遍存在于人类社会活动的各个领域，其中包括人类的生产活动、科学活动、艺术活动和社会活动。设计的目的是要人为地创造事物，因此设计本身是创造事物的开端，这种开端最终带来形形色色的人为事物，从而造福人类，开创未来。

如图 0-14 所示，设计所包容的类型多种多样。其中工程设计（engineering design）应用范围十分广泛。工程可定义为"应用科学和数学，将自然界中的物质与能源制成有益于人类的结构、机器、产品、系统或工艺流程等"。工程设计定义为

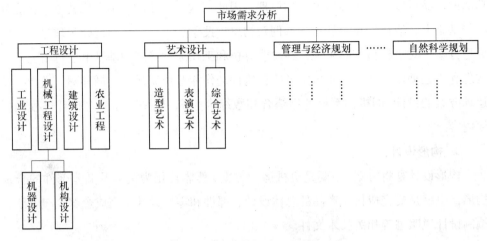

图 0 - 14　设计所包容的设计类型

"一个创造性的决策过程，即应用科技知识将自然资源转化为人类可用的装置、产品、系统或工艺流程"。

机械工程是工程的一个主要领域。机械工程设计（mechanical engineering design）或简称为机械设计（mechanical design），是指机械装置、产品、系统或生产线设计。

机械设计主要包括机器设计（machine design）和机构设计（mechanism design）。

0.4.2　机械创新设计的内涵

设计的本质是创新。机械创新设计主要包括机器创新设计和机构创新设计。

机器创新设计就是设计人员运用创新思维和创新设计理论、方法设计出结构新颖、性能优良和高效的新机器。机器创新设计本身也存在创新程度多少和创新水平高低之分。评价机器创新设计水平的关键是新颖性的高低。新颖性主要表现在机器工作原理要新，结构要新，组合方式要新。

一种新机器工作原理的构思往往可创造出一类新的机器，例如激光技术的应用产生了激光加工机床、激光治疗仪、激光测量仪等。创造出一种新的执行机构类型也可造就一类新机器，例如抓斗大王包起帆采用多自由度差动滑轮组和复式滑块机构创造、发明了性能独特的"异步抓斗"。采用新的组合方式亦可创造出一种新机器，例如美国阿波罗飞船在没有重新设计和制作一件元件、零件的情况下，通过功能分解选用现有的元器件及零部件，用功能组合原理建造出世界第一艘阿波罗飞船，并取得了满意的结果。组合创新实质上是用现有的元器件去实现崭新的设计方案。由此可见，机器创新设计的内涵是十分广泛的。

归纳起来，机器创新设计的内容一般包括四个方面：

（1）机器工作原理的创新。采用新的工作原理，就可设计出崭新的机器。例如采用石英晶体振荡的定时性原理，创造出新一代的计时器——石英手表，又如采用静电感应和激光原理创造出激光打印机并取代了机械式打字机。

（2）机器功能解的创新设计。这属于方案设计范畴，其中包括新功能的构思、功能分析和功能结构设计、功能的原理解创新、功能元的结构创新等，从机械方案设计角度看，核心部分还是机械运动方案的创新。把机械运动方案创新设计作为机器创新设计的重点是十分必要的。

（3）机械零部件的创新设计。机械方案确定以后，机械的构形设计阶段也有许多内容可以进行设计创新，例如用新构形的零部件可以提高机器的工作性能、减小尺寸及重量，又如采用新材料可以提高零部件的强度、刚度和使用寿命等。

（4）工业艺术造型的创新设计。对机器的造型、色彩、面饰等进行创新设计可以增强机械产品的竞争力。产品的工业艺术造型设计得好，可令使用者爱不释手，同时也使机器的功能得到充分的体现。

机械创新设计的内容虽然主要包括四个方面，但是最关键的还是前两方面的创新设计，这属于机器方案创新设计范畴。

根据以上阐述内容，可以对机械创新设计定义如下：在机械设计过程中，对各个阶段的某些设计内容进行创造性设计，使之具有首创性、新颖性。

0.4.3 机械创新设计主要内容

机械是机器和机构的总称，因此机械创新设计主要包括机构创新设计和机器创新设计两大部分。

1. 机构创新设计

机构的功用是实现各种工艺动作。为了使机构实现灵巧的、新颖的功用，需进行机构的创新设计。机构创新设计的基本方法有以下几种：

（1）机构类型创新和变异设计。借助现有的机构的运动链类型，通过类型创新或变异创造出新的机构类型，满足新的设计要求。图 0-15 所示为机构类型创新设计的程序。

对机构类型创新设计可根据运动链特性不同分为①闭链机构的创新设计；②开链机构的创新设计；③变链机构的创新设计。

（2）利用连架杆或连杆运动特点创新机构。图 0-16 所示为摇杆滑块机构 *ABC*。利用机构左右对称性，当拉动滑块上下运动时，构成左右抓斗的连杆 3 或闭合抓取粒状物体或开启散落粒状物体。图 0-17 所示为双摇杆铸锭供应机构。利用连杆 3 的特殊构形的位置与姿态，将加热炉中出料后的铸锭 8 运送到升降台 7 上，从而使其成为出料机械。

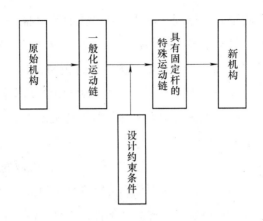

图 0 - 15　机构类型创新设计的程序

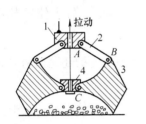

图 0 - 16　摇杆滑块抓取机构

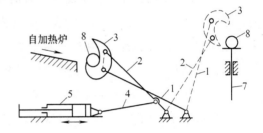

图 0 - 17　双摇杆铸锭供应机构

（3）利用两构件相对运动关系创新机构。图 0 - 18 所示为铰链四杆分送工件机构。利用摇杆和连杆的特殊形状和运动关系得到一个分送工件机构。图中位置Ⅰ将圆柱工件接位，位置Ⅱ将圆柱工件送出，位置Ⅲ将工件送到滑块 S 处滑下。这是用简单的机构完成较为复杂的动作过程。图 0 - 19 所示为圆转轮系的抓斗机构，其中转臂 3 扩展为左侧爪，齿轮 2 扩张为右侧爪。

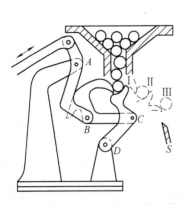

图 0 - 18　铰链四杆分送工件机构

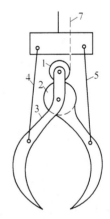

图 0 - 19　转轮系抓斗机构

（4）用成型固定构件创新复杂动作机构。图 0 - 20 所示为象鼻成型器折弯成型式充填封口切断机示意图。平张卷筒薄膜 1 经导辊至象鼻成型器 2（它是一个呈象鼻形状的固定模板）后被折弯呈圆筒状，然后借助于等速回转的纵封辊 4 加压热合并连续向下牵引，使其成连续的圆筒状。物料由料斗 3 落入已封底的袋筒内，并由不等速回转的横封辊 5 将该袋筒的上口缝合，再由回转切刀 7 切断后排出机器外。封好后的袋型为对接纵缝三面封口的扁平型。象鼻成型器将平张薄膜逐渐弯折成圆筒形使制袋机构大为简化。这种采用成型固定构件创新设计机构的方法在包装机械中得到了广泛应用，它实现了比较复杂的工艺动作过程。

（5）利用组合原理进行机构创新。可以利用多种机构巧妙地组合成具有独创性的机构，其典型例子是包起帆发明的异步抓斗。它是多自由度差动滑轮机构和复式滑块连杆机构的组合。

多自由度差动滑轮组的主要作用是获得各个爪子的差动运动，从而达到异步的目的。图 0 - 21 所示为六自由度差动滑轮组，将滑轮组划分为左右两部分是为了适应抓斗

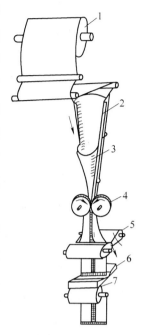

图 0 - 20 折弯成型式充填封口切断机

机构安排上的需要。图 0 - 22 所示为六自由度差动滑轮组沿圆周均匀分布的示意图，这种布置的目的是形成六个爪子的异步抓斗，它能适应三对爪子分别闭合的需要。

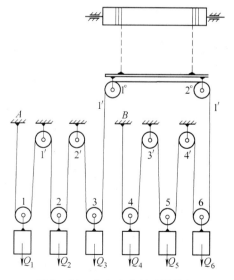

图 0 - 21 六自由度差动滑轮组

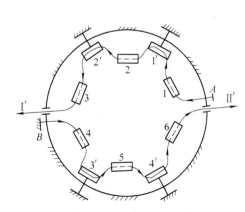

图 0 - 22 差动滑轮组的分布

复式滑块连杆机构如图 0 - 23 所示，EF 为摇杆，EG 为连杆，W_1 为小滑块，

W_2 为大滑块。小滑块 W_1 在大滑块的导槽中滑移行程为 h_1，大滑块 W_2 在机架导槽中滑移行程为 h_2。依靠这种大、小行程可以控制一对爪子的异步程度。图 0-24 是实际应用中的复式滑块连杆机构，摇杆 EF 称为撑杆，连杆 EG 就是抓斗的一个颚瓣(爪子)。

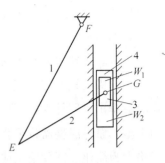

图 0-23　复式滑块连杆机构

为了表示异步抓斗的机构构成，图 0-25 画出了一对爪子的机构示意图，它是将二自由度的差动滑轮组和一对复式滑块连杆机构组成了二自由度二颚瓣异步抓斗机构。很明显，左右两侧的滑块连杆机构的运动是差动的，将产生异步动作。

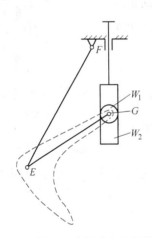

图 0-24　异步抓斗所应用的
复式滑块连杆机构

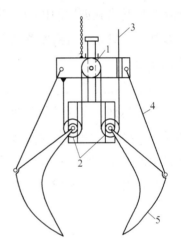

图 0-25　异步抓斗
1 为定滑轮；2 为动滑轮；3 为绳索；
4 为撑杆；5 为颚瓣

同理，可以将具有三个、四个或更多个自由度的差动滑轮组和相应数目的复式滑块连杆机构组成具有相应自由度和颚瓣数的异步抓斗机构。包起帆所发明的六自由度、六颚瓣异步抓斗其颚瓣就是沿圆周方向均布的，这里不再赘述。这种花瓣式的异步抓斗可以抓取大小不一的物块，通过颚瓣的逐一闭合，以及最后所有颚瓣的完全闭合来做到安全、高效地抓取物块。从实际效果看，这种抓斗比原来的同步抓斗要好得多。包起帆的发明再次说明，应用已有的机构进行组合同样可以创造出性能优秀的新颖机构。

（6）采用高低副互代法创新机构。图 0-26a 所示为电脑多头绣花机中关键部分(挑线刺布机构)的简图，它由凸轮、齿轮、连杆机构组合而成，具有单自由度。其中 1-2-3-8 为挑线机构，1-4-5-6-7-7 为刺布机构。为了解决凸轮挑线机构制造困难和工作噪声大的问题，同时为了避开凸轮挑线机构设计专利，采用高低副互代法后可得到图 0 - 26b 所示的连杆挑线替代机构，经过实践检验效果极佳。

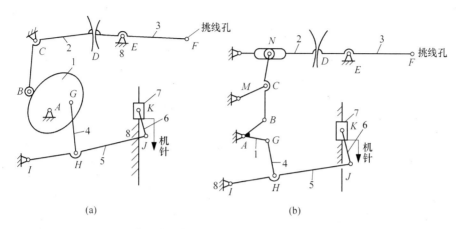

图 0 - 26 多头绣花机挑线机构高低副互代

机构创新设计方法很多，本书在第二篇将重点介绍机构类型的创新设计方法，对比较复杂的闭链机构、开链机构和变链机构的创新设计理论和方法将做系统的阐述，并用实例加以具体说明。

2. 机器创新设计

机器创新设计的关键内容是进行机器运动方案的设计，也就是对机器中实现运动和功能的机构系统方案进行创新设计。

机器创新设计的基本内容包括机械产品需求分析、机器工作机理描述、机械产品设计过程模型和功能求解模型、工艺动作过程的构思与分解、机械运动方案的组成原理、机械运动方案设计的评价体系和评价方法以及机电一体化系统设计的基本原理。

第一篇 创新设计基础

　　创新设计涉及的内容实在太广，对于一本专门阐述机械产品创新设计理论和方法的著作，应该强调其机械方面的特色，否则就没有必要专门撰写此书。目前，国内已经出版了许多机械创新设计方面的图书，其中就与设计方法学内容相关，使人感觉其内容过于广泛，主题不够鲜明，缺乏机械设计的特点。因此，本书在编写时重点阐述了机械创新设计和机械系统创新设计。要进行机械创新设计，就必须开阔思路，掌握创新的基本原理，因此本篇内容阐述了创新思路的基本特征、创新原理的主要类型以及创新设计的常用方法。本篇在取材上尽量紧密结合机械设计特点，从而使读者有较深的体会，便于将来应用。

　　本篇共分两章：第1章为创新思维和创新原理，阐述创新思维的类型和特点、创造性基本原理和思维活动方式以及创新法则；第2章为常用创新技法，介绍常用创新技法，便于读者体会和实践创新设计，提高创新设计能力。

第1章 创新思维和创新原理

1.1 概述

1.1.1 创新是人类社会进步的强大动力

人类社会发展的历史同时也包含着科学技术发展的历史,人类社会的进步依靠科学技术的发现、发明和创造。

美国未来学家阿尔温·托夫勒在其《第三次浪潮》一书中把人类文明历史划分为三个时期,即第一次浪潮,农业经济文明时期,时间大约为公元前 8000 年到公元 1750 年;第二次浪潮,工业经济文明时期,时间约为 1750 年—1955 年;第三次浪潮,一般认为从公元 1960 年左右至今,称为信息经济文明阶段。

三个不同的经济文明阶段都是以关键性科学技术的发现、发明和创造来引领的。火的发现和使用以及新石器与弓箭的发明和使用使人类由原始社会迈向使用生产工具的农业经济社会;蒸汽机的发明和广泛应用,使人类社会由农业经济社会发展至使用动力机械和工作机械的工业经济社会;微电子技术和信息技术的发明和广泛应用,为工业经济的信息化加速发展创造了条件,使人类社会开始进入信息经济文明阶段。

三个不同经济文明阶段的发展都离不开创造性技术的发展以及制造工具和制造机械的进步,这也说明了机械创新设计在人类文明发展史中的重要作用。

人们常常把科学技术的发现、发明和创造统称为创新,或称技术创新。其实,创新有两层含义:一是新颖性;二是经济价值性。只有那些具有产业经济价值的发现、发明和创造才可称之为创新。

创新是人类社会进步的强大动力,是民族进步的灵魂,是国家兴旺发达的不竭动力。创新对于一个民族、国家的兴衰具有十分重要的意义。

中华民族是富有创造性的民族。指南针、火药、印刷术、造纸四大发明使中国载誉全球。四大发明曾经不仅对我国的经济、军事、文化等方面产生过较大的作用，也对一些正在从封建社会向资本主义社会过渡的西方国家产生了巨大的影响，成为欧洲资产阶级发展的推动力。中国古代，机械的发明和使用已处于世界领先水平，在农业、航运、气象观测等方面的技术也首屈一指。中国在 1640 年以前其经济发展居世界前列，国民生产总值（GDP）达到世界 GDP 总量的 30%。新中国成立以后，特别是改革开放后的二十多年，我国依靠科技进步重新成为机械装备制造业大国，为中国的崛起奠定了坚实的基础。现在只有奋发图强把我国早日建成创新型国家，才能使中华民族再度辉煌。

制造业特别是机器制造业，是国家经济的支柱产业和经济增长的发动机，是高新技术产业化和现代化的基础，是国家安全的重要保障。为了实现创造强国的宏愿，为了使我国机械工业从"国外引进型"向"自主创新型"跨越，我们必须重视机械产品创新设计理论和方法研究，并使其在企业中得到广泛应用，从而使我国机械产品的科技含量和自主创新设计水平不断地提高。

1.1.2 创新的内涵

1. 创造的概念

史书记载："创，始造之也"，说明"创造"的由来已久。但是，究竟什么是"创造"，世界各国的学者还说法不一。

创造（creation）可以理解为解决新问题、进行新组合、发现新思想、揭示新理论，创造应具有创新特性。因此，对"创造"可定义如下：创造是创造主体综合各方面的信息形成一定的目标，进而控制和调节客体并产生前所未有的新成果的活动过程。

2. 创新的概念

创新（innovation）作为学术上的概念，是 1912 年熊彼特在其《经济发展理论》一书中提出的。按照熊彼特的观点，创新是指新技术、新发明在生产中的首次应用。同时，认为创新包括五方面内容：引入新产品或提供产品的新质量；采用新的生产方法（主要是工艺）；开辟新市场；获得新的供应来源（原料或半成品）；实现新的组织形式。由此可见，"创新"最初只是经济学领域的名词。从熊彼特的定义来看，创新不仅含有一定的新颖性，而且更重要的是还具有经济上的价值性。现在，虽然"创新"被推广到各个领域，但人们都一致认为"创新"应该产生实际效果。有无良好的实际效果就成为是否构成"创新"的重要衡量标准。

由此可见，创新与创造的共同本质是都具有首创性和新颖性，但是创新与创造之间还是有一定的差异。"创新"具有社会性、价值性，是在创造的基础上经过提炼的成果，是新设想、新概念发展到实际和成功阶段的产物。"创新"是"创造"对价值的追求。

从机械产品创新设计过程来看，它的出发点是市场需求，它的终结点是满足市场需求，具有明显的社会性和价值性，因此称其为"创新"比较妥当。

3. 技术创新的内涵

技术创新的基础是科学发现和技术发明，技术创新的目的是产生经济效益。

图1-1表明技术创新由科技发明成果与市场需求的双向作用而产生。

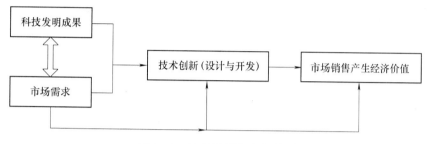

图1-1 技术创新的动态过程

衡量技术创新的唯一标准是技术成果所实现商业价值的大小。技术创新以市场为导向，以利益为中心。因此，技术创新的基本特征包括创造性和取得市场成功。美国经济学家曼斯菲尔德认为："当一项发明可以应用时，方可称之为'技术创新'"。澳大利亚学者唐纳德·瓦茨认为："技术创新是企业对发明成果进行开发并最后通过销售而创造利润的过程。"

1.2 创新思维方法

思维是一种极为复杂的心理现象。一般认为思维是指理性认识或指理性认识的过程，是人脑对客观事物能动的、间接的和概括的反映。

1.2.1 思维的分类

1. 按思维的方式分类

（1）直观行动思维。又叫动作思维，是指通过直接的动作或操作过程而进行的思维。

（2）形象思维。指借助于具体形象从整体上综合反映和认识客观世界而进行的思维。

（3）逻辑思维。也叫抽象思维，是指以概念、判断、推理的方式抽象地、从某方面条分缕析地、符号式地反映和认识客观世界而进行的思维。

（4）辩证思维。指按照辩证规律而进行的思维。辩证思维注重从矛盾性、发展性、过程性考察对象并从多样性、统一性把握对象。

（5）美观思维。是指凭借直觉而进行的快速的、顿悟性的思维。

2. 按思维的角度或方向进行分类

（1）单一思维。指从某一角度、沿着某一方向所进行的思维。

（2）系统思维。指从多角度、沿多方向、在多层次上进行的思维。

3. 按思维的结果进行分类

（1）再现性思维。又叫常规思维，是指思维的结果不具有新颖性的思维。它一般是利用已有的知识或使用现有的方案和程序进行的一种重复思维。

（2）创造性思维。指思维的结果具有明显新颖性的思维，或者说是产生新思想的思维活动。

1.2.2 创造性思维的特点

创造性思维的主要特点有：

1. 思维成果的创新性

科学创新只承认第一，不承认第二，不承认模仿。所谓创新就是在科学活动中发现新事物、新现象、新问题，提出新规律、新概念、新原理，探索新方法、新工具、新途径。

2. 思维形式的反常性

反常性体现在思维发展的突变性、跳跃性或逻辑的中断性，要求另辟蹊径、超越常规、独树一帜地提出与常人不同道的新理论、新思维和新方法。

3. 思维过程的辩证性

利用各种不同的思维，使构成的对立面，既相互区别、否定、对立，又相互补充、依存、统一，由此形成创造性思维的矛盾运动，推动创造性思维的发展。这就是思维过程的辩证性。

4. 思维空间的开放性

创造性思维需要多角度、多侧面、全方位地考察问题，要用多种创造性思维形式思考。

5. 思维主体的能动性

创造性思维是创造主体的一种有目的的活动，充分显示了人类思维活动的能动性和主动性。思维主体要有好奇心、兴趣、激情，这些是科学创造的基础。

6. 思维结果的现实性

创造的结果应具有实用价值或现实意义。

1.2.3 创造性思维的主要形式

创造性思维的主要形式有四种：创造性经验思维、创造性形象思维、创造性理论思维和创造性灵感思维。

1. 创造性经验思维

经验思维方法，也可称为思维的经验方法。经验的形成要通过思维，这就是创造性经验思维的过程。

形成经验知识的过程中，观察与实验是两种重要的认识手段，是人们形成经验知识的一种重要的认识方法。

观察是一种感性的思维认识活动。观察是有目的、有计划的活动。观察是在自然发生的条件下进行的活动。通过观察所获得的信息经进一步加工制作而成为深入认识的开端。

实验本质上也是一种观察，是观察的高级形式。实验作为一种经验认识方法，具有如下特点：可以使被认识对象以较为纯粹的状态出现，以便更好地认识；可以强化被观察对象的条件，以便进行科学观察；可以使观察对象的某种状态得以重复再现。

观察和实验都是经验思维方法，通过外界事物的客观信息来获得经验知识，进行创造性经验思维，从而获得事物本质。

2. 创造性形象思维

形象思维就是人们不经过逐步分析就迅速地对问题的答案做出合理的猜测、设想或顿悟的一种跃进式思维。形象思维有利于人们从一些偶然事件中抓住问题的实质，是一种重要的创造性思维形式。

形象思维的方法主要有联想和想象。联想是由一件事物而想到另一件事物的思维方法和思维过程；想象是人脑在原有形象的基础上经过加工改造形成新形象的思维方法。

想象与联想虽都是形象思维方法，但二者却明显不同。联想的特点是通过形象的联系而展开，其思维结果是各种形象的连接；想象则必须对原有形象进行加工改造，其思维结果是复合形象。

形象思维方法的主要特征是形象性和跳跃性。形象思维方法的形象性是指用形象进行思维加工；形象思维方法的跳跃性是指思维运行流具有严格规则。

3. 创造性理论思维

理论思维是形成理论的思维。理论思维过程的起点是问题，问题是理论思维的动力。理论思维的目的在于创新，因此怀疑精神是十分必要的。

人们为了探索未知领域，揭示事物发展的规律，往往要依据已经掌握的科学理论和事实，经过一番思考而作一些假定性的解释。这种假定性的解释，是人们通常采用的一种理论思维方法。假说必须有一定的科学依据，同时假说也具有推测性质。

现代科学的发展与数学方法的应用和发展密切相关。马克思曾指出：一门科学只有在成功地运用数学时，才算真正发展了。不难理解，数学方法是理论思维的工具和方法。数学方法的作用有三个方面：数学是理论抽象的工具；数学是理论推导的工具；数学是计算的工具。

4. 创造性灵感思维

灵感思维是创造性思维的又一种表现形式。灵感，又称顿悟。灵感思维是人们的创造性活动达到高潮后，由潜意识思维与显意识思维多次叠加而形成的，是人们进行长期创造性思维活动而达到的一个突破性阶段。很多创造性成果都是通过灵感思维形成最后完成的。灵感思维的主要特点是：

（1）引发的随机性。是由创造者事先想不到的原因而诱发产生的一种思维。

（2）出现的瞬时性。灵感往往是以"一闪念"的形式出现的，常常又瞬息即逝。

（3）目标的专一性(专注性)。专一的灵感来自于以前对某一专门问题的深思熟虑和过量思考。

（4）结果的新颖性(独创性)。不能产生新颖性结果的灵感不属于创造性思维范畴。

（5）内容的模糊性。灵感往往出现在人们醒与睡之间的一种中间状态，或出现于显意识与潜意识的交叉过渡中，这决定了灵感思维的模糊性。

1.2.4 创造性思维的方向

创造性思维往往没有固定的延伸方向，它既可以是同一或相反方向上的直线思维，也可以是在平面上的二维思维，还可以是三维空间的主体思维。

1. 发散性

思维的发散性，也叫思维的扩散性或开放性。其思维表现形式是从某一点出发，既无一定方向也无一定范围地任意进行思考。发散思维过程中除运用已有知识和记忆之外，更重要的是加入了想象因子，因而就使人们的思路更加开阔，其答案不会限制在"唯一"中，这样就容易产生许多不同的甚至荒诞离奇的创造性设想。

深刻认识并充分利用思维的发散性进行多向思考，会增加人们的创造性思维能力。思维的发散性随着人们思维水平的提高和思维能力的加强，常常表现出较强的丰富性、灵活性和独创性。

总之，思维发散性可以使人思路活跃、思维敏捷，使人的办法增多而新颖，考虑问题周全，能够使人提出许多可供选择的方案、办法和建议，使问题奇迹般地得到解决。

2. 逆向性

思维逆向是指与一般的思维方向相反。它常常表现为与传统的、逻辑的或群体的思维方向完全相反。

科学上的许多创造发明都离不开逆向思维。例如，电转变成磁，磁能否转变为电？这一逆向思维导致了发电机的发明。

培养思维的逆向性，应该摆脱习惯的、传统的、常规的、群体的各种思维束缚，敢于形成标新立异的构思。

3. 侧向性

思维的侧向性，是指思维的方向从侧向延伸。用其他学科的知识和信息来解决问题就是思维侧向性的例子。思维的侧向性往往是通过侧向渗透的方式、经过联想的作用而达到目的的。侧向性有时体现为吸收、借用某一研究对象的概念、原理、方法或其他方面的成果作为另一研究对象的基本思想、基本方法和基本手段。

创造性思维形式中的相似联想以及横向思考，都包含着思维的侧向性因素。当前学科交叉和渗透十分有利于用思维的侧向性手段进行创造性活动。

1.2.5　创造性思维过程的四个阶段

创造性思维过程一般都是有步骤地进行的，思维的活动进程具有明显有序的阶段性特征。

1. 准备期

主要是围绕所研究的问题进行前期准备，如收集有关资料、积累必要的知识、了解前人的工作，并从前人的工作中得到成功的启示和失败的教训。对问题进行全方位、多角度、多层面、多方法的试探性研究和分析。边思考，边收集资料；边研究，边整理思路；边实验，边分析问题。随时准备放弃传统思维方法，随时准备汲取新的思想和方法。

2. 酝酿期

酝酿期需要放松、改变工作节奏和心理状态，让思维的潜意识产生对研究问题的关注。通过感官接触与问题无关的东西，使思维进入的饱和状态相对松弛。

3. 豁朗期

经过准备期思维的高度紧张和酝酿期思维的相对松弛，思维在一张一弛的交替中，在某个偶然因素的刺激下，突然涌现出创造性的新思想、新观念和新方法。这就是常说的灵感爆发、直觉闪现，它可以把已有的知识与新的研究对象联系起来。大幅度、跳跃式的认识和思维对创造性的创新具有重要意义。

4. 验证期

在验证期要对新思想、新概念和新方法进行修改和验证，同时也有可能对灵感和直觉产生的新想法进行展开和深入，以扩张成果。验证途径：一是实验方法；二是逻辑和数学方法。

实际上，科学创新性思维的四个阶段是不可能截然分开的，它们经常是重叠和交叉的。

1.3 创造性基本原理和思维活动方式

1.3.1 创造性基本原理

要进行创造和创新，形成创造性思维，主要有以下三种原理：

1. 发展原理

要创新必须树立发展的观点，要敢于打破旧框框，接受新事物，围绕原事物进行创新、改进和完善，实现新功能。

例如，飞机是打破了"比空气重的物体不能飞起来"的结论而发明的；自动包装机械是在人工包装动作、半自动包装动作基础上发展起来的；锁式线迹缝纫机是打破了手工缝纫机工作方式（一枚针、一条线的缝纫），采用一枚针（针孔在针尖）、两条线（底线和面线）的锁式线迹方式创造出来的；为了实现机械动作的柔性化、智能化，采用机电一体化技术创造出了机电一体化产品。

2. 发散原理

对于某一功能机械方案的实现，不能局限于已经存在的解决办法，要从多方面去思考问题，寻求各种可能的方法。

例如，机械传动形式不能只局限于齿轮传动、链传动、带传动，还应考虑采用液动、气动、磁动、电动等传动形式。又如，以车代步，不要只看到目前常见的轮子滚动，还要借鉴各种行走类型，包括人的两脚步行、禽的双脚步行、兽的四脚行走、龟的四足爬行、昆虫的六足行走、蟹的八足横行、蛇的游动行走、蚯蚓的伸缩行走等。思路一开阔，步行机械形式就大量涌现，利用发散原理就可以使创新方案层出不穷。

3. 触发原理

触发也是创新的途径。多观察各种事物，扩大知识面，获取各种信息，以此得到思维触发，设计出各种崭新的机械产品。

例如，美国工程师杜里埃发明的汽化器，是从妻子喷洒香水的雾化现象得到启示。又如，人们通过鸟的飞翔，触发创造出飞机。再如，瓦特从沸腾水汽推动水壶盖得到触发而发明了蒸汽机。看起来两件互不相关的事物，可以通过触发而联系在一起，有点人们常说的"心有灵犀一点通"的意思，"灵犀"就是触发后的创新火花。

1.3.2 创新思维活动方式

创新思维活动方式主要有下列几种：

1. 发散思维

发散思维又称扩散思维。它是以某种思考对象为中心，充分发挥已有的知识和经验，通过联想、类比等思考方法，使思维向各个方向扩散开来，从而产生大量构思，求得多种方法和获得不同结果。以汽车为例，用发散思维方式进行思考，可以想到许多用途：客车、货车、救护车、消防车、洒水车、邮车、冷藏车、食品车等。

2. 收敛思维

收敛思维是利用已有知识和经验进行思考，从尽可能多的方案中选取最佳方案。以某一机器中的动力传动为例，利用发散思维得到的可能性方案有：齿轮传动、蜗杆蜗轮传动、带传动、链传动、液力传动等。再根据具体条件分析判断，选出最佳方案。

3. 侧向思维

侧向思维是用其他领域的观念、知识、方法来解决问题。侧向思维要求设计人员知识面广、思维敏捷，能够将其他领域的信息与自己头脑中的问题联系起来。例如，大蓟花籽上有很多小钩能粘在衣服上，由此发明了尼龙拉链。

4. 逆向思维

逆向思维是反向去思考问题。例如，法拉第从电能生磁，想到了磁能不能产生电流？从而制造出第一台感应发电机。

5. 理想思维

理想思维就是理想化思维，即思考问题时要简化，制定计划要突出，研究工作要精辟，结果要准确。这样就容易得到创造性的结果。

1.4 创新法则

创新法则是创造性方法的基础，主要的创新法则有：

1. 综合法则

综合法则在创新中应用很广。先进技术成果的综合、多学科技术综合、新技术与传动技术的综合、自然科学与社会科学的综合，都可能产生崭新的成果。例如，数控机床是机床的传统技术与计算机新技术的综合；人机工程学是自然科学与社会科学的综合。

2. 还原法则

还原法则又称抽象法则，研究已有事物的创造起点，抓住关键，将最主要的功能抽出来，集中研究实现该功能的手段或方法，以得到最优结果。如洗衣机的研制，就是抽出"清洁"、"安全"主要功能和条件，模拟人手洗衣的过程，使洗涤剂和水加速流动，从而达到洗净目的。

3. 对应法则

相似原则、仿形移植、模拟比较、类比联想等都属于对应法则。例如，机械手是人手取物的模拟；木梳是人手梳头的仿形；用两栖动物类比，得到水陆两用坦克；根据蝙蝠探测目标的方式，联想发明雷达等，均是对应法则的应用。

4. 移植法则

移植法则是把一个研究对象的概念、原理、方法等运用于另外研究对象并取得成果的创作，是一种简便有效的创造法则。它促进学科间的渗透、交叉、综合。例如，在传统的机械化机器中，移植了计算机技术、传感器技术，得到了崭新的机电一体化产品。

5. 离散法则

综合是创造、离散也是创造。将研究对象加以分离，同样可以创造发明多种新产品。例如，音箱是扬声器与收录机整体分离的结果；脱水机是从双缸洗衣机中分离出来的。

6. 组合法则

将两种或两种以上技术、产品的一部分或全部进行适当的结合，形成新技术、新产品，这就是组合法则。例如，台灯上装钟表；压药片机上加压力测量和控制系统等。

7. 逆反法则

用打破习惯的思维方式，对已有的理论、科学技术持怀疑态度，往往可以获得惊奇的发明。例如，虹吸就是打破"水往低处流"的固定看法而产生的；多自由度差动抓斗是打破传统的单自由度抓斗思想而发明的。

8. 仿形法则

自然界各种生物的形状可以启示人类的创造。例如，模仿鱼类的形体来造船；

仿贝壳建造餐厅、杂技场和商场，使其结构轻便坚固。再如鱼游机构、蛇行机构、爬行机构等都是生物仿形的仿生机械。

9. 群体法则

科学的发展，使创造发明越来越需要发挥群体智慧，集思广益，取长补短。群体法则就是发挥"群体大脑"的作用。

灵活运用这九个创造法则，可以在构思机械产品的功能原理方案时，开阔思路，获得创新的灵感。

第 2 章　创 新 技 法

2.1　创新技法的作用和分类

创新是有一定规律可循的。创新技法就是建立在创造性心理、创造性思维方法和认识规律基础上的，并在创新过程中得到成功应用的技法。从 20 世纪 30 年代奥斯本创立第一种创新技法——智力激励法以来，已涌现的创新技法有 360 余种，这些技法按照创造原理，可以分为六类，如表 2 - 1 所示。

通过对创造创新技法的学习和运用，可以提高创造创新的效率，为此，在本章中对在机械创新中常用的创造创新技法逐一介绍。

表 2 - 1　创新技法的原理和分类

序号	创新技法类型	创新技法原理	具体技法名称	具体技法原理
1	问题引导型	因问题引导而促成创新的原理	奥斯本检核表法 和田检核法 5W1H 提问法	通过 9 个问题进行引导 通过 12 个问题进行引导 通过 6 个问题进行引导
2	矛盾转化型	因观察和思考的主要矛盾或主要方面转化而产生新设想的原理	等价变换法 变元发明法 技术反转法	因等价物质转换引起创新的原理 改变事物内在要素而产生新性质、新功能的原理 从技术源引进技术，又向技术源输出产品的原理

序号	创新技法类型	创新技法原理	具体技法名称	具体技法原理
3	系统分析型	因系统分析而产生新设想的原理	价值分析法 形态分析法 物场分析法	通过分析影响价值的因素，降低成本、提高价值而创新的原理 通过分析对象各要素对应的技术形态达到创新的原理 通过分析和改进物场而创新的原理
4	系统综合型	系统综合创新规律	系统综合法 信息交合法 本体附加法	通过系统综合而创新的原理 通过父本和母本信息交合而创新的原理 通过本体附加产生新功能而创新的原理
5	交流激励型	交流激励创新规律	交流激励法 智力激励法 竞技赛场激励法	主体之间通过信息交流和激励而创新的原理 通过小会交流激励而创新的原理 主体之间通过多种赛场式交流而创新的原理
6	最优选择型	最佳选择创新规律	最优选择创新法 中山正和法 思考树协调选择法	

2.2 智力激励法

智力激励法，亦称头脑风暴法，是 1939 年由美国 A·F·奥斯本创立的。奥斯本在提出此法时，借用了一个精神病学的术语"brain storming（即头脑风暴）"作为该技法的名称，意即创造性思维自由奔放、打破常规、无拘无束，使创造设想如狂风暴雨般倾盆而下。

2.2.1 智力激励法的四项原则

1. 自由思考原则

要求与会者尽可能解放思想，无拘无束地思考问题，不必介意自己的想法是否"离经叛道"或"荒唐可笑"。

2. 推迟评判原则

会议期间绝对不允许批评别人的设想，任何人在会上不能做判断性结论。美国心理学家梅多和教育学家帕内斯在做大量试验和调查之后发现：若采用推迟判断，在集中思考问题时，可多产生 70% 的设想；在个人思考问题时，可多产生 90% 的设想。

3. 以量求质原则

以数量保证质量，在规定的时间内提出设想的数量越多越好。奥斯本认为：理想结论的获得，常常是在逐渐逼近过程的后期所提出的设想中。同时，强调与会者要在规定的时间内，加快思维的流畅性、灵活性和求异性，尽可能多地提出有一定水平的新设想。

4. 集成原则

集成就是创造。与会者应认真听取他人的发言，并及时修正自己不完善的设想，或将自己的设想与他人的设想集成，确保提出更有创意的方案。奥斯本曾经提出："最有意思的集成大概就是设想的集成"。

2.2.2 智力激励法的运用程序

智力激励法的运用程序如图 2-1 所示。

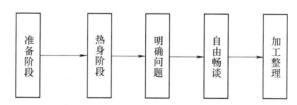

图 2-1 智力激励法的运用程序

1. 准备阶段

（1）确定会议主持人。

合适的主持人对智力激励法的成功运作有很大作用，主持人应具备下列条件：

（a）熟悉智力激励法的基本原理和程序，有一定的组织能力；

（b）对会议所要解决的问题，有明确的理解，能在会议中启发诱导；

（c）能充分发挥智力激励作用机制，调动与会者的能动性；

（d）具有民主作风，能平等对待每位与会者，使会议形成融洽的气氛；

（e）能灵活处理会议中出现的各种情况，以保证会议按预定目标顺利进行。

（2）确定会议主题。

由会议主持人和问题提出者共同研究，准确定位本次会议讨论的主题。由于智力激励法适合解决目标单一的问题，因此，对涉及面较广或包含因素较多的复杂问题应进行分解，从而使会议主题目标明确，使与会者思维发散、共振和互补。

（3）确定与会人数。

（a）智力激励会人数以 5～10 人为宜；

（b）应保证大多数与会者都是熟悉专业的，要注意与会者知识结构的多样性，要有利于相关学科的交叉融合；

（c）应尽可能使与会者的智力水准保持同一性，即知识水平、职务、资历等应大致相近；

（d）尽量吸收实践经验丰富的人参加，确定数名在提出设想方面才能出众的人作为激励会的核心。

（4）确定举行会议的地点和日期，并提前通知与会者。

2. 热身活动阶段

热身活动阶段的目的是使与会者尽快进入"角色"，内容包括观看有关创新思维的录像，回答脑筋急转弯问题等。

3. 明确问题阶段

主持人说明会议遵守的四项原则，简要介绍问题，使与会者有的放矢地进行思考。

4. 自由畅谈阶段

应极力形成高度激励的气氛，使与会者能突破心理障碍和思维定式，让思维自由驰骋，从而提出大量有价值的创造性设想。

5. 加工整理阶段

智力激励会结束后，会议主持人应组织专人对设想记录进行分类整理，并进行去粗存精的提炼工作，如果已获得解决问题的满意答案，则会议圆满结束；否则，可召开下一轮的智力激励会。当然，还应做好如下工作：

（1）增加和补充设想，争取得到更有实用价值的创新设想。

（2）评价和发展设想，在筛选评判时还要进行综合完善。

智力激励法的应用范围十分广泛。图 2-2 为智力激励法提出的悬臂式起重机的改进设想。将人员分成四组，最终整理出四方面意见，包括起重机特征、替代

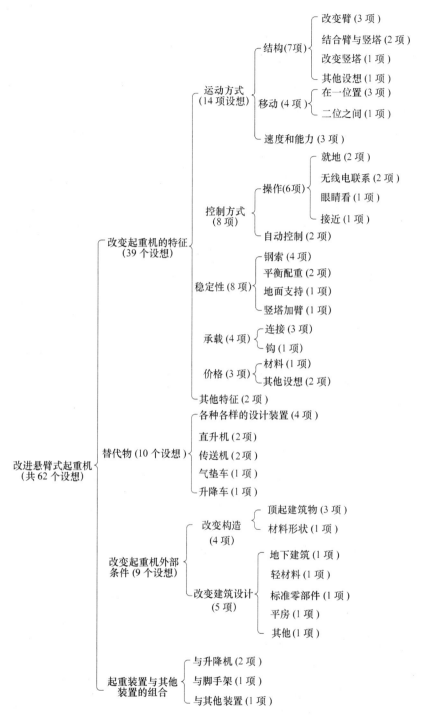

图 2-2 采用智力激励法对悬臂式起重机提出改进设想

物、外部条件以及起重机与其他装置的组合。根据各方面条件和实际需要，可以组合成若干套悬臂式起重机改进方案。

2.3　类比创新法

类比创新法，是指两类事物加以比较并进行逻辑推理，即比较对象之间的相似点或不同点，采用同中求异或异中求同的方法实现创新的一种技法。

机械创新设计中主要采用下列类比法：

1. 直接类比法

直接类比法是将创新对象与相类似的事物或现象做比较。直接类比法简单、快速，可避免盲目思考。类比对象的本质特征愈接近，则创新的成功率愈高。

例如，为了创新设计香皂包装机，可以与已有的图书包装机做比较，将二者的相同点、相异点做深入分析，就可进行香皂包装机的创新。

2. 拟人类比法

拟人类比是将人体比作创造对象或将创造对象视为人体，来领悟两者相通的道理，促进创新思维的深化和创新活动的发展。

例如，为了创新设计医用卷棉机，可以对人手卷棉花的动作过程进行分析和分解，构思如何用机械动作来完成机械卷棉过程。

3. 幻想类比法

幻想类比法亦称空想类比法或狂想类比法，通过幻想思维或形象思维对创新对象进行比较而寻求解决问题的答案。

例如，"嫦娥奔月"的美丽幻想很大程度上推动了人们登月、探月计划的实现。又如，虚构的科幻电影中的运载工具和对抗武器，将来也许会由幻想变为现实。

幻想类比的能动性可使"幻想变为现实"，从而推动创新对象的实现。

2.4　列举创新法

列举法是把与待解决问题相关的众多要素逐一罗列，将复杂的事物分解后分别研究，帮助人们深入感知待解决问题的各个方面，从而寻求合理的解决方案。列举法主要有特性列举法、缺点列举法和希望列举法等。

1. 特性列举法

特性列举法是通过创新对象的特性进行详细分析和一一列举，激发创造性思维，从而产生创新设想，使产品具体性能加以改进、完善和扩展。该法也可称为分析创新技法。

1）特性列举法的实施程序

（1）将对象的特性或属性全部罗列出来。例如，一部机器可拆分成许多部件和零件，它们各具何种功能和特性，与整体的关系如何，都要——列举出来，并做好明细记录。

（2）分门别类做整理，例如，①名词特性（性质、材料、整体和部分创作方法等）；②形容词特性（颜色、形状和感觉等）；③动词特性（功能、共用、效能等）。

（3）从材料、结构、功能等方面加以改善，提出问题，找出缺陷。从而引出具有创新性的方案。

（4）方案提出后还要进行评价和决策，使产品更符合人们的需要。

2）特性列举法的应用规则

（1）必须列举这一事物的所有属性，尽可能避免遗漏。

（2）特性列举法最好用于解决单一的问题，对于较大的系统，可以将其划分为若干小系统。例如，为了改进风力发电装置，可按系统组成划分成几个系统，如图 2-3 所示。可选动力生产系统进行研究，见图 2-4，对该系统再分别研究叶片、传动轴、锥齿轮系统和发动机的改进方案。一般，可先做产品调查研究，将同类产品的特性列举出来，相互取长补短，从而获得最佳方案。

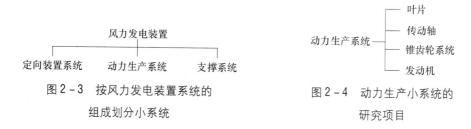

图 2-3 按风力发电装置系统的组成划分小系统　　图 2-4 动力生产小系统的研究项目

2. 缺点列举法

缺点列举法是有意识地列举、分析现有事物的缺点，然后，提出克服缺点的方向和改进设想的一种创新技法。由于它的针对性强，因此常常可以取得突出的效果，找到问题的最佳方案。

1）缺点列举法对创新的积极作用

（1）通过缺点列举法，可以形成创新者的革新动力，使事物更加完美；

（2）通过缺点列举法，可以发现问题，确定创新目标。

2）缺点列举法运用要点

（1）做好心理准备。要培养人们的"怀疑意识"和"不满足心理"，使事物的缺点和不足暴露无遗，从而找出改进的方法，实施创新。

（2）详尽列举缺点。采用科学方法来列举事物的缺点，例如，①用户意见法，即应事先设计好用户意见调查表，引导用户列举意见；②对比分析法，即通过对比分析，更清楚地看到事物存在的差距；③会议列举法，即充分汇集群体意见，系统、深刻地揭示现有事物的缺点。

（3）仔细分析鉴别，找出有改进价值的主要缺点作为创新目标。

（4）实现改进构想。针对所需克服的缺点进行创新性思考，获得更为完善的方案，从而创新出更为先进的产品。

3. 希望点列举法

从人们的愿望和需要出发，通过列举希望点来形成创新目标和构思，进而产生具有价值的创新产品。希望点列举法是从正面、积极的因素出发来考虑问题，采用发散思维使人们全面感知事物，大胆地提出希望点。许多产品正是根据人们美好的希望而研制出来的。

2.5 组合创新法

组合法是把现有的科学技术原理、现象、产品或方法进行组合，从而获得新产品的创新方法。组合创新已经成为产品创造的一种重要方法，日益受到人们的重视。

1. 用途组合法

将各种用途组合在一起，形成创新产品。通过成对组合，可以产生新的组合。例如，图 2-5 所示采用组合排列求得各种可能的创新结果。通过五种不同的用途进行两两组合得到了十种不同的组合结果，产生了意想不到的创新构想。

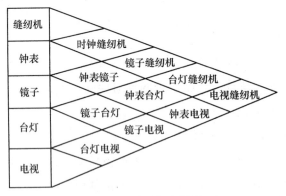

图 2-5　成对组合排列

2. 类别组合法

将若干相关的产品进行组合可得到综合性强的多功能创新产品。例如，将洗衣机和脱水机组合在一起成为洗衣脱水一体的洗衣机。又如，将收音机、录音机、扩音机组合在一起成为收录机。再如，将数码相机与手机融为一体成为具有照相功能的手机等。

3. 科学原理组合法

将不同的科学技术原理组合而创新新产品。例如，将机械技术与电子技术、传感技术、控制技术、计算机技术组合起来创新设计各种机电一体化产品。又如，将 X 射线照相装置与计算机组合在一起发明了 CT 扫描仪。再如，将金属切削技术与数控技术结合在一起创造了各种数控机床。

2.6 移植创新法

移植创新法是将某一领域的原理、结构、方法、材料等移植到新的领域中，从而创新产品。

现代科学技术的飞速发展，使学科之间的概念、理论、方法等相互交叉、移植、渗透，从而产生新的学科、新的理论、新的方法、新的技术，这就大大推动了创新水平的发展。移植法是一种应用非常广泛的创造技法。

2.6.1 移植创新法的基本原理

根据统计发现，任何一项创新成果中，90% 的内容均可通过各种途径从前人或他人已有的科技成果中获取，而独创性发明只占 10%。由此可见，创新既可以纵向继承前人的智慧结晶，也可以横向借鉴他人的思维成果，从而缩短自己的创新周期，提高成功率。

从思维类别来看，移植法是一种侧向思维的方法。通过相似联想、相似类比和灵感触发，寻找两种事物间的联系，最终产生新的构想。

美国科学家 W·I·贝伟里奇曾指出："移植是科学发展的一种主要方法。大多数的发现都可应用于所在领域以外的领域。而应用于新领域时，往往有助于促成进一步的发现。重大的科学成果有时来自移植。"

2.6.2 移植法的分类和应用

移植法可以分为原理移植、结构移植、方法移植、材料移植四大类。

1. 原理移植

原理移植是将某种科学原理向新的研究领域推广和外延，以创造新的技术产品。科学技术原理往往都具有广泛的适用性，只要合理移植，就可能创造出新的产品。

例如，激光原理有三个特点：亮度极高、单色性好、方向性好。可将激光原理移植至多个领域，如用于加工领域可创造出激光打孔机、激光焊接机、激光切割机等，也可将其用于医疗设备、精密计量仪器、测距仪、大气污染检测设备等。

又如，生物学中的优胜劣汰的遗传学原理，可用于工程优化设计中，产生遗传算法。

2. 方法移植

方法移植可在很多领域的产品创新和技术创新中发挥启迪和催化作用。将一种方法移植到某一领域可以形成新的产品。例如，将蜂窝结构移植到工程中，可以得到质轻、刚度好的新型材料，常用于各种包装。

移植法对发展科学技术，促进发明创造具有很大的作用。因此，拓展知识面、重视学科交叉和渗透，有利于采用移植方法创造出形形色色的新产品、新工艺。

2.7　形态分析法

形态分析法是一种系统化构思和程式化解题的发明创造方法，它是由美国加利福尼亚大学工学院教授 F·兹维基和美籍瑞士矿物学家 P·里哥尼联合提出的。

形态分析法是一种系统搜索方法，用来探求一切可能存在的组合方案，属于"穷尽法"。形态分析法的核心是将机械系统分解成若干组成部分，然后用网络图解的方式或形态学矩阵的方式进行排列组合，以产生解决问题的系统方案或创新设想。如果机械系统被分成的部分数量较多，而且每个部分又有很多的解法，那么它的组合方案数量将十分巨大，会产生"方案爆炸"现象。一般应用方案评价方法来选定若干个方案加以决策。

在形态分析法中，因素和形态是两个非常重要的基本概念。因素是构成机械系统中或技术系统中各种子功能的特性因子；形态是实现系统各功能的技术手段。例如，对于机械产品而言，它的各分功能（行为）为基本因素，而实现该产品各分功能的技术手段为基本形态。对于任一产品的每一基本因素，均可用多种技术手段来实现，它们被视为对应的基本形态。

2.7.1　形态分析法的基本原理

形态分析法是将研究对象视为一个系统，通过系统分析方法将其分解为相对独立的子系统，各子系统所实现的功能称为基本因素，实现各子系统功能的技术手段称为基本形态，通过排列与组合方法可以得到多种可行解，经过筛选可从中确定系统的最佳方案。

若系统分解后的基本因素为 **A**、**B**、**C**、**D**、…，而对应的基本形态分别为 A_1、A_2、A_3、…，B_1、B_2、B_3、…，C_1、C_2、C_3、…，D_1、D_2、D_3、…，则可写成表 2-2 所示矩阵。由此，从每个基本因素中选出一个基本形态就可以组合成为不同的系统方案。

表 2-2 系统的形态学矩阵

基 本 因 素	基 本 形 态				
A	A_1	A_2	A_3	A_4	A_5
B	B_1	B_2	B_3	B_4	
C	C_1	C_2	C_3		
D	D_1	D_2	D_3	D_4	

形态分析法具有如下特点：

（1）所得方案只要能将全部因素及各因素的所有可能形态都排列出来，则是无所不包的；

（2）具有程式化性质，主要依靠人们认真、细致、严密的工作，而不是依靠人们的直觉、美感或想象，易于操作；

（3）其创新点在于如何进行系统的分解，使之不同于已有的，还在于对基本形态的创新构思。

由于形态分析法采用系统化方式构思和程式化方式解题，因而只要运用得当，就可以产生大量的设想，能够使发明创造过程中的各种构思方案比较直观地显示出来。例如，火箭研制工作中，其各主要组成要素及其可能具有的形态，可用表 2-3 表示为形态学矩阵。

表 2-3 火箭研制的形态学矩阵

火箭的组成要素	各组成要素可能具有的形态			
发动机工作的媒介物	真空	大气	水	油
推进燃料的工作方式	静止	移动	振动	回转
燃料的物理状态	气体	液体	固体	
推进动力装置的类型	内藏	外置	免设	
点火的类型	自点火	外点火		
作功的连续性	断续	连续		

从火箭研制的形态学矩阵可以看出，其可能的方案数为 $4 \times 4 \times 3 \times 3 \times 2 \times 2 = 576$ 种，包括了几乎所有可能的方案。

2.7.2　形态分析法的基本步骤

形态分析法的基本要求：一是寻求所有可能的解决方案；二是尽可能具有创新性。形态分析法的基本步骤如下：

（1）明确研究对象。对于研究对象的性能要求、使用可靠性、成本、寿命、外观、尺寸、产量等必须逐步加以明确。这是寻找方案的出发点。

（2）组成因素分析。确定研究对象的各种主要因素（如各个部件、成分、过程、状态等），要求列出研究对象的全部组成因素和划分，且各因素和划分在逻辑上应该是彼此独立的。组成因素的分析过程也包含着创新思维的过程，不同的人对组成因素及划分的理解可以是不同的。

（3）形态分析。依据研究对象和各因素提出的功能及性能要求，详细地列出能满足要求的各种方法和手段（统称为形态），并绘制出相应的形态学矩阵。确定可能存在的、新颖的形态，其中就蕴含着创新。

（4）形态组合。按形态学矩阵进行形态的排列组合，获得全部的组合方案。

（5）评选出综合性能最优的组合方案。按照研究对象的评价指标体系，采用合适的评价方法，评选出综合性能最优的组合方案。需指出，任何组合方案都不可能是面面俱到地最优，而只能是综合性能的最优。

第二篇 机构创新设计

机械产品的主要功能是实现机械能的转换和运动的变换。因此，机械产品设计方案的核心部分是由各种各样机构组合而成的，机构创新设计是机械产品创新设计的重要内容，努力实现机构创新，就是用新颖的机构设计实现机械产品的特定功能，这是实现具有自主知识产权产品研发的主要途径。机械产品的创造发明有赖于机构的创新。因此，在机械产品创新设计过程中要十分重视机构的创新。

本篇首先系统、简明地阐述了机构的拓扑结构、机构的表示和特征的基础理论，进而对闭链机构、开链机构和变链机构的创新设计理论、方法作了全面、系统的论述，并应用这些理论和方法解决实际工程问题。

第3章 机构的拓扑结构

本章概述机构的拓扑结构，包括机构的组成、自由度和约束运动及一般化链和运动链等，并说明机构的类型综合，作为机构创新设计的基础。

3.1 机构的组成

将构件以特定的连接和方式组合，使其中一个或数个构件按照这个组合形成运动限制，强迫其他构件产生确定的相对运动，这个组合称为机构(mechanism)。本节介绍构件、连接及机构的组成。

3.1.1 构件

构件(machine member)是具有阻抗性的物体，是组成机构和机器所必须具备的要件，其大小、形状及功能通常不相同。构件依其是否具有运动行为来区分，可分为静止构件和活动构件两大类。静止不动的构件称为静止构件，用来支托或约束其他构件、承受负荷、传递力量或引导其他构件活动，例如机架、结构件、固定导路等。构件依其抗力特性，可以是刚性件，如连杆、滑件、滚子、凸轮、齿轮、摩擦轮、轴等；可以是挠性件，如带、绳索、链条、弹簧等；也可以是压性件，如传动气体和液体。本小节说明组成机构的常用构件的基本功能及其分类。

运动连杆(kinematic link, K_L)，或简称为连杆(link)，用来分开连接，并且传递运动和力量；就整体而言，任何刚性构件都是连杆。连杆可根据与其附随的连接数目加以分类：具有一个连接的连杆为单连接杆(singular link)；具有两个连接的连杆为双连接杆(binary link)；具有三个连接的连杆为三连接杆(ternary link)；具有四个连接的连杆为四连接杆(quaternary link)；而具有 i 个连接的连杆，则称之为 L_i 杆。

滑件(slider,K_P)是一种与直线或曲线导件做相对滑动接触的连杆，用于与其邻接的构件做相对的滑动接触。滚子(roller,K_O)是一种圆柱形或球形的连杆，用以和其相邻接的构件做相对的滚动运动。齿轮(gear,K_G)也是一种连杆，它靠着轮齿的连续啮合，将相对运动从一个旋转轴传递至另一个旋转轴或直动体。凸轮(cam,K_A)是一种形状不规则的连杆，一般用来当做主动件以传递特定的运动给从动件。传动螺杆(power screw,K_H)用于平稳匀速的传递运动，可视为将转动转换为直动的线性驱动器。带(belt,K_B)是一种挠性构件，在受到张力时才有作用，它与带轮(pulley)相配合，依靠摩擦力传递运动和动力。链条(chain,K_C)也是一种挠性构件，在受到张力时才有作用，它与链轮(sprocket)相配合，用以确定地传达运动和动力，亦用于起重。减振器(shock absorber,K_T)由活塞(piston,K_I)和气缸(cylinder,K_Y)组成，在与减振器邻接的构件之间提供阻尼。

3.1.2　连接

为使构件有所作用，构件和构件之间必须以特定的方式加以连接。一个构件与另一个构件直接接触的部分，称为对偶元素。运动副(kinematic pair)就是由两个直接接触构件的对偶元素配连而成，通常称为连接(joint)。

运动副可根据其自由度来加以分类。自由度(degrees of freedom)是指确定运动副中一个对偶元素与另一个对偶元素的相对位置所需的独立坐标数。一个不受约束的对偶元素，可以有三个移动自由度和三个转动自由度，共六个自由度。它与另一个对偶元素配连成运动副后，因受约束而损失一个或多个自由度。因此，一个运动副最多只能有五个自由度，最少也有一个自由度。以下说明一些基本的运动副。

转动副(revolute/turning pair,J_R)的两个对偶元素间的相对运动，是对于旋转轴的转动，具有一个自由度。移动副(prismatic/sliding pair,J_P)的两个对偶元素间的相对运动，是对于滑行面的滑动，具有一个自由度。滚动副(rolling pair,J_O)的两个对偶元素间的相对运动，是不带滑动的纯滚动，具有一个自由度。齿轮副(gear pair,J_G)的两个对偶元素间的相对运动与凸轮副一样，是滑动和滚动的组合，具有两个自由度。凸轮副(cam pair,J_A)的两个对偶元素间的相对运动，是滑动和滚动的组合，具有两个自由度。螺旋副(helical/screw pair,J_H)的两个对偶元素间的相对运动，是对于旋转轴的螺旋运动，具有一个自由度。圆柱副(cylindrical pair,J_C)的两个对偶元素间的相对运动，是对于旋转轴的转动以及平行于此轴的移动的组合，具有两个自由度。球面副(spherical pair,J_S)的两个对偶元素间的相对运动，是对于球心的转动，具有三个自由度。平面副(planar/flat pair,J_F)的两个对偶元素间的相对运动，是平面运动，具有三个自由度。

3.1.3 机构

将 3.1.1 节所介绍的构件及 3.1.2 节所介绍的连接以特定的方式组合,使其中一个或数个构件依照该组合形成运动规律,迫使其他构件产生一种可以预期的运动,并且构件中有一个固定不动的部分作为机架用以支托或约束各运动件,这个组合即为机构(mechanism)。机构的拓扑结构(topological structure)是指机构中构件和连接的类型与数目,以及构件和连接之间的邻接与附随关系。若两个机构(或链)具有相同的拓扑结构,则称它们是同构的(isomorphic)。

机构可根据其运动空间分为平面机构和空间机构。机构中的构件在运动时,若其上每一点与某一特定平面的距离恒为一定,则这个机构称为平面机构(planar mechanism)。图 3-1a 所示为一内燃机的引擎机构,由气缸(亦为机架)、活塞、连接杆及曲柄四个构件组成,气缸和活塞之间的连接为移动副,活塞和连接杆、连接杆和曲柄以及曲柄和机架之间的连接皆为转动副。由于这个机构的每一构件的运动皆为平面运动,而且这些运动平面皆互相平行,因此为平面机构。机构中的构件在运动时,若其上某点的运动轨迹为空间曲线,则这个机构即为空间机构(spatial mechanism)。图 3-1b 所示为一伐木用的动力锯机构,由五个构件和五个连接组成。动作由旋转的角杆(构件 2)经旋转杆(构件 3)和摆动杆(构件 4)传递至做直线往复运动的锯片杆(构件 5)。机架和角杆间的连接为转动副,角杆和旋转杆间的连接亦为转动副,旋转杆和摆动杆间的连接为圆柱副,摆动杆和锯片杆间的连接为转动副,锯片杆和机架间的连接则为移动副。很明显,该机构为空间机构。

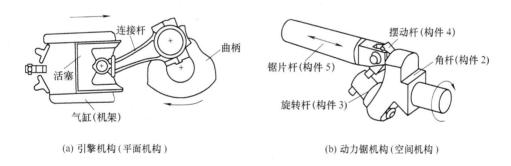

(a) 引擎机构(平面机构)　　　　　　　(b) 动力锯机构(空间机构)

图 3-1　机构的运动空间

3.2　自由度和约束运动

在机构设计之初,设计者必须根据工程目的来决定机构所需的独立输入数。机构若要满足设计上的要求,则其运动必须受到约束,而判定机构是否具有约束运动的简易方法是计算其自由度。

3.2.1 自由度

一个机构的自由度（degrees of freedom），就是确定机构中每一构件位置所需要的最少独立参数。由于机构是由构件连接而成，因此它的自由度是所有构件在尚未连接与固定时的总自由度，扣除所有连接的总约束度（degrees of constraint），再扣除机架的自由度。以下根据机构的运动空间，分别说明平面机构和空间机构的自由度。

1. 平面机构

对平面机构而言，每一个可动的构件具有三个自由度，其中两个自由度为沿互相垂直轴的平移，另一个自由度为绕任意一点的旋转。平面机构所使用的连接，不外乎是转动副、移动副、滚动副、凸轮副及齿轮副。由于一个平面连接的约束度是 3 减去该连接的自由度，因此，转动副的约束度为 2，移动副的约束度为 2，滚动副的约束度为 2，凸轮副的约束度为 1，而齿轮副的约束度亦为 1。

一个具有 N_L 个构件的平面机构的自由度 F_p，可由下列公式给出：

$$F_p = 3(N_L - 1) - \sum N_{Ji} C_{pi} \tag{3.1}$$

式中，N_{Ji} 是 i 型连接的数目；C_{pi} 是 i 型连接的约束度。若考虑平面连接的类型，则式（3.1）可表示为

$$F_p = 3(N_L - 1) - 2(N_{JR} + N_{JP} + N_{JO}) - (N_{JA} + N_{JG}) \tag{3.2}$$

式中，N_{JR} 为转动副连接的数目；N_{JP} 为移动副连接的数目；N_{JO} 为滚动副连接的数目；N_{JA} 为凸轮副连接的数目；N_{JG} 则为齿轮副连接的数目。

例3.1 试求图 3 - 2 所示的飞机鼻轮起落架收放机构的自由度。

这个平面机构具有八根连杆（杆 1、2、3、4、5、6、7、8）与十个连接（连接 o、p、q、a、b、c、d、e、f、g），其中连接 g 为移动副，其余连接皆为转动副；因此，$N_L = 8$，$N_{JR} = 9$，$N_{JP} = 1$。根据式（3.2），这个机构的自由度为

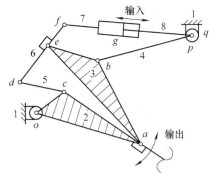

图 3 - 2　飞机鼻轮起落架收放机构

$$F_p = 3(N_L - 1) - 2(N_{JR} + N_{JP}) = 3(8 - 1) - 2(9 + 1) = 1$$

值得注意的是，与杆 1、杆 4 及杆 8 附随的连接为复连接，它与三根连杆附随，因

此必须视为两个转动副(p 和 q)。

2. 空间机构

对于空间机构而言,每一个可动的构件具有六个自由度,其中三个自由度为沿三个互相垂直轴的平移,另外三个自由度为对此三个轴的旋转。因此,一个具有 N_L 个构件的空间机构的自由度 F_s,可由下列公式给出:

$$F_s = 6(N_L - 1) - \sum N_{Ji} C_{si} \tag{3.3}$$

式中,N_L 为构件总数;N_{Ji} 是 i 型连接的数目;C_{si} 是 i 型连接的约束度。

由于一个空间连接的约束度是 6 减去该连接的自由度,因此,转动副的约束度是 5,即 $C_{sR} = 5$。移动副的约束度是 5,即 $C_{sP} = 5$。螺旋副的约束度也是 5,即 $C_{sH} = 5$。圆柱副的约束度是 4,即 $C_{sC} = 4$。球面副的约束度是 3,即 $C_{sS} = 3$。平面副的约束度也是 3,即 $C_{sF} = 3$。若空间机构只使用上述六种连接,则式(3.3)可表示为

$$F_s = 6(N_L - 1) - 5(N_{JR} + N_{JP} + N_{JH}) - 4J_C - 3(N_{JS} + N_{JF}) \tag{3.4}$$

例 3.2 试求图 3-3 所示汽车悬吊机构的自由度。

这个机构具有六根连杆(杆 1、2、3、4、5、6)与七个连接(连接 a、d、g、b、c、e、f),其中,连接 a 为转动副,连接 c 与 g 为移动副,连接 b、d、e 及 f 为球面副,因此,$N_L = 6$,$N_{JR} = 1$,$N_{JP} = 2$,$N_{JS} = 4$。根据式(3.4),这个机构的自由度为

$$\begin{aligned} F_s &= 6(N_L - 1) - 5(N_{JR} + N_{JP}) - 3N_{JS} \\ &= 6(6-1) - 5(1+2) - 3(4) \\ &= 3 \end{aligned}$$

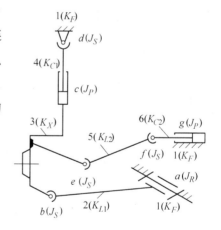

图 3-3 汽车悬吊机构

3.2.2 约束运动

所谓约束运动(constrained motion)就是一个机构受到独立输入的外力作用时,它的所有构件皆会产生确定而可预期的运动。由于一个机构的自由度是使该机构产生约束运动所需的独立输入数,因此自由度的概念通常作为分析机构运动约束程度的依据。

当机构的自由度与其独立输入数相同时,这个机构的运动是受约束的。

例 3.3 图 3-4 所示为一种飞机水平尾翼操纵机构的简图。其中,输入 I(杆 2)为操纵杆输入,输入 II(杆 12)为襟翼输入,输入 III(杆 7 和杆 14)为稳定增效器输入,而杆 8 则为输出杆。试讨论这个机构在各种不同输入组合状况下的

自由度。

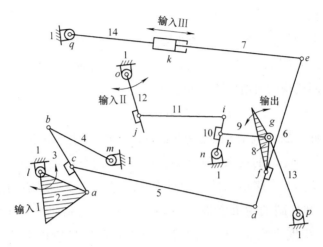

图 3-4　飞机水平尾翼操纵机构

这个机构具有十四根连杆（杆1、2、3、4、5、6、7、8、9、10、11、12、13、14）与十七个连接（连接 a、b、c、d、e、f、g、h、i、j、k、l、m、n、o、p、q），是平面机构。其中，除连接 k 为移动副外，其余皆为转动副，而连接 g 为与杆8、杆9及杆13附随的复连接。

襟翼输入（输入Ⅱ）和稳定增效器输入（输入Ⅲ）并不是随时都在作用。当襟翼输入不作用时，杆9、杆10、杆11、杆12及杆13均不动而形同结构，连接 g 成为固定轴枢；当稳定增效器输入不作用时，杆7和杆14可视为一根定长的构件。因此，本机构的输入有四种组合，以下分别说明其自由度：

（1）三个输入同时作用。在此情况下，机构有十四根杆、十七个转动副、一个移动副。因此，$N_L = 14$，$N_{JR} = 17$，$N_{JP} = 1$。根据式(3.2)，其自由度为

$$F_p = 3(N_L - 1) - 2(N_{JR} + N_{JP}) = 3(14 - 1) - 2(17 + 1) = 3$$

（2）仅操纵杆输入与襟翼输入作用。在此情况下，机构有十三根杆、十七个转动副。因此，$N_L = 13$，$N_{JR} = 17$。根据式(3.2)，其自由度为

$$F_p = 3(N_L - 1) - 2N_{JR} = 3(13 - 1) - 2(17) = 2$$

（3）仅操纵杆输入与稳定增效器输入作用。在此情况下，机构有九根杆、十个转动副、一个移动副。因此，$N_L = 9$，$N_{JR} = 10$，$N_{JP} = 1$。根据式(3.2)，其自由度为

$$F_p = 3(N_L - 1) - 2(N_{JR} + N_{JP}) = 3(9 - 1) - 2(10 + 1) = 2$$

（4）仅操纵杆输入作用。在此情况下，机构有八根杆、十个转动副。因此，$N_L = 8$，$N_{JR} = 10$。根据式(3.2)，其自由度为

$$F_p = 3(N_L - 1) - 2N_{JR} = 3(8 - 1) - 2(10) = 1$$

例 3.4 图 3–5 所示为一种六轴机械臂，试求其自由度。

这是一个空间机构，具有五根连杆（杆 1、2、3、4、5）和四个连接（a、b、c、d），其中连接 a、b 及 c 为转动副，连接 d 为球面副。因此 $N_L = 5$，$N_{JR} = 3$，$N_{JS} = 1$。根据式（3.4），该机械臂的自由度为

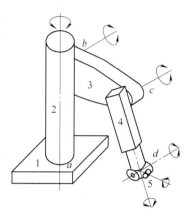

$$F_S = 6(N_L - 1) - 5N_{JR} - 3N_{JS}$$
$$= 6(5 - 1) - 5(3) - 3(1) = 6$$

表示该机构必须有六个独立的动力源输入才能产生约束运动。

图 3–5　六轴机械臂

3.3　链、一般化链及运动链

一般化链由一般化连接和一般化连杆组成，其子集合包括机构的运动链及结构的呆链。一般化链目录和运动链目录，提供了机构创新设计所必要的基本数据库。

3.3.1　链

将几根连杆相连接，即组成所谓的连杆链（link chain），或简称为链（chain）。具有 N_L 个构件和 N_J 个连接的链，称为（N_L，N_J）链。

对于链而言，一条通路（walk）是指一组由连杆和连接所组成的交互排列，此排列的首尾皆为连杆，而且其中每一个连接均附随于紧居其前后的两根连杆。链的路径（path），是指所有连杆皆不相同的通路。若一个链中的任意两根连杆均能够经由一条路径相连接，则称为连接链（connected chain）；反之，则称为非连接链（disconnected chain）。图 3–6a 所示是一个（5，4）非连接链，有孤立的连杆（杆 5）；图 3–6b 所示是一个连接链，有一个单接头杆（杆 5）。若链中的每一根连杆均有至少两根其他连杆与之连接，则该链形成一个或数个封闭回路，称为封闭链（closed chain）。不封闭的连接链，称为开放链（open chain）。在一个链中，若移走某根连杆会导致该链成为非连接链，则称该杆为分离杆（bridge link）。图 3–6c 所示是一

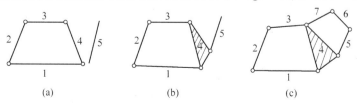

| | | |
| (a) | (b) | (c) |

图 3–6　链的类型

个(7,7)封闭链，有一个分离杆(杆4)。图3-6b中所示的连接链，同时也是一个开放链。

3.3.2 一般化链

一般化链(generalized chain)由一般化连接和一般化连杆组成。一般化链是连接的、闭合的、无任何分离杆的，且只含简单连接。一个(N_L, N_J)一般化链，是指具有N_L个一般化连杆及N_J个一般化连接的一般化链。

一般化链中的每一个连接均为一般化连接(generalized joint)，是未明确指定类型的通用连接，可以是转动副、移动副、球面副、螺旋副或者其他种类的连接。一般化连杆(generalized link)是具有一般化连接的连杆，可以是双连接杆、三连接杆、四连接杆等。

若将一般化链的连接转化为转动副，则成为一般化运动链(generalized kinematic chain)。

图3-7所示是一些基本的一般化链目录，可应用于大多数的机构设计。

3.3.3 运动链

对于一个一般化链，若指定所有连接的类型，其自由度为正，并且在指定固定杆之后其运动是受约束的，则该一般化链成为一个运动链(kinematic chain)；若其自由度不是正的，则该一般化链成为一个呆链(rigid chain)。

以图3-8a所示的(3,3)一般化链为例，若连接a和b是转动副，连接c是凸轮副，如图3-8b所示，则$N_L = 3$，$C_{pR} = 2$，$N_{JR} = 2$，$C_{pA} = 1$，$N_{JA} = 1$，根据式(3.1)该平面装置的自由度F_p为

$$F_p = 3(N_L - 1) - (N_{JR}C_{pR} + N_{JA}C_{pA}) = 3(3 - 1) - (2 \times 2 + 1 \times 1) = 1$$

这是一个单自由度的(3,3)运动链。若三个连接都是转动副，如图3-8c所示，则$N_L = 3$，$C_{pR} = 2$，$N_{JR} = 3$，根据式(3.1)其自由度F_p为

$$F_p = 3(N_L - 1) - (N_{JR}C_{pR}) = 3(3 - 1) - (3 \times 2) = 0$$

这是一个零自由度的(3,3)呆链。

图3-9a所示的一般化链，有五根连杆(杆1、2、3、4、5)和六个运动副(连接a、b、c、d、e、f)。若连接a、b、d、e、f是转动副，连接c是凸轮副，杆1是固定杆，则$N_L = 5$，$C_{pR} = 2$，$N_{JR} = 5$，$C_{pA} = 1$，$N_{JA} = 1$，根据式(3.1)其自由度F_p为

$$F_p = 3(N_L - 1) - (N_{JR}C_{pR} + N_{JA}C_{pA}) = 3(5 - 1) - (5 \times 2 + 1 \times 1) = 1$$

这是一个单自由度的平面五杆机构，如图3-9b所示。若接头a、b、c、e是转动副，连接d和f是齿轮副，杆1是固定杆，则$N_L = 5$，$C_{pR} = 2$，$N_{JR} = 4$，$C_{pA} = 1$，

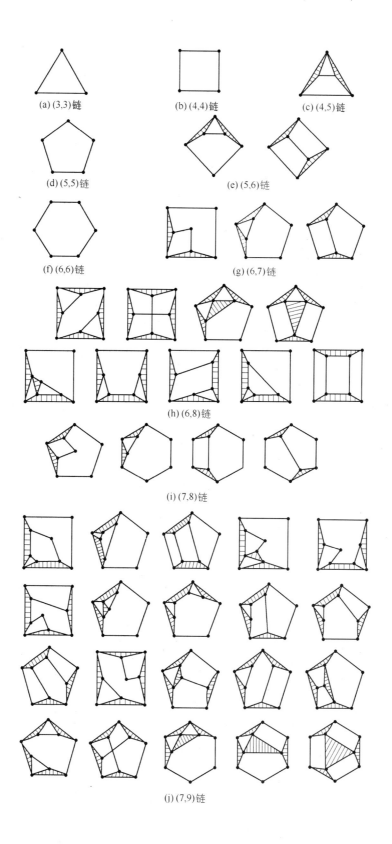

(a) (3,3)链   (b) (4,4)链   (c) (4,5)链

(d) (5,5)链   (e) (5,6)链

(f) (6,6)链   (g) (6,7)链

(h) (6,8)链

(i) (7,8)链

(j) (7,9)链

(k) (7,10)链

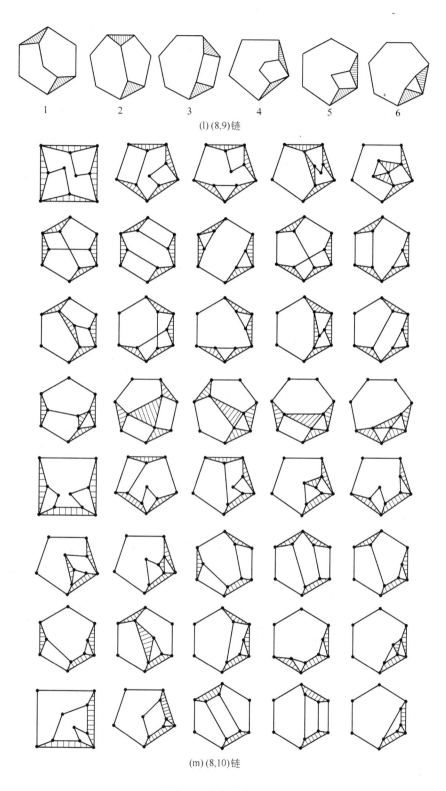

(l) (8,9)链

(m) (8,10)链

图 3-7　一般化链目录

(a) 一般化链　　　　(b) 运动链　　　　(c) 呆链

图 3 - 8　(3,3)链及其类型

$N_{JA}=2$，根据式(3.1)其自由度 F_p 为

$$F_p = 3(N_L-1)-(N_{JR}C_{pR}+N_{JA}C_{pA})=3(5-1)-(4\times2+2\times1)=2$$

这是一个二自由度的五杆行星齿轮系，如图 3 - 9c 所示。若连接 a、b、f 是球面副，连接 c 和 d 是转动副，连接 e 是圆柱副，杆 1 是固定杆，则 $N_L=5$，$C_{sR}=5$，$N_{JR}=2$，$C_{sC}=4$，$N_{JC}=1$，$C_{sS}=3$，$N_{JS}=3$，根据式(3.3)该空间机构的自由度 F_s 为

$$F_s=6(N_L-1)-(N_{JR}C_{sR}+N_{JC}C_{sC}+N_{JS}C_{sS})=6(5-1)-(2\times5+1\times4+3\times3)=1$$

这是一个单自由度的空间五杆机构。

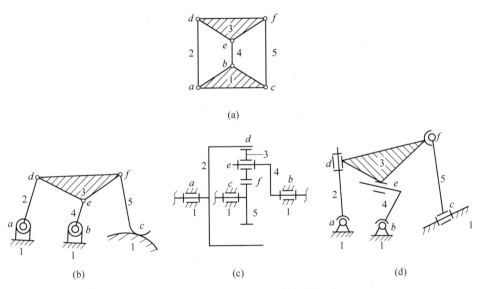

图 3 - 9　(5,6)一般化链及其衍生机构

有关(N_L,N_J)运动链目录综合的研究，即到底有几个不同结构的运动链具有 N 个构件和 J 个连接，称为数综合或数目综合(number synthesis)。一个具有 N_L 个连杆和 N_J 个连接的运动链目录，可以由(N_L,N_J)一般化链目录中删除三杆回路或具有非正数自由度的子链(呆链)而获得。例如，对于如图 3 - 7g 所示的三个(6,7)一般化链目录而言，由于中间所示的一般化链含有一个三杆回路，因此另外两个一般

化链就是(6,7)运动链目录，分别如图 3 - 10a 和 b 所示。其中，图 3 - 10a 所示为瓦特型链(Watt chain)，而图 3 - 10b 所示为斯蒂芬森型链(Stephenson chain)。又如，对于如图 3 - 7m 所示的四十个(8,10)一般化链目录而言，其所对应的(8,10)运动链目录有 16 个，如图 3 - 11 所示。

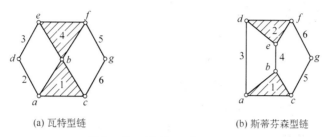

(a) 瓦特型链　　　　　　　　　(b) 斯蒂芬森型链

图 3 - 10　(6,7)运动链目录

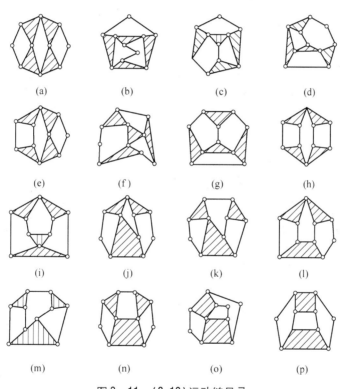

(a)　　　　(b)　　　　(c)　　　　(d)

(e)　　　　(f)　　　　(g)　　　　(h)

(i)　　　　(j)　　　　(k)　　　　(l)

(m)　　　　(n)　　　　(o)　　　　(p)

图 3 - 11　(8,10)运动链目录

若固定运动链中的一个杆件作为机架，则形成机构(mechanism)。例如，将图 3 - 10a 所示的瓦特型运动链中的杆 1 固定，可获得所对应的瓦特型机构，如图 3 - 12 所示。

若机构的运动链所构成的回路全部为封闭回路，则称为封闭链机构(closed chain mechanism)；图 3 - 1b 所示的动力锯机构，可表示为如图 3 - 13a 所示的五杆五接头的封闭回路运动链,属封闭链机构。若机构的运动链所构成的回路有部分为开放回路,则称为开放链机构(open chain mechanism);图3-5所示的六轴机械臂,可表示为如图3-13b所示的五杆四连接的开放回路运动链,属开放链机构。若机构在操作过程中,其拓扑结构产生变化,使得该机构无法以单一的运动链表示,则此机构称为变化链机构(variable chain mechanism);操作图3-4所示的飞机水平尾翼操纵

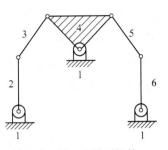

图3-12 瓦特型机构

机构时将产生多种不同的拓扑结构,若三个输入(操纵杆、襟翼及稳定增效器)同时作用,则对应的运动链如图3-13c所示,若仅有操纵杆输入,则对应的运动链如图3-13d所示,因此该机构为一变化链机构。

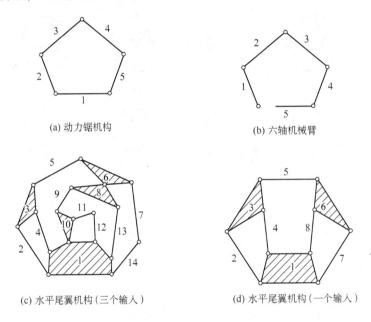

(a) 动力锯机构

(b) 六轴机械臂

(c) 水平尾翼机构(三个输入)

(d) 水平尾翼机构(一个输入)

图3-13 封闭链、开放链及变化链机构

3.4 机构的结构综合(类型综合、型综合)

本节说明独立输入数若为已知,应如何综合出机构的拓扑结构,包括自由度数、运动空间类型、构件数、连接类型、连接数、运动链目录以及机构结构目录等,即所谓的结构综合(structural synthesis)。

机构的结构综合可分为以下几个步骤:

(1) 确定自由度数。机构的独立输入数是根据其工作目的决定的,为已知条

件。若无特殊考虑，则取自由度数为独立输入数。

（2）选择运动空间类型。机构的运动空间类型必须根据设计规范、设计要求、设计限制以及设计者的判断来选择，例如输入件和输出件所处的位置与运动方式等。若选择平面机构，则根据式（3.1）进行结构综合；若选择空间机构，则根据式（3.3）进行结构综合。

（3）决定连接类型。机构的连接类型必须根据工作目的、运动空间类型以及设计者的判断来决定。若无特殊考虑，以取自由度为1的连接为宜。

（4）求出构件和连接数目。当机构的运动空间类型和连接类型确定之后，即可根据式（3.1）或式（3.3）解出构件的数目 N_L 与连接的数目 N_J。

（5）综合运动链目录。常用的运动链目录，可在图 3-7 所示的一般化链目录中获得。

（6）综合机构结构目录。针对每一个具有 N 个构件和 J 个连接的运动链，根据设计需求，将构件和连接的类型分别分配到适当的杆件和连接上。由此即得合乎工作目的机构拓扑结构。

下面举例说明机构的结构综合。

例 3.5 试决定具有一个独立输入且连接自由度为1的平面机构的杆数和连接数。

（1）由于机构的独立输入数为1且无特殊考虑，故取自由度数为1。

（2）由于所探讨的机构为平面机构，故根据式（3.1）可得

$$3(N_L - 1) - \sum N_{Ji} C_{pi} = 1 \tag{3.5}$$

（3）由于平面机构自由度为1的连接不外乎是转动副、移动副及滚动副，故根据式（3.2）和式（3.5）可得

$$N_{JR} + N_{JP} + N_{JO} = (3N_L - 4)/2 \tag{3.6}$$

（4）解式（3.6），取最小构件数 $N_L = 4$，可得下列十五种组合：

N_J	4	4	4	4	4	4	4	4	4	4	4	4	4	4	4
N_{JR}	0	0	0	0	0	1	1	1	1	2	2	2	3	3	4
N_{JP}	0	1	2	3	4	0	1	2	3	0	1	2	0	1	0
N_{JO}	4	3	2	1	0	3	2	1	0	2	1	0	1	0	0

因此，连接数 $N_J = N_{JR} + N_{JP} + N_{JO} = 4$。

例 3.6 试综合出具有一个减振器的平面六杆摩托车后悬吊机构的拓扑结构。

（1）一般摩托车悬吊机构的输入为来自地面的运动，独立输入数为1，取自由度数为1。

（2）所探讨的机构为平面机构。

（3）为简化机构的设计和制造，连接以转动副为主，由于减振器具有一个移动副，因此，根据式(3.2)可得

$$N_{JR} = (3N_L - 6)/2 \qquad (3.7)$$

（4）解式(3.7)，若构件数不大于8，则可得下列组合：

$$N_L \quad 4 \quad 6 \quad 8$$
$$N_J \quad 4 \quad 7 \quad 10$$
$$N_{JR} \quad 3 \quad 6 \quad 9$$
$$N_{JP} \quad 1 \quad 1 \quad 1$$

（5）由于连接为转动副和移动副，因此由图3-10可得(6,7)运动链的目录有两个。

（6）针对图3-10所示的(6,7)运动链目录，选择一个杆为机架（杆1）、一个杆为用来与轮胎邻接的摇臂（杆3）、两根串联且与移动副附随的双接头杆为减振器（杆5和杆6），可得多种不同结构的机构，图3-14所示为其中的六种。图3-14b是 Kawasaki Uni-trak 摩托车后悬吊机构，图3-14c 是 Suzuki Full-floater 摩托车后悬吊机构，图3-14e 则是 Honda Pro-link 摩托车后悬吊机构。

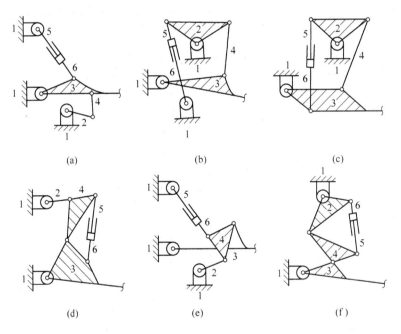

图3-14 摩托车单枪后悬吊机构

第4章 机构的表示和特征

本章首先说明如何以矩阵和图画来表示机构的拓扑结构，接着介绍机构的一般化和特殊化，以便为第5章、第6章及第7章进行机构创新设计之用。

4.1 矩阵表示

矩阵(matrix)的概念，是表示各种链和机构拓扑结构的有力工具。本节介绍连杆邻接矩阵、标号连杆邻接矩阵以及拓扑结构矩阵。

4.1.1 连杆邻接矩阵

具有 N_L 个连杆和 N_J 个连接的一般化(运动)链的连杆邻接矩阵(link adjacency matrix)为 $\boldsymbol{M}_{LA}$，是一个 $N_L \times N_L$ 的方矩阵，其元素 $a_{ij} = 1$ 表示杆 i 和杆 j 互相邻接，否则 $a_{ij} = 0$。以图 3 - 10a 所示的(6,7)瓦特型链为例，其连杆邻接矩阵 $\boldsymbol{M}_{LA}$ 为

$$\boldsymbol{M}_{LA} = \begin{bmatrix} 0 & 1 & 0 & 1 & 0 & 1 \\ 1 & 0 & 1 & 0 & 0 & 0 \\ 0 & 1 & 0 & 1 & 0 & 0 \\ 1 & 0 & 1 & 0 & 1 & 0 \\ 0 & 0 & 0 & 1 & 0 & 1 \\ 1 & 0 & 0 & 0 & 1 & 0 \end{bmatrix}$$

标号链(labeled chain)是将杆件以整数 $\{1,2,3,\cdots,i,\cdots\}$ 标示，连接以字母 $\{a, b,c,\cdots,k,\cdots\}$ 标示。具有 N_L 个连杆和 N_J 个连接的标号连杆邻接矩阵(labeled link adjacency matrix) $\boldsymbol{M}_{LLA}$，是一个 $N_L \times N_L$ 的方矩阵。对于第 i 个杆件，元素 $a_{ii} = i$，

$a_{ij}=k$ 表示连接 k 与杆 i 和杆 j 附随，否则 $a_{ij}=0$。以图 3-10a 所示的 (6,7) 瓦特型链为例，其标号连杆邻接矩阵 $\boldsymbol{M}_{LLA}$ 为

$$\boldsymbol{M}_{LLA}=\begin{bmatrix} 1 & a & 0 & b & 0 & c \\ a & 2 & d & 0 & 0 & 0 \\ 0 & d & 3 & e & 0 & 0 \\ b & 0 & e & 4 & f & 0 \\ 0 & 0 & 0 & f & 5 & g \\ c & 0 & 0 & 0 & g & 6 \end{bmatrix}$$

4.1.2 拓扑结构矩阵

机构的拓扑结构可以用拓扑结构矩阵 (topology matrix, $\boldsymbol{M}_T$) 表示。具有 N_L 个构件的机构拓扑结构矩阵为一个 $N_L \times N_L$ 的方矩阵，其对角元素 $a_{ii}=K_i$ 表示构件 i 的类型，假如构件 i 和构件 k 相邻接，则右上角非对角线元素 $a_{ik}=J_i(i<k)$ 表示附随于构件 i 和构件 k 的连接类型，左下角非对角线元素 a_{ki} 表示该连接的标号。若有数个元素的连接标号相同，则表示该连接是复连接。假如构件 i 和构件 k 不相互邻接，则 $a_{ik}=0$。

例 4.1 凸轮 - 滚子 - 致动器机构，如图 4-1 所示。

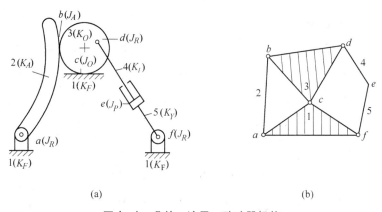

(a)　　　　　　　　　(b)

图 4-1　凸轮 - 滚子 - 致动器机构

此机构为平面机构，具有五个构件 (1、2、3、4、5)，分别是机架 (K_F，构件 1)、凸轮 (K_A，构件 2)、滚子 (K_O，构件 3)、活塞 (K_I，构件 4) 及气缸 (K_Y，构件 5)。其中，凸轮、活塞及气缸是双连接构件，机架和滚子是三连接构件。此机构具有六个双连接 (a、b、c、d、e、f)，分别为三个转动副 (a、d、f)、一个移动副 (e)、一个滚动副 (c) 及一个凸轮副 (b)。此机构的拓扑结构矩阵 $\boldsymbol{M}_T$ 为

$$\boldsymbol{M}_T = \begin{bmatrix} K_F & J_R & 0 & 0 & J_R \\ a & K_A & J_A & 0 & 0 \\ c & b & K_O & J_R & 0 \\ 0 & 0 & d & K_I & J_P \\ f & 0 & 0 & e & K_Y \end{bmatrix}$$

其运动链如图 4 – 1b 所示，为(5,6)运动链。

例 4.2 汽车悬吊机构，如图 3 – 3 所示。

此机构为空间机构，具有六个构件，分别是机架(K_F，构件 1)、两个连杆(K_{L1}，构件 2;K_{L2}，构件 5)、两个液压缸(K_{Y1}，构件 4;K_{Y2}，构件 6)及一个轮轴连接杆(K_X，构件 3)。此机构含有七个连接(a、b、c、d、e、f、g)，皆为单连接。其中，连接 a 为转动副，连接 b、d、e 及 f 是球面副，连接 c 和 g 是移动副。此机构的拓扑结构矩阵 $\boldsymbol{M}_T$ 为

$$\boldsymbol{M}_T = \begin{bmatrix} K_F & J_R & 0 & J_S & 0 & J_P \\ a & K_{L1} & J_S & 0 & 0 & 0 \\ 0 & b & K_X & J_P & J_S & 0 \\ d & 0 & c & K_{Y1} & 0 & 0 \\ 0 & 0 & e & 0 & K_{L2} & J_S \\ g & 0 & 0 & 0 & f & K_{Y2} \end{bmatrix}$$

4.2 图画表示和特征

以图论(theory of graph)衍生出表示机构拓扑结构的图画表示法是一种常用的方法，它以点表示杆件，以边表示连接，则点和边的关系就表示了整个机构的拓扑结构。图画表示法通常用于直观的设计工作，而矩阵表示法则以数学程序进行设计工作。本节说明有关图画的基本定义以及将图画转换为链的步骤。

4.2.1 基本定义

为了应用图论作为链和机构拓扑结构的数学模型，首先介绍一些关于图画的定义。

1. 图画

一个图画(graph)$G = (S_N, S_E)$是由具有 p 个点(vertex)的集合 S_N 及具有 q 条边(edge)的集合 S_E 组成。其中，S_N 是有限且非空的集合，而每条边是两个不同点的

集合。一个具有 p 个点和 q 条边的图画，称之为一个 (p,q) 图画。在图示上，一个点以一个黑点表示，一条边以一条线表示。图 4-2a 所示为一个具有五个点 $(v_1、v_2、v_3、v_4、v_5)$ 和六条边 $(e_1、e_2、e_3、e_4、e_5、e_6)$ 的图画。

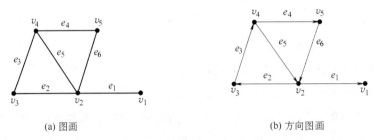

(a) 图画　　　　　　　　　(b) 方向图画

图 4-2　五点六边的(方向)图画

若一点为一边的端点，则称该点与该边相附随(incidence)。以图 4-2a 所示的图画为例，点 v_1 和边 e_1 相附随，点 v_2 分别和边 e_1、e_2、e_5 及 e_6 相附随。若不相同的两点(边)同时与一共同边(点)相附随，则称该两点(边)相邻接(adjacency)。以图 4-2a 所示的图画为例，点 v_1 和点 v_2 相邻接，边 e_1 和边 e_2 相邻接。

附随于一点的所有边的数目称为点的度数(degree of vertex)，以 D_{vi} 表示。以图 4-2a 所示的图画为例，点 v_1 的度数为 1，即 $D_{v1}=1$；点 v_2 的度数为 4，即 $D_{v2}=4$；点 v_3 的度数为 2，即 $D_{v3}=2$。度数为零的点，称为孤立点(isolated vertex)。度数为 1 的点，称为端点(pendant vertex)，图 4-2a 图画中的点 v_1 即为端点。

图画中由点与边所组成的交互排列若其首尾皆为点，且依序的点和边在图画中具有附随的关系，则此排列称为通路(walk)。图 4-2a 图画中的 $v_1e_1v_2e_5v_4e_4v_5e_6v_2$ 为一个通路。无任何一点重复的开放通路称为路径(path)。图 4-2a 图画中的 $v_1e_1v_2e_2v_3e_3v_4e_4v_5$ 为一个路径。路径中的边数称为路径长度(length of path)。图 4-2a 图画中 $v_1e_1v_2e_2v_3e_3v_4$ 的路径长度为 3。除首尾两点外，无任何一点重复的封闭通路，称为回路(loop)。在图 4-2a 所示的图画中，$v_2e_2v_3e_3v_4e_4v_5e_6v_2$ 为一个回路。

若每一对点都有一条路径连接，则称该图画是连接的(connected)。若一个图画是连接的，而且每一个点至少与两个不同的边附随，则称该图画是闭合的(closed)。

在连接图画中，若删除某一点致使图画不连接，则称此点为分离点(bridge vertex)。

2. 块图

若一个图画是连接的，而且不含分离点，则称该图画是一个块图(block)。平面块图(planar block)，是指在一个平面绘出且没有边交叉的块图。图 4-3 为三个含有四个点的块图，亦是平面块图。

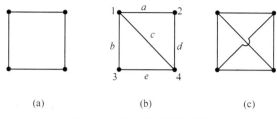

图 4-3　四点的(平面)块图

3. 方向图画

若图画具有映射关系，此关系映射每一边至具有次序的某相异两点，则称该图画为方向图画(directed graph)。图 4-2b 所示为一个具有五个点 (v_1、v_2、v_3、v_4、v_5) 和六条边 (e_1、e_2、e_3、e_4、e_5、e_6) 的方向图画。

4. 树形图画

不具有回路的连通图画称为树形图画(tree graph)。图 4-4a 所示为一个具有四个点和三条边的树形图画。

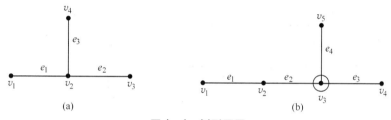

(a)   (b)

图 4-4　树形图画

具有一点可与其他点区别的树形图画称为含根树形图画(rooted tree graph)，而该点则称为该树形图画的根(root)。图 4-4b 所示为一个含根的树形图画，其中点 v_3 为根。

在树形图画中，能产生最多子树形图画的分离点称为分支点(branch vertex)。图 4-4b 图画中的点 v_3 为一个分支点。

一个树形图画中，由点 v_i 至点 v_j 的边所组成的排列，且依序的边在图画中具有邻接的关系，称为边序列(edge sequence)，以 E_{ij} 表示。图 4-4b 图画中，E_{15} 表示点 v_1 至点 v_5 的边所组成的序列 $e_1e_2e_4$。

图 4-5 所示为一至七点的树形图画目录。

5. 线图画

对于一个不含孤立点的图画 G，其线图画(line graph) G_L 是以 G 的边作为点的集合。若满足以下条件，则 G_L 的两个点 v_1 和 v_2 是相邻接的：若将 G 的每一条边 e_i 视为由它所连接的两个点组成的集合，则交线 $v_1 \cap v_2$ 是唯一的，即若 G 的边 e_1 和 e_2 仅与 G 的一个共同点邻接，则 G_L 的点 v_1 和 v_2 将以一条边连接。对于图 4-3b 所

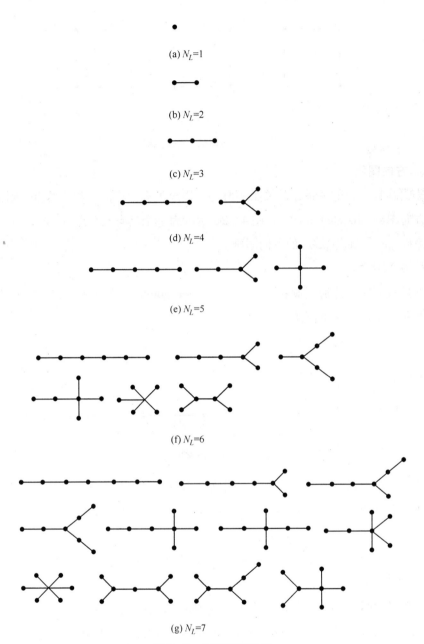

(a) N_L=1

(b) N_L=2

(c) N_L=3

(d) N_L=4

(e) N_L=5

(f) N_L=6

(g) N_L=7

图 4 – 5 树形图画目录

示的(4,5)图画而言，与其对应的线图画如图 4 – 6 所示。

4.2.2 链和图画

基于图论和超图画理论(theory of hypergraphs)的一些概念，可从平面块图建构出与其对应的一般化链，其步骤如下：

（1）对于每一个给定的(p,q)平面块图 G，在平面中不交叉地绘出 G。

（2）对于每一个点，列出与其邻接的边。

（3）构造线图画 G_L。

（4）将 G_L 的每一个点，用一个中心有点的小圆代替。

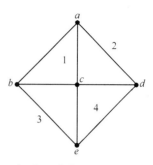

图 4－6 （4,5）图画的线图画

（5）将每个由一个点与至少三条边邻接的 G 所决定的 G_L 的完整子图画，以一个内画斜线的多边形代替，当附随的边是四个或四个以上时，消除内边得到多边形的周界，再将此多边形内画斜线。

另外，在一般化链和（平面）块图之间，存在着一对一的映射关系，即每个一般化链均有一个唯一与其相关的（平面）块图，并且每个（平面）块图可产生唯一的一般化链。这种关联性，可导致以下推论：

（1）对于（平面）块图的每一个定理，在将（平面）块图转换为一般化链之后，对所有的一般化链皆有效。

（2）与（平面）块图相关的每一个概念或不变的数值性，均有一个用于一般化链的相应含义；反之亦然。

（3）应用于所有一般化链的每一个定律，均可转换为关于（平面）块图的定理。

对于图 4－7a 所示的（6,7）平面块图而言，可以建构与其对应的一般化链，如图 4－7b 所示，即为图 3－10a 所示的瓦特型链。以此类推，3.3.2 节所介绍的一般化链目录，例如图 3－7 所示，可由既有的（平面）块图转换获得。

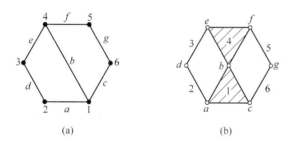

(a)　　　　　　　　(b)

图 4－7 （6,7）平面块图及其对应的一般化链

4.3 排列群

一个排列（permutation）P，是指一个有限集合 S 的一对一且映射至本身的对应。映像的一般组合，构成同一集合上排列的一个二元运算。进而，当一个排列集合对于其组合具有封闭性时，则称为一个排列群（permutation group）P_G。例如，序列 (B,C,A,D) 是集合 $S=(A,B,C,D)$ 的一个排列，其中 A 对应至 $B(A\rightarrow B)$、B 对应

至 $C(B{\rightarrow}C)$、C 对应至 $A(C{\rightarrow}A)$、D 对应至 $D(D{\rightarrow}D)$。在此排列中，$A{\rightarrow}B{\rightarrow}C{\rightarrow}A$ 构成一个循环(cycle)，记为 $[ABC]$，其长度为3；$D{\rightarrow}D$ 构成另一个循环 $[D]$，长度为1。此排列的循环，表示为 $P=[ABC][D]$。

根据图论的一些基本概念，对于标号一般化(运动)链，可定义出三个排列群，称为连杆群、连接群及链群。

4.3.1 连杆群

令 $S_{LL}=\{1,2,3,\cdots\}$ 为一般化(运动)链的连杆标号的集合。将 S_{LL} 的一个排列 P 作用于链上，等效于将该链的连杆重新标号，而原链与重新标号过的链是同构链。例如，排列 $P=[13][24][5][6]$ 将图4-7b 所示的链转化为图4-8a 所示的同构链。

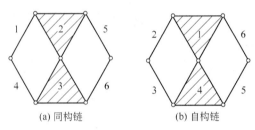

(a) 同构链　　　　　(b) 自构链

图4-8　同构和自构的标号瓦特型链

对于某些特殊的排列，重新标号过的链与原链相同，即连杆的邻接关系与标号均相同。根据图论，此两个链是自构的(automorphic)。例如，排列 $P=[14][23][56]$ 将图4-7b 所示的链转化为图4-8b 所示的自构链。将链的连杆重新标号，并将该链转化为自构链的特殊排列，所得的结果称为该链的连杆群(link group)，记为 D_L。例如，图4-7b 所示的链，其连杆群为

$$D_L=\{P_{L1},P_{L2},P_{L3},P_{L4}\}$$

其中

$$P_{L1}=[1][2][3][4][5][6]$$

$$P_{L2}=[1/4][2/3][5/6]$$

$$P_{L3}=[1][2/6][3/5][4]$$

$$P_{L4}=[1/4][2/5][3/6]$$

4.3.2 连接群

令 $S_{LJ}=\{a,b,c,\cdots\}$ 为一般化(运动)链的连接标号的集合，则必存在一组排列将该链转化为自构链。这些排列形成一个群，称为该链的连接群(joint group)，记

为 D_J。例如，图 4 – 7b 所示的链，其连接群为

$$D_J = \{P_{J1}, P_{J2}, P_{J3}, P_{J4}\}$$

其中

$$P_{J1} = [a][b][c][d][e][f][g]$$

$$P_{J2} = [a/e][b][c/f][d][g]$$

$$P_{J3} = [a/c][b][e/f][d/g]$$

$$P_{J4} = [a/f][b][c/e][d/g]$$

4.3.3 链群

同理，若同时将链的连杆和连接标号，可得到链群（chain group），记为 D_C。例如，图 4 – 7b 所示的链的链群为

$$D_C = \{P_{C1}, P_{C2}, P_{C3}, P_{C4}\}$$

其中

$$P_{C1} = [1][2][3][4][5][6][a][b][c][d][e][f][g]$$

$$P_{C2} = [1/4][2/3][5/6][a/e][b][c/f][d][g]$$

$$P_{C3} = [1][2/6][3/5][4][a/c][b][e/f][d/g]$$

$$P_{C4} = [1/4][2/5][3/6][a/f][b][c/e][d/g]$$

4.3.4 相似类

令 $S = \{s_1, s_2, s_3, \cdots, s_k, \cdots\}$ 为一般化(运动)链的连杆(或连接)标号的集合。若存在一个排列 P 属于 D_L(或 D_J)，使得 s_i 对应至 s_j，则称 s_i 和 s_j 因 P 而相似(similar)。进而，将相似元素集合为一类，可以把集合 S 分为数个相似类(similar class)。以图 4 – 7b 所示的瓦特型链为例，$\{1,4\}$ 和 $\{2,3,5,6\}$ 是两个连杆的相似类，$\{b\}$、$\{a,c,e,f\}$ 及 $\{d,g\}$ 是三个连接的相似类。

4.3.5 排列群

一般化链的连杆群可从其连杆邻接矩阵得到。若同构链的连杆邻接矩阵因一个行的连杆排列及相同的列的连杆排列而改变，则它们是等效的。但是，自同构链的连杆邻接矩阵是不变的。

获得一个链的连杆群的演算程序如下：

（1）对于所研究的链，描述每一个连杆的属性，即其自身以及与其邻接的连杆所附随的连接数目。

（2）列出所有可能的连杆排列，其中只有属性相同的连杆之间可以重新标号。

（3）将每一根可能的连杆排列作用于该链的连杆邻接矩阵。若所产生的连杆邻接矩阵与原矩阵相同，则此排列即为该链连杆群的一个排列。

对于图3-10b所示的标号(6,7)斯蒂芬森型链而言，杆1和杆2都含有三个附随连接，而且所有与它们邻接的杆都含有两个附随连接。因此，杆1和杆2的属性相同。同理，杆3和杆4及杆5和杆6的属性也相同。因此，可能的连杆排列的数目为$2! \times 2! \times 2! = 8$，其排列如下：

$$P_{L1} = [1][2][3][4][5][6]$$
$$P_{L2} = [1/2][3][4][5][6]$$
$$P_{L3} = [1][2][3/4][5][6]$$
$$P_{L4} = [1][2][3][4][5/6]$$
$$P_{L5} = [1/2][3/4][5][6]$$
$$P_{L6} = [1/2][3][4][5/6]$$
$$P_{L7} = [1][2][3/4][5/6]$$
$$P_{L8} = [1/2][3/4][5/6]$$

在这些排列中，P_{L1}、P_{L3}、P_{L6}、P_{L8}均将连杆邻接矩阵转化为其自身，因此该链的连杆群D_L为$\{P_{L1}, P_{L3}, P_{L6}, P_{L8}\}$。

利用该链的标号连杆邻接矩阵的每一个连杆排列，通过观察标号连杆邻接矩阵的非对角元素的转化，可获得连接群和链群。对于图3-10b所示的斯蒂芬森型链而言，其对应的标号连杆邻接矩阵M_{LLA}为

$$\begin{bmatrix} 1 & 0 & a & b & c & 0 \\ 0 & 2 & d & e & 0 & f \\ a & d & 3 & 0 & 0 & 0 \\ b & e & 0 & 4 & 0 & 0 \\ c & 0 & 0 & 0 & 5 & g \\ 0 & f & 0 & 0 & g & 6 \end{bmatrix}$$

而由$P_{L3} = [1][2][3/4][5][6]$转化而来的标号连杆邻接矩阵$M_{LLA}$为

$$\begin{bmatrix} 1 & 0 & b & a & c & 0 \\ 0 & 2 & e & d & 0 & f \\ b & e & 4 & 0 & 0 & 0 \\ a & d & 0 & 3 & 0 & 0 \\ c & 0 & 0 & 0 & 5 & g \\ 0 & f & 0 & 0 & g & 6 \end{bmatrix}$$

另外，从上面两个标号连杆邻接矩阵的非对角元素可看出，$a \rightarrow b$、$b \rightarrow a$、$c \rightarrow c$、$d \rightarrow e$、$e \rightarrow d$、$f \rightarrow f$ 及 $g \rightarrow g$。因此，与连杆排列 P_{L3} 相对应，有一个连接排列 P_{J3}

$$P_{J3} = [a/b][c][d/e][f][g]$$

及一个链排列 P_{C3}

$$P_{C3} = [1][2][3/4][5][6][a/b][c][d/e][f][g]$$

4.4 机构的一般化

一般化(generalization)的概念是机构创新设计方法的主要步骤之一，其基础建立在由所定义的一般化原则推导出的一般化规则上。本节说明一般化原则、一般化规则及一般化程序，用以产生一般化(运动)链和机构。

4.4.1 一般化原则

将机构转化成与其对应的一般化(运动)链的基本策略，是根据以下的一般化原则(generalizing principles)来制定的：

（1）所有的连接都转化成一般化(旋转、转动)连接。

（2）所有的构件都转化成一般化连杆。

（3）机构及与其对应的一般化(运动)链，其构件和连接之间的拓扑附随与邻接关系应保持一致。

（4）机构及与其对应的一般化(运动)链，其自由度数应保持不变。

一般化原则是制定一般化规则的基本定律。若没有这些原则，则机构创新性设计的过程将难以系统化和精确化。

4.4.2 一般化规则

根据上述一般化原则，制定如下一般化规则(generalizing rules)，作为机构一般化的依据。

（1）连接。转动副用标示为 J_R 的一般化连接代替，移动副用标示为 J_P 的一般化连接代替，滚动副用标示为 J_O 的一般化连接代替，凸轮副用标示为 J_A 的一般化连接代替，齿轮副用标示为 J_G 的一般化连接代替，螺旋副用标示为 J_H 的一般化连接代替，圆柱副用标示为 J_C 的一般化连接代替，球面副用标示为 J_S 的一般化连接代替，平面副用标示为 J_F 的一般化连接代替。

（2）构件。与 N_L 个构件相邻接的连杆，用具有 N_L 个一般化连接的一般化连杆代替。与 N_L 个构件相邻接的滑件，用具有 N_L 个一般化连接的一般化连杆代替。

与 N_L 个构件相邻接的滚子，用具有 N_L 个一般化连接的一般化连杆代替。具有 N_L 个从动件的凸轮，用具有 N_L+1 个一般化连接的一般化连杆代替。与 N_L 个构件相邻接的齿轮，用具有 N_L+1 个一般化连接的一般化连杆代替。由活塞和气缸组成的减振器，用一对附随于同一个一般化移动副的一般化双连接杆代替。

此外，可进一步将所有特定类型的一般化连接，转化成一般化转动副（generalized revolute joint）或只含一般化转动副的一般化连杆，其规则如下：一般化移动副以一个一般化转动副代替，一般化滚动副以一个一般化转动副代替，一般化凸轮副以一个两端各有一个一般化转动副的双连接杆代替，一般化齿轮副以一个两端各有一个一般化转动副的双连接杆代替，一般化螺旋副以一个一般化转动副代替，一般化圆柱副以两端各有一个一般化转动副的双连接杆代替，一般化球面副以附随有一般化转动副的两根串联的双连接杆代替，一般化平面副以附随有一般化转动副的两根串联的双连接杆代替。

对于任何其他类型的运动副，可以根据相同方式来制定转化规则。

4.4.3 一般化（运动）链

一般化机构（generalized mechanism）是将机构的简图通过一般化规则转化而成的，而一般化链（generalized chain）是将相应的一般化机构解除固定杆与消除复连接而成的。若将一般化链的连接进一步转化为一般化转动副，则成为一般化运动链（generalized kinematic chain）。以下举例说明。

例4.3 普通轮系，如图4-9a所示。

这是一个(4,5)平面机构，有四个构件，分别是固定杆（杆1, K_F）、齿轮1（杆

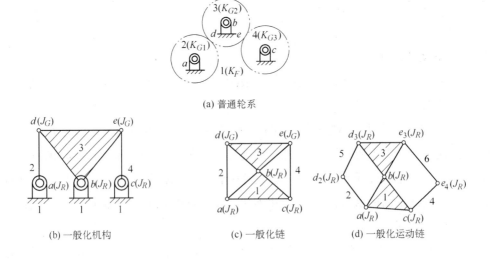

(a) 普通轮系

(b) 一般化机构   (c) 一般化链   (d) 一般化运动链

图4-9 普通轮系的一般化

$2,K_{G1}$)、齿轮2(杆3,K_{G2})、齿轮3(杆4,K_{G3})。此机构有五个连接,分别是连接 a(杆1和杆2,J_R)、连接 b(杆1和杆3,J_R)、连接 c(杆1和杆4,J_R)、连接 d(杆2和杆3,J_G)、连接 e(杆3和杆4,J_G)。拓扑结构矩阵 $\boldsymbol{M}_T$ 为

$$\boldsymbol{M}_T = \begin{bmatrix} K_F & J_R & J_R & J_R \\ a & K_{G1} & J_G & 0 \\ b & d & K_{G2} & J_G \\ c & 0 & e & K_{G3} \end{bmatrix}$$

将固定杆(K_F)一般化成一个三连接杆1,齿轮1(K_{G1})一般化成一个双连接杆2,齿轮2(K_{G2})一般化成一个三连接杆3,齿轮3(K_{G3})一般化成一个双连接杆4。如此得到所对应的一般化机构,如图4-9b所示,而所对应的一般化链,则如图4-9c所示。若将一般化齿轮副 d 和 e 分别以两端具有一般化转动副 d_2 和 d_3 及具有 e_3 和 e_4 的双连接杆5和杆6代替,即可将一般化链进一步转化成一般化运动链,如图4-9d所示。这是一个(4,5)一般化链,也是一个具有(6,7)瓦特型链。

例4.4 凸轮-滚子-致动器机构,如图4-1a所示。

这是一个(5,6)平面机构,有五个构件,分别是机架(杆1,K_F)、凸轮(杆2,K_A)、滚子(杆3,K_O)、活塞(K_I,杆4)及气缸(K_Y,杆5)。此机构有六个连接,分别是连接 a(杆1和杆2,J_R)、连接 b(杆2和杆3,J_A)、连接 c(杆1和杆3,J_O)、连接 d(杆3和杆4,J_R)、连接 e(杆4和杆5,J_P)及连接 f(杆1和杆5,J_R)。

将固定杆(K_F)一般化成三连接杆1,凸轮(K_A)一般化成双连接杆2,滚子(K_O)一般化成三连接杆3,活塞(K_I)一般化成双连接杆4,气缸(K_Y)一般化成双连接杆5。如此,得到所对应的一般化机构,如图4-10a所示。而对应的(5,6)一般化链,则如图4-10b所示。若将一般化滚动副 c 以一般化转动副 c 代替、一般化凸轮副 b 以两端具有一般化转动副 b_2 和 b_3 的双连接杆6代替、一般化移动副 e 以一般化转动副 e 代替,即可将一般化链进一步转化成一个具有六个杆和七个连接的一般化运动链,如图4-10c所示,它也是一个(6,7)瓦特型链。

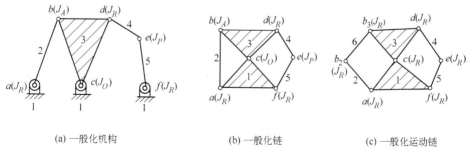

(a) 一般化机构　　　　　　(b) 一般化链　　　　　　(c) 一般化运动链

图4-10　凸轮-滚子-致动器机构的一般化

例 4.5 汽车悬吊机构，如图 3-3 所示。

这是一个 (6,7) 空间机构，有六个构件，分别是机架 (K_F，构件 1)、两根连杆 (K_{L1}，构件 2; K_{L2}，构件 5)、两个液压缸 (K_{Y1}，构件 4; K_{Y2}，构件 6) 及一个轮轴连接杆 (K_X，构件 3)。此机构有七个连接 (a、b、c、d、e、f、g)，皆为单连接。其中，连接 a 为转动副，连接 b、d、e 及 f 是球面副，连接 c 和 g 是移动副。此机构的拓扑结构矩阵 $\boldsymbol{M}_T$ 为

$$\boldsymbol{M}_T = \begin{bmatrix} K_F & J_R & 0 & J_S & 0 & J_P \\ a & K_{L1} & J_S & 0 & 0 & 0 \\ 0 & 0 & K_X & J_P & J_S & 0 \\ d & b & c & K_{Y1} & 0 & 0 \\ 0 & 0 & e & 0 & K_{L2} & J_S \\ g & 0 & 0 & 0 & f & K_{Y2} \end{bmatrix}$$

将固定杆 (K_F) 一般化成三连接杆 1、连杆 (K_{L1}) 一般化成双连接杆 2、轮轴连接杆 (K_X) 一般化成三连接杆 3、液压缸 (K_{Y1}) 一般化成双连接杆 4、连杆 (K_{L2}) 一般化成双连接杆 5、液压缸 (K_{Y2}) 一般化成双连接杆 6，则可得与其对应的一般化机构和一般化链，分别如图 4-11a 和 b 所示，它是一个 (6,7) 一般化链。

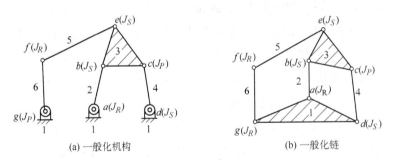

(a) 一般化机构　　　　　　　(b) 一般化链

图 4-11　汽车悬吊机构的一般化

4.5　机构的特殊化

特殊化是一般化的逆程序，亦是机构创新设计方法的重要内容。本节说明特殊化的定义及特殊化链和机构的演算程序。

4.5.1　特殊化链和机构

根据设计需求，在现有的一般化链目录中分配特定类型的构件和连接的过程称为特殊化 (specialization)。一般化 (运动) 链根据设计需求进行特殊化以后，称为特

殊化机构(specialized mechanism)。

以图 4-12a 所示的(5,6)一般化链为例,若设计需求为该链必须含有五个转动副(J_R)、一个凸轮副(J_A)及一根固定杆(K_F),并且固定杆必须为多连接杆,则有两个特殊化机构,如图 4-12b 和 c 所示。

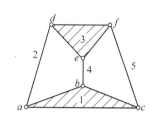

(a)

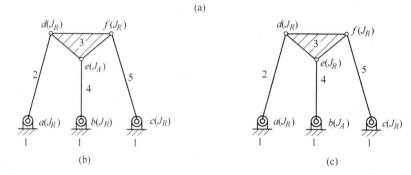

(b)　　　　　　　　　　　　　　　(c)

图 4-12　(5,6)一般化链及其衍生的特殊化机构

下面介绍特殊化的演算程序。

4.5.2　特殊化演算程序

因为排列群的每一个排列都表示链的一种对称结构,所以分配构件或连接的类型至相似元素会产生同构的机构。因此,必须将位于同一相似类的元素排序,优先分配次序较前的元素。当一组次序较后的分配元素由一个排列转化成另一组次序较前的元素时,则须放弃此次分配,以避免产生同构机构。在分配完一个相似类之后,修正排列群,去除破坏的排列,即同一循环内的相似元素分配为不同的类型。再根据新的修正群,导出其余相似类,并继续进行分配。

一般化(运动)链的每一构件和连接类型的分配程序如下:

(1)将待分配的一般化链的每一个元素(连杆和连接)标号。

(2)根据连杆邻接矩阵和标号连杆邻接矩阵,找出标号一般化(运动)链的排列群。

(3)从步骤(2)获得的排列群中找出未分配元素的相似类。

(4)分配类型至第一个相似类,其步骤为:①将该相似类的元素任意设定一个次序；②根据元素的次序，一次分配一个类型至一个元素，当一组分配元素能够由一个排列转化成另一组次序较前的元素时，则放弃此组分配元素；③重复②直至该类的分配结束。

（5）对步骤（4）获得的每一个结果，修正排列群，去除破坏的排列。然后，重复步骤（3）~（5）来分配类型至其余相似类。

例4.6 分配固定杆（K_F）至图3-10b所示的（6,7）一般化斯蒂芬森型链。

（1）将此一般化链的所有连杆标号，如图4-13a所示。

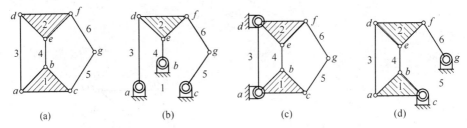

图4-13 （6,7）斯蒂芬森型链的衍生机构

（2）此一般化链的连杆群 D_L 为

$$D_L = \{P_{L1}, P_{L2}, P_{L3}, P_{L4}\}$$

其中

$$P_{L1} = [1][2][3][4][5][6]$$

$$P_{L2} = [1/2][3][4][5/6]$$

$$P_{L3} = [1][2][3/4][5][6]$$

$$P_{L4} = [1/2][3/4][5/6]$$

（3）该排列群的相似类为$\{1,2\}$、$\{3,4\}$和$\{5,6\}$。

（4）开始分配固定杆（K_F）至第一个相似类$\{1,2\}$，并设定此相似类元素的次序为$\{1,2\}$。分配少于一个的固定杆 K_F 至序列（1,2）有两个结果，即（0,0）和（K_F,0）。此处，"K_F"表示该元素分配为固定杆，"0"表示该元素未分配。需要注意的是，不能分配固定杆至杆2，原因是（0,K_F）能够由 P_{L2}（或 P_{L4}）转化为（K_F,0）。

（5）若第一个类分配为（K_F,0），则固定杆的分配完成，导出斯蒂芬森Ⅲ型机构，如图4-13b所示。若第一个类分配为（0,0），以原始排列群作为修正群，则必须将固定杆分配至其他相似类。根据此修正群，相似类为$\{3,4\}$。分配固定杆至（3,4）有两个结果，为（K_F,0）。其他序列（0,K_F）可分别由 P_{L3} 与 P_{L4} 转化为（K_F,0）。导出机构为斯蒂芬森Ⅰ型机构，如图4-13c所示。

（6）若第一个类与第二个类分配为（0,0），以原始排列群作为修正群，则必须将固定杆分配至其他相似类$\{5,6\}$，分配固定杆至（5,6）有一个结果，为（K_F,0）。

其他序列 $(0, K_F)$ 可分别由 P_{L2} 与 P_{L4} 转化为 $(K_F, 0)$。导出机构为斯蒂芬森 Ⅱ 型机构，如图 4－13d 所示。

因此，对于图 3－10b 所示的斯蒂芬森型链，有三个确认固定杆 (K_F) 的可行非同构机构，如图 4－13b、c 和 d 所示。

例 4.7 分配两个移动副 (J_P) 和五个转动副 (J_R) 至图 4－13b 所示的斯蒂芬森 Ⅲ 型机构的连接。

（1）将此机构的所有连接标号，如图 4－13b 所示。

（2）因为在例 4.6 中连杆排列 P_{L2} 和 P_{L4} 受到破坏，所以与其对应的连接排列 P_{J2} 和 P_{J4} 也被破坏。此机构的连接群 D_J 为

$$D_J = \{P_{J1}, P_{J3}\}$$

其中

$$P_{J1} = [a][b][c][d][e][f][g]$$
$$P_{J3} = [a/b][c][d/e][f][g]$$

（3）这个排列群的相似类为 $\{a, b\}$、$\{c\}$、$\{d, e\}$、$\{f\}$ 与 $\{g\}$。

（4）开始分配 J_P 连接至第一个相似类，并设定此相似类元素的次序为 (a, b)。分配少于两个的 J_P 连接至连接序列 (a, b) 的结果为 (J_P, J_P)、$(J_P, 0)$、$(0, 0)$。因为 $(0, J_P)$ 能够由 P_{J3} 转化为 $(J_P, 0)$，故放弃此分配。①若 (a, b) 分配为 (J_P, J_P)，则分配完成，所导出的机构如图 4－14a 所示。②若 (a, b) 分配为 $(J_P, 0)$，如图 4－15a 所示，则修正群为 $\{P_{J1}\}$。然而，还有一个 J_P 连接待分配至其他相似类。根据此修正群，未分配元素的相似类为 $\{c\}$、$\{d\}$、$\{e\}$、$\{f\}$、$\{g\}$。因此，其他 J_P 连接可以分别分配至连接 c、d、e、f 或 g，所对应的机构如图 4－14b～f 所示。③若 (a, b) 分配为 $(0, 0)$，则没有排列被破坏。还有两个 J_P 连接待分配至相似类 $\{c\}$、$\{d, e\}$、$\{f\}$ 与 $\{g\}$。分配 J_P 连接至第一个相似类 $\{c\}$ 的结果为 (J_P) 或 (0)。ⓐ若 $(a, b) = (0, 0)$ 和 $(c) = (J_P)$，如图 4－15b 所示，则没有排列被破坏。其余的相似类为 $\{d, e\}$、$\{f\}$ 和 $\{g\}$。分配 J_P 连接至 (d, e) 的结果为 $(J_P, 0)$ 和 $(0, 0)$。对于第一种情况，$(d, e) = (J_P, 0)$，所导出的机构如图 4－14g 所示；对于第二种情况，$(d, e) = (0, 0)$，另一 J_P 连接必须分配至 (f) 或 (g)，为 (J_P)，所导出机构如图 4－14h 和 i 所示。ⓑ若 $(a, b) = (0, 0)$ 和 $(c) = (0)$，则没有排列被破坏。其他相似类为 $\{d, e\}$、$\{f\}$ 和 $\{g\}$。分配 J_P 连接至 (d, e) 的结果为 (J_P, J_P)、$(J_P, 0)$、$(0, 0)$。对于第一种情况，$(d, e) = (J_P, J_P)$，分配完成，所导出的机构如图 4－14j 所示；对于第二种情况，$(d, e) = (J_P, 0)$，如图 4－15c 所示，其他相似类为 $\{f\}$ 和 $\{g\}$。因此，其他 J_P 连接可以分别分配至 $\{f\}$ 和 $\{g\}$，所导出的机构分别如图 4－14k 和 l 所示。ⓒ若 $(a, b) = (0, 0)$，$(c) = (0)$ 和 $(d, f) = (0, 0)$，其他相似类为 $\{f\}$ 和 $\{g\}$，

分配一个的 J_P 连接至 (f) 的结果为 (J_P)，如图 4 - 15d 所示，其他相似类为 $\{g\}$。因此，其他 J_P 连接可以分别分配至 $\{g\}$，所导出的机构如图 4 - 14m 所示。若 (f) = (0)，其他相似类为 $\{g\}$，则结果如图 4 - 15e 所示。

因此，具有两个移动副的非同构斯蒂芬森Ⅲ型机构有十三个，如图 4 - 14 所示，具有一个移动副的非同构斯蒂芬森Ⅲ型机构有五个，如图 4 - 15 所示。

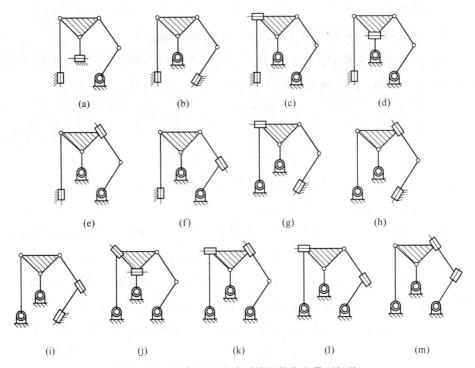

图 4 - 14　具有两个移动副的斯蒂芬森Ⅲ型机构

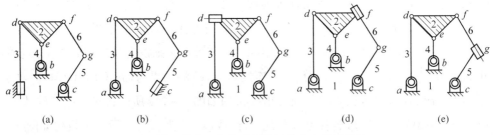

图 4 - 15　具有一个移动副的斯蒂芬森Ⅲ型机构

（5）因为此链有七个连接，所以图 4 - 14 的每一个情形中，剩下的五个未分配的连接即为转动副。

总之，图 4 - 13b 所示的斯蒂芬森Ⅲ型机构，具有两个移动副和五个旋转副的非同构机构有十三个，如图 4 - 14 所示。

第 5 章　闭链机构的创新设计

本章介绍闭链机构的创新设计方法，用以得出所有可能的闭链机构的拓扑结构，并以摩托车前轮防俯冲机构及汽车自动变速器机构的概念设计为例，加以说明。

5.1　引言

概念设计（conceptual design）是一种过程，用以生成大量可行的构想，并从中找出最有希望的方案，它是一个创造的过程，是设计程序中最困难、最不容易理解的步骤。机构与机器的概念设计可以分为两种：第一种是创造出以前从未有过的设计方案，第二种是创造出与既有设计具有相同拓扑结构特性的设计方案。对于大多数机构与机器的设计而言，并不需要去发明全新的设计，而是要修正现有的设计，以适应新的设计需求或避免专利侵权。

以下介绍闭链机构的创新设计方法，用以构想出所有合乎设计需求并具有与现有设计相同或相似功能的机构的拓扑结构。

5.2　设计方法

本节介绍闭链机构的拓扑结构的设计方法，并举例说明其步骤。

5.2.1　设计程序

闭链机构的创新设计的流程如图 5 - 1 所示，包括以下几个步骤：

（1）找出符合设计规格的现有设计，并归纳出这些设计的拓扑结构特性。

（2）任意选择一个现有设计作为原始设计，并依据 4.4 节给出的一般化规则，

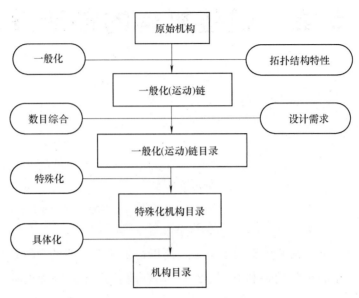

图 5-1 闭链机构的创新设计流程

将其转化为对应的一般化链。

（3）运用数目综合（数综合）算法，生成具有与步骤（2）中所得到的一般化链相同数目的构件和连接的一般化链目录。或者从 3.3 节提供的一般化链或运动链的目录中，直接找出所需要的。

（4）根据 4.5 节介绍的特殊化程序，为步骤（3）中所得到的一般化链指定构件和连接的类型，进而获得合乎设计需求的特殊化机构目录。

（5）将步骤（4）中所得到的每一个特殊化链机构，具体化为与其对应的机构简图，来获得所有机构的设计目录。

5.2.2 原始机构

设计方法的第一个步骤是找出一个合乎设计规格的现有机构，当作设计的原始机构，分析此机构，并归纳出其拓扑结构特性。

下面以一种液压缓冲机构为例加以说明，如图 5-2a 所示，其结构简图如图 5-2b 所示。

此类液压缓冲机构的主要功能是使运动中的物体能够在短距离内顺滑而缓慢地停止，主要用于火车的进站定位停车装置、港口船舶的靠岸装置以及码头卸货船内载货列车的停止装置。

分析图 5-2 所示的现有设计，可归纳出其拓扑结构特性如下：

（1）由七个构件和九个连接组成。

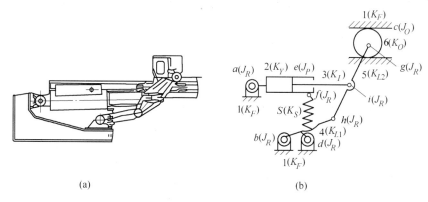

图 5 - 2　原始机构

（2）具有一个固定杆（K_F，构件 1）、两个连接杆（K_{L1}，构件 4；K_{L2}，构件 5）、一个滚子（K_O，构件 6）、一根弹簧（K_S，构件 S）以及一个由活塞（K_I，构件 3）和气缸（K_Y，构件 2）组成的减振器。

（3）具有七个转动副（J_R，连接 a、b、d√、g、h、i）、一个移动副（J_P，连接 e）及一个滚动副（J_O，连接 c）。

（4）此设计是一个单自由度的平面机构。

另外，构件 5 直接以销键与主悬梁结合，主悬梁提供一组与列车结合的连接器，梁的两端为滑轮组，可在该装置的导引轨上滚动，本例以滚轮（构件 6）简化表示。

此机构的拓扑结构矩阵 $\boldsymbol{M}_T$ 为

$$\boldsymbol{M}_T = \begin{bmatrix} K_F & J_R & 0 & J_R & 0 & J_O & J_R \\ a & K_Y & J_P & 0 & 0 & 0 & J_R \\ 0 & e & K_I & 0 & J_R & 0 & 0 \\ b & 0 & 0 & K_{L1} & J_R & 0 & 0 \\ 0 & 0 & i & h & K_{L2} & J_R & 0 \\ c & 0 & 0 & 0 & g & K_O & 0 \\ d & f & 0 & 0 & 0 & 0 & K_S \end{bmatrix}$$

5.2.3　一般化

任何一个现有的设计均可选为原始设计，创新性设计方法的第二个步骤是将此原始设计转化成与其相对应的一般化（运动）链。

一般化（generalization）的目的是将原始设计的各式构件和连接，转化为仅具有一般化连杆和一般化（旋转）连接的一般化链。一般化程序的基础是建立在一套由定义给出的一般化原理所推导出的一般化规则上的。

根据4.4节所述的一般化原理和规则,将图5-2所示的原始设计进行如下一般化操作:

(1) 将活塞(构件3)一般化成一根双连接杆(杆3)。

(2) 将气缸(构件2)一般化成一根三连接杆(杆2)。

(3) 将滚子(构件6)一般化成一根双连接杆(杆6)。

(4) 将弹簧(构件S)一般化成两根串联且与转动副附随的双连接杆(杆7、杆8、转动副j)。

(5) 将移动副(连接e)一般化成转动副(连接e)。

(6) 将滚动副(连接c)一般化成转动副(连接c)。

如此,可得图5-2所示的原始设计所对应的一般化运动链,由八根一般化连杆与十个一般化转动副组成,如图5-3所示。

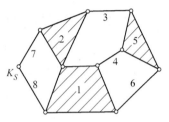

图5-3 一般化运动链

5.2.4 数目综合

创新性设计方法的第三个步骤为数目综合(number synthesis),是指生成与原始一般化(运动)链的杆数和连接数相同的全部可能的一般化(运动)链。

由3.3节的图3-11可得十六个(8,10)一般化运动链目录,图5-4仅列出具有五个双连接杆、两个三连接杆及一个四连接杆的五个(8,10)一般化运动链目录。

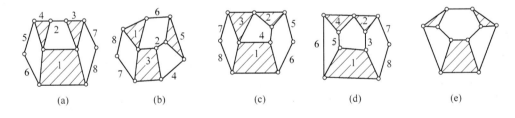

图5-4 部分(8,10)一般化运动链目录

5.2.5 特殊化

创新性设计方法的第四个步骤是特殊化(specialization),即根据设计需求将所需的构件和连接类型指定至每一个得到的一般化(运动)链上,以获得相对应的特殊化(运动)机构。其中,设计需求是根据所归纳出的现有设计的拓扑结构特性而定的。

在液压缓冲机构的范例中,其设计需求如下:

(1) 必须有一根弹簧(K_S),即一般化运动链中必须有两根串联的双连接杆。

（2）必须有一个固定杆（K_F），作为机架，且固定杆必须为多连接杆。

（3）必须有一个滚轮（K_O），用以带动主悬梁，并与固定杆和连接杆邻接。

（4）必须有一个连接杆（K_L）与滚轮邻接，用以带动连接杆。

（5）必须有一个由气缸（K_Y）和活塞（K_I）组成的减振器，并与固定杆邻接，以吸收路面冲击。

（6）必须有一个滚轮副（J_O）与固定杆（K_F）和连接杆（K_L）附随。

（7）必须有一个移动副（J_P）与气缸（K_Y）和活塞（K_I）附随。

（8）其余的连接必须为转动副（J_R）。

根据设计需求（1），图 5-4e 所示的一般化运动链中没有两根串联的双连接杆，无法进行特殊化。

接着，根据上述设计需求（2）～（8），指定构件和连接至图 5-4a～d 所示的一般化运动链中，即可得到特殊化机构目录。图 5-5 给出了部分特殊化机构目录。

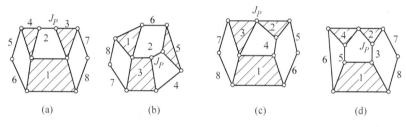

图 5-5 部分特殊化机构目录

设计需求是根据工程实际状况及设计者的决策来定义的，是具有弹性的，可依不同的情况而变化。

5.2.6 具体化

在获得特殊化机构目录之后，即可将其具体化为与其对应的机构简图。

具体化（particularization）是一般化的反向过程。图 5-6 所示为对应于图 5-5 所示的特殊化链机构的目录。其中，图 5-6d 所示为原始机构。

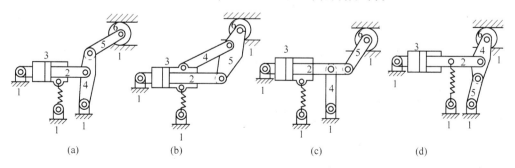

图 5-6 液压缓冲机构目录

5.3 设计范例

本节给出两个范例来说明闭链机构的创新设计。

5.3.1 范例一：摩托车前轮防俯冲机构

摩托车悬吊系统的主要功能是，吸收因车轮撞击道路上的孔洞或凸起而产生的路面冲击，以稳定操控性，并协助轮胎贴紧路面，使动力传至地面。随着摩托车输出动力的日益增大，加上轮轴行程的增长，使得刹车时，前叉架下沉的情况越来越明显，因而影响到行车安全，于是防俯冲的装置应运而生。俯冲是指刹车时，因为惯性的作用，使得整车的重心前移，导致车头部分下沉；防俯冲(anti-dive)即是为设法减轻或消除此现象所提出的解决方案。

速克达型摩托车(Scooters)所使用的前悬吊系统主要有悬吊前置式、悬吊后置式及筒型伸缩式三种。其中，悬吊前置式和悬吊后置式属于连杆式悬吊系统，制造成本低，而且可吸收来自路面的微小冲击，但是因为结构的关系，其轮轴行程受到限制而难以增长，因此仅适合小型车使用。在刹车时，前置式会有车架上扬而后置式会有车架下沉的问题出现。

1. 原始机构

图 5-7a 所示为本田车厂所推出的 TLAD(trailing link and anti-dive)设计，将防俯冲连杆连接于车架上牵制车架下沉，藉以达到防俯冲的目的，属悬吊后置式系统中的连杆式防俯冲机构，其结构简图如图 5-7b 所示。图 5-8a 所示为另一种属于

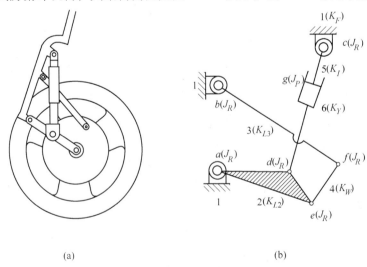

(a)　　　　　　　　　　　　　(b)

图 5-7　TLAD 型防俯冲机构

悬吊后置式系统中的连杆式防俯冲机构，其结构简图如图 5-8b 所示。

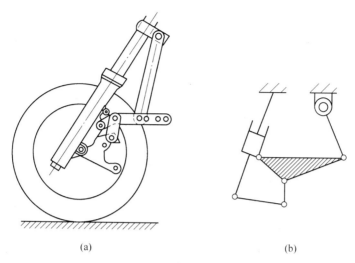

(a)　　　　　　　　　　　　　　　(b)

图 5-8　施氏型防俯冲机构

以 TLAD 型设计为原始机构，可归纳出其拓扑结构特性如下：

（1）是一个具有七个连接的平面六连杆机构。

（2）具有一个固定杆（构件 1，K_F）、两个摆动臂（构件 2，K_{L2}；构件 3，K_{L3}）、一个刹车盘（构件 4，K_W）以及一个由活塞（构件 5，K_I）和气缸（构件 6，K_Y）组成的减振器（K_T）。

（3）具有六个转动副（连接 a、b、c、d、e、f，J_R）和一个移动副（连接 g，J_P）。

（4）是一个单自由度的机构。

这个机构的拓扑结构矩阵 M_T 为

$$M_T = \begin{bmatrix} K_F & J_R & J_R & 0 & J_R & 0 \\ a & K_{L2} & 0 & J_R & 0 & J_R \\ b & 0 & K_{L3} & J_R & 0 & 0 \\ 0 & e & f & K_W & 0 & 0 \\ c & 0 & 0 & 0 & K_I & J_P \\ 0 & d & 0 & 0 & g & K_Y \end{bmatrix}$$

2. 一般化

根据 4.4 节所述的一般化原理和规则，可获得与其对应的一般化链，如图 5-9 所示，其步骤如下：

（1）将固定杆（构件 1）释放，并一般化为三连接杆 1。

（2）将摆动臂（构件 2）一般化为三连接杆 2。

（3）将另一个摆动臂（构件3）一般化为双连接杆3。

（4）将刹车盘（构件4）一般化为双连接杆4。

（5）将减振器的活塞（构件5）和气缸（构件6）一般化为两根串联的双连接杆（双连接杆5和6）。

（6）将移动副（连接g）一般化为转动副g。

因此，该一般化链具有六根一般化连杆与七个一般化转动副，是一个(6,7)一般化运动链。

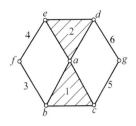

图5-9　TLAD型防俯冲机构的一般化运动链

3. 数目综合

根据3.3节的图3-10，(6,7)一般化运动链的目录有两个。

4. 特殊化

在获得运动链目录之后，根据以下的步骤，可以确定所有可行的特殊化机构：

（1）对于每一个一般化运动链，指定所有可能情形下的固定杆。

（2）对于在步骤（1）中获得的每一个情形，指定刹车盘。

（3）对于在步骤（2）中获得的每一个情形，指定减振器。

（4）对于在步骤（3）中获得的每一个情形，指定一个摆动臂。

（5）对于在步骤（4）中获得的每一个情形，指定另一个摆动臂。

另外，根据所归纳出的摩托车防俯冲机构的特性，以上步骤的执行须满足以下的设计需求：

（1）必须有一个固定杆作为车架。

（2）必须有一个减振器。

（3）必须有一个刹车盘。

（4）必须有两个摆动臂。

（5）刹车盘是个双连接杆，且不可与车架和减振器相邻接。

（6）固定杆、减振器及摆动臂必须为不同构件。

对于图3-10所示的两个(6,7)一般化运动链，可找出如下所有可能的特殊化机构：

1）固定杆(K_F)

因为必须有一个固定杆作为车架，且固定杆的指定并无限制条件，所以可指定如下固定杆：

（1）对于图3-10a所示的运动链，根据相似类的概念，指定固定杆的结果可得到两个非同构机构，如图5-10a和b所示。

（2）对于图3-10b所示的运动链，根据相似类的概念，指定固定杆的结果可得到三个非同构机构，如图5-10c～e所示。

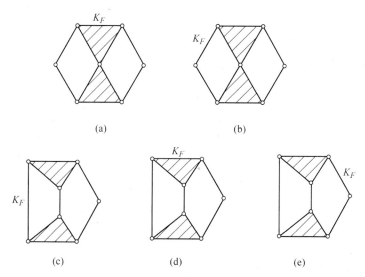

图 5 - 10　指定固定杆的特殊化机构

因此，固定杆指定后的特殊化机构有五个可行的结果，如图 5 - 10 所示。

2）刹车盘（K_W）

摩托车在行驶时刹车盘与前轮是分离的，在刹车时则与前轮合为一体，所以可指定如下刹车盘：

（1）对于图 5 - 10a 所示的情形，根据相似类的概念，有一根与固定杆不邻接的双连接杆可指定为刹车盘，如图 5 - 11a 所示。

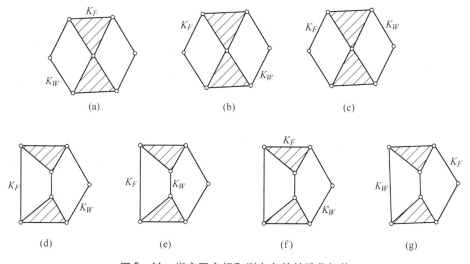

图 5 - 11　指定固定杆和刹车盘的特殊化机构

（2）对于图 5 - 10b 所示的情形，有两根与固定杆不邻接的双连接杆可指定为刹车盘，如图 5 - 11b 和 c 所示。

（3）对于图 5 - 10c 所示的情形，有一根与固定杆不邻接的双连接杆可指定为刹车盘，如图 5 - 11d 和 e 所示。

（4）对于图 5 - 10d 所示的情形，根据相似类的概念，有两根与固定杆不邻接的双连接杆可指定为刹车盘，如图 5 - 11f 所示。

（5）对于图 5 - 10e 所示的情形，根据相似类的概念，有一根与固定杆不邻接的双连接杆可指定为刹车盘，如图 5 - 11g 所示。

3）减振器（K_T）

因为必须有一个由一对双连接杆组成的减振器，且无论活塞或气缸均不能固定于机架上，所以可指定如下的减振器：

（1）对于图 5 - 11a 所示的情形，两根串联的双连接杆可指定为减振器，如图 5 - 12a 所示。

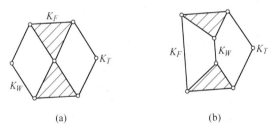

(a)   (b)

图 5 - 12 指定固定杆、刹车盘及减振器的特殊化机构

（2）对于图 5 - 11b 所示的情形，没有两根串联的双连接杆能够指定为减振器。

（3）对于图 5 - 11c 所示的情形，没有两根串联的双连接杆可指定为减振器。

（4）对于图 5 - 11d 所示的情形，没有两根串联的双连接杆能够指定为减振器。

（5）对于图 5 - 11e 所示的情形，两根串联的双连接杆可指定为减振器，如图 5 - 12b 所示。

（6）对于图 5 - 11f 所示的情形，没有两根串联的双连接杆可指定为减振器。

（7）对于图 5 - 11g 所示的情形，没有两根串联的双连接杆能够指定为减振器。

因此，固定杆、刹车盘及减振器指定后的特殊化机构有两个是可行的，如图 5 - 12 所示。

4）摆动臂（K_{I2}）

由于必须有一个摆动臂，且不能指定固定杆和减振器为摆动臂，所以可指定如下的摆动臂：

（1）对于图 5-12a 所示的情形，指定摆动臂的结果有两个，如图 5-13a 和 b 所示。

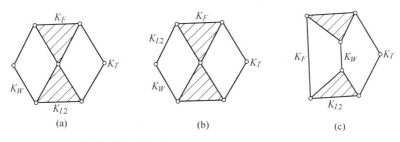

图 5-13　摩托车防俯冲机构的特殊化机构目录

（2）对于图 5-12b 所示的情形，根据相似类的概念，指定摆动臂的结果有一个，如图 5-13c 所示。

因此，固定杆、刹车盘、减振器及一个摆动臂指定后的特殊化链有三个，如图 5-13a ~ c 所示。

5）摆动臂（K_{L3}）

图 5-13a ~ c 所示的每一个情形中，尚未指定的构件即为另一个未指定的摆动臂。

综上所述，共获得三个可行的特殊化链，如图 5-13a ~ c 所示。

5. 具体化

创新设计方法的下一个步骤是反用一般化规则将每一个特殊化机构具体化，以获得对应的摩托车防俯冲机构的结构简图。具体化操作后，与图 5-13a ~ c 所示的三个特殊化机构相对应的机构分别如图 5-14a ~ c 所示。

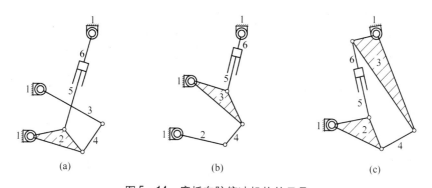

图 5-14　摩托车防俯冲机构的目录

值得注意的是，图 5-14a 所示是图 5-7 所示的现有机构，即本田的 TLAD 设计；而图 5 - 14b 所示则出现在一个美国专利中（US patent 6,260,869）。因此，图 5 - 14c 所示的概念设计可作为新型摩托车的防俯冲机构。

5.3.2　范例二：汽车自动变速器机构

由于汽车发动机只能在特定的转速范围内有效地运转，因此需要配置变速器将发动机输出轴的转速适当地降低。目前自动变速器（automatic transmission）为家用车辆最常使用的变速器，一般以行星齿轮系为主体，另搭配扭力转换器以及离合器与致动器，使行驶中的汽车能根据车速的改变，自动转换发动机传至差速器的传动轴间的转速比，以满足不同的路况需求。

行星齿轮系（planetary gear train）是一种定转速比的机构，其中至少有一个构件在绕其自身轴自转的同时也绕着另外一个轴旋转。由于行星齿轮系具有重量轻、体积小及转速比大等优点，被广泛地应用于各种传动系统中，尤其是汽车的自动变速器机构。

1.　原始机构

Aisin-Warner 公司曾获得一个自动变速器的美国专利（US patent 4,884,472），该设计运用一个具有两个自由度和七个构件的行星齿轮系为主体，其机构的结构简图如图 5 - 15 所示。

以该设计为原始机构，可归纳出其拓扑结构特性如下：

（1）是一个具有七个构件和十个连接的行星齿轮系。

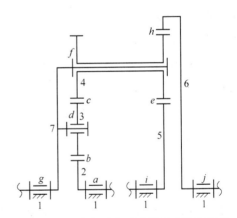

图 5 - 15　汽车自动变速器行星齿轮系机构

（2）具有一个固定杆（构件 1，K_F）、两个太阳齿轮（构件 2，K_{G2}；构件 5，K_{G5}）、一个齿圈（构件 6，K_{G6}）、两个行星齿轮（构件 3，K_{G3}；构件 4，K_{G4}）以及一个行星臂（构件 7，K_L），且所有的齿轮皆为直齿轮。

（3）具有六个转动副（连接 a、d、f、g、i、j，J_R）和四个齿轮副（连接 b、c、e、h，J_G）。

（4）是一个具有两个自由度的机构。

（5）当两个动力源分别经由离合器的接合输入至其中的两个构件（太阳齿轮、齿圈）时，则行星臂为动力输出构件。

（6）本机构为一个回归齿轮系。

该机构的拓扑结构矩阵 M_T 为

$$
\boldsymbol{M}_T = \begin{bmatrix}
K_F & J_R & 0 & 0 & J_R & J_R & J_R \\
a & K_{G2} & J_G & 0 & 0 & 0 & 0 \\
0 & b & K_{G3} & J_G & 0 & 0 & J_R \\
0 & 0 & c & K_{G4} & J_G & J_G & J_R \\
i & 0 & 0 & e & K_{G5} & 0 & 0 \\
j & 0 & 0 & h & 0 & K_{G6} & 0 \\
g & 0 & d & f & 0 & 0 & K_L
\end{bmatrix}
$$

2. 一般化

根据4.4节所述的一般化原理和规则，可获得与其对应的一般化链，如图5-16所示，其程序如下：

（1）将固定杆（构件1）释放，并一般化为四连接杆（杆1）。

（2）将两个太阳齿轮（构件2、构件5）分别一般化为双连接杆（杆2、杆5）。

（3）将行星齿轮（构件3）一般化为三连接杆（杆3），将另一个行星齿轮（构件4）一般化为四连接杆（杆4）。

（4）将齿圈（构件6）一般化为双连接杆（杆6）。

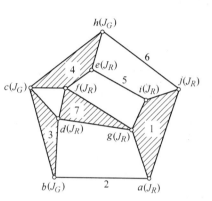

图5-16　行星齿轮系的一般化链

（5）将行星臂（构件7）一般化为三连接杆（杆7）。

（6）将六个转动副（连接 a、d、f、g、i、j）分别一般化为一般化连接（连接 a、d、f、g、i、j）。

（7）将四个齿轮副（连接 b、c、e、h）分别一般化为一般化连接（连接 b、c、e、h）。

因此，该一般化链具有七根一般化连杆和十个一般化连接，是个(7,10)一般化链。

3. 数目综合

根据3.3节可得50个(7,10)一般化链目录，如图3-7k所示。

4. 特殊化

在获得运动链目录之后，根据以下的步骤，可以确定所有的特殊化机构：

（1）对于每一个一般化运动链，指定所有可能情形下的固定杆。

（2）对于在步骤（1）中获得的每一个情形，指定行星齿轮。

（3）对于在步骤（2）中获得的每一个情形，指定行星架。

（4）对于在步骤（3）中获得的每一个情形，指定太阳齿轮。

（5）对于在步骤（4）中获得的每一个情形，指定齿轮副。

（6）对于在步骤（5）中获得的每一个情形，指定转动副。

另外，根据所归纳出的自动变速器行星齿轮系的特性，上述步骤的执行须遵守以下的设计需求：

（1）每个一般化链中，必有一根杆件为固定杆。因为行星齿轮系是个回归齿轮系，所以固定杆不可包含在三杆回路中。再者，由于必须要有两个输入杆与一个输出杆，因此固定杆必须是多连接杆，为简化说明起见，本设计限制固定杆必须为四连接杆。

（2）至少有一个行星齿轮。与固定杆不邻接的杆件必为行星齿轮。一个不与其他行星齿轮邻接的行星齿轮，不能包含在三杆回路中。再者，为避免机构的退化，行星齿轮必须是多连接杆，包括至少一个齿轮副及一个附随于行星架的转动副。

（3）每个行星齿轮必须有与之对应的行星架，且行星架必须邻接于行星齿轮和固定杆。再者，两个或更多个行星齿轮相串接时，必须共享一个行星架，以保持它们的中心距不变。

（4）至少有一个太阳齿轮。一个与固定杆邻接但不是行星架的杆件必为太阳齿轮。

（5）每个杆件至少有一个转动副与之附随。与固定杆附随的连接必为转动副，行星齿轮与行星架所共同附随的连接必为转动副，且一个行星齿轮只能有一个转动副。再者，不能存在仅由转动副组成的回路。

（6）与行星齿轮和太阳齿轮均附随的连接必为齿轮副，且不能有仅由齿轮副组成的三杆回路。

对于图 3 - 7k 所示的（7,10）一般化链，可找出如下所有可能的可行特殊化机构：

1）固定杆（K_F）

因为固定杆必须是个四连接杆，而且不能包含在一个三杆回路中，所以只有图 5 - 17a ~ e 所示的五个（7,10）一般化链可指定固定杆（杆 1），其确定步骤如下：

（1）对于图 5 - 17a 所示的一般化链而言，指定固定杆的结果有一个，如图 5 - 18a 所示，且与固定杆附随的连接 a、h、i、j 是转动副。

（2）对于图 5 - 17b 所示的一般化链而言，指定固定杆的结果有一个，如图 5 - 18b 所示，且与固定杆附随的连接 a、f、h、j 是转动副。

（3）对于图 5 - 17c 所示的一般化链而言，根据相似类的概念，指定固定杆的结果有一个，如图 5 - 18c 所示，且与固定杆附随的连接 a、e、i、j 是转动副。

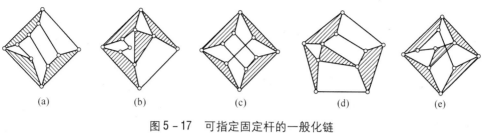

图 5 - 17　可指定固定杆的一般化链

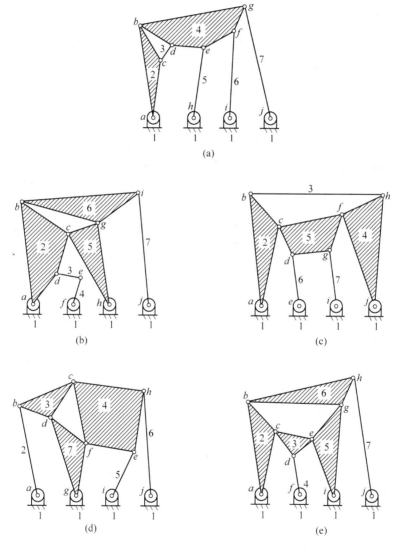

图 5 - 18　汽车自动变速器行星齿轮系的特殊化机构目录

（4）对于图 5 - 17d 所示的一般化链而言，指定固定杆的结果有一个，如图
5 - 18d 所示，且与固定杆附随的连接 a、g、i、j 是转动副。

（5）对于图 5 - 17e 所示的一般化链而言，指定固定杆的结果有一个，如图

5-18e所示，且与固定杆附随的连接 a、f、i、j 是转动副。

因此，固定杆确定后的特殊化机构有五个是可行的，如图 5-18a~e 所示。

2）行星齿轮（K_{GP}）

因为与固定杆不邻接的杆件必为行星齿轮，而且行星齿轮必须是多连接杆，因此确定行星齿轮的步骤如下：

（1）对于图 5-18a 所示的特殊化机构而言，虽然多连接杆 4 与固定杆不邻接，但是与杆 2 和杆 3 形成一个三杆回路，所以本特殊化机构无法指定行星齿轮。

（2）对于图 5-18b 所示的特殊化机构而言，虽然多连接杆 6 与固定杆不邻接，但是与杆 2 和杆 5 形成一个三杆回路，所以本特殊化机构无法指定行星齿轮。

（3）对于图 5-18c 所示的特殊化机构而言，虽然四连接杆 5 与固定杆不邻接，且不在一个三杆回路中，可指定为行星齿轮，但是如此最多仅有三个齿轮副（连接 c、d、f、g 中的任意三个），与设计需求不符，所以本特殊化机构无法指定行星齿轮。

（4）对于图 5-18d 所示的特殊化机构而言，串联的三连接杆 3 和四连接杆 4 可指定为行星齿轮，且接头 c 为齿轮副。

（5）对于图 5-18e 所示的特殊化机构而言，三连接杆 3 和三连接杆 6 可指定为行星齿轮。

因此，固定杆和行星齿轮确定后的特殊化机构有两个是可行的，如图 5-18d 和 e 所示。

3）行星臂（K_L）

因为每个行星齿轮必须有一个行星臂与之对应，而且两个串接的行星齿轮必须共享一个行星臂，所以可以通过如下步骤，从图 5-18d 和 e 所示的两个特殊化机构中确定行星臂：

（1）对于图 5-18d 所示的特殊化机构而言，由于三连接杆 3 和四连接杆 4 为行星齿轮，因此杆 7 可指定为行星臂，且与行星臂附随的连接 d、f 是转动副。

（2）对于图 5-18e 所示的特殊化机构而言，由于三连接杆 3 和三连接杆 6 为行星齿轮，根据相似类的概念，杆 5（或杆 2）可指定为行星臂，且与行星臂（杆 5）附随的连接 e、g 是转动副。

因此，固定杆、行星齿轮及行星臂确定后的特殊化机构有两个是可行的，如图 5-18d 和 e 所示。

4）太阳齿轮（K_{GS}）

因为一个与固定杆邻接但不是行星臂的杆件必为太阳齿轮，所以可以通过如下步骤，从图 5-18d 和 e 所示的两个特殊化机构中确定太阳齿轮：

（1）对于图 5-18d 所示的特殊化机构而言，由于杆 7 为行星臂，因此与固定杆邻接的杆 2、杆 5 及杆 6 可指定为太阳齿轮，且与太阳齿轮附随的连接 b、e、h 是齿轮副。

（2）对于图 5 – 18e 所示的特殊化机构而言，由于杆 5 为行星臂，因此与固定杆邻接的杆 2、杆 4 及杆 7 可指定为太阳齿轮，且与太阳齿轮附随的连接 b、d、h 是齿轮副。

因此，固定杆、行星齿轮、行星臂及太阳齿轮确定后的特殊化机构有两个是可行的，如图 5 – 18d 和 e 所示。

5）转动副（J_R）

由于所有的构件已指定，因此所需的六个转动副亦已指定，即

（1）对于图 5 – 18d 所示的特殊化机构而言，连接 a、d、f、g、i、j 是转动副。

（2）对于图 5 – 18e 所示的特殊化机构而言，连接 a、e、f、g、i、j 是转动副。

6）齿轮副（J_G）

由于所有的构件已指定，因此所需的四个齿轮副亦已指定，即

（1）对于图 5 – 18d 所示的特殊化机构而言，连接 b、c、e、h 是齿轮副。

（2）对于图 5 – 18e 所示的特殊化机构而言，连接 b、c、d、h 是齿轮副。

综上所述，共获得两个可行的特殊化机构，如图 5 – 18d 和 e 所示。

5. 具体化

创新设计方法的下一个步骤，是反用一般化规则将每一个可行的特殊化链具体化，以获得所对应的行星齿轮系的结构简图。

在具体化的过程中，两个邻接的齿轮可为外齿轮（太阳齿轮）或内齿轮（齿圈）。考虑外齿轮与内齿轮全部可能的变化类型，可以获得很多的行星齿轮系作为设计构形。在实际应用上，行星齿轮通常不为内齿轮。因此，可获得具体化后的汽车自动变速器行星齿轮系机构目录如下：

（1）对于图 5 – 18d 所示的机构而言，可衍生出六种组合，如图 5 – 19a ~ f 所示。

（2）对于图 5 – 18e 所示的机构而言，可衍生出六种组合，如图 5 – 19g ~ l 所示。

因此，总计得到 12 种合乎设计需求与限制的拓扑结构，如图 5 – 19a ~ l 所示。

值得注意的是图 5 – 19b 所示是图 5 – 15 所示的现有机构，即 Aisin-Warner 公司于 1989 年提出的美国专利（US patent 4,884,472）；而图 5 – 19e 所示则为 Aisin-Warner 公司于 1990 年提出的另一个美国专利（US patent 4,934,215）。因此，其他的十个概念设计，如图 5 – 19a、c ~ d、f ~ l 所示，即为新型的汽车自动变速器行星齿轮系机构。

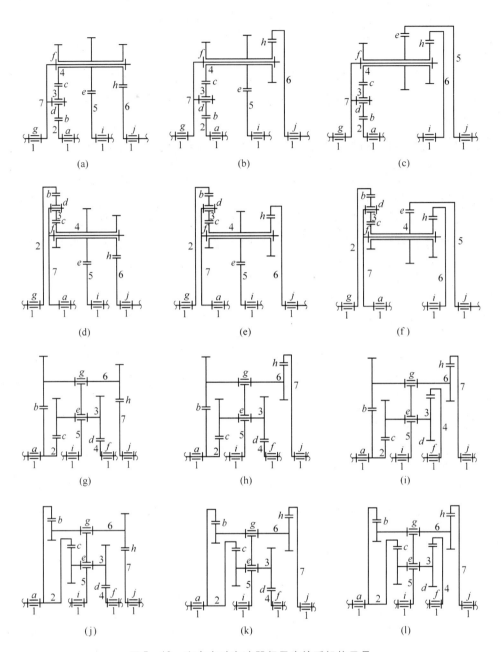

图 5-19　汽车自动变速器行星齿轮系机构目录

第6章 开链机构的创新设计

本章以第 5 章给出的闭链机构创新设计方法为基础,介绍开链机构创新设计方法,并以无换刀臂及有换刀臂的加工中心机构的类型综合为例,加以说明。

6.1 加工中心的自动换刀机构

加工中心(machining center)是一种计算机化数字控制机械,由主轴、刀库、换刀机构及包括各种传动轴的机床结构件等组成。主轴夹持并旋转刀具,以便在工件上加工出预期的表面;刀库储存刀具并将其移动至适当的位置,以便换刀操作;换刀机构在刀库与主轴之间进行刀具的交换;而机床结构件主要决定机床的加工面、刚度及动力质量。

换刀机构一般包括送刀臂、摆刀站及换刀臂,分别执行刀具的运送、旋转及交换动作。在主轴和刀库之间自动执行换刀功能的系统,称为自动换刀装置(automatic tool changer,ATC)。最简单的自动换刀装置设计方案是刀库和主轴平行,没有换刀臂(甚至也无摆刀站和送刀臂),通过刀库与主轴之间的相对运动来完成换刀动作。图 6 – 1a 和 b 所示分别是两个无换刀臂的三轴卧式综合加工中心,而图 6 – 1c 所示者则是一个有换刀臂的三轴卧式加工中心。

为方便本章各节的讨论,下面分别介绍工具机坐标系统、换刀动作简图、换刀动作图画表示法以及换刀动作特性。

6.1.1 坐标系统

在换刀机构的设计中,必须利用坐标系统来表示刀库选刀后新刀具的位置与主轴在换刀位置时的相对位置、换刀机构运动轴的位置以及换刀动作的说明。以下说明固定在工件上的 ISO 标准坐标系统:

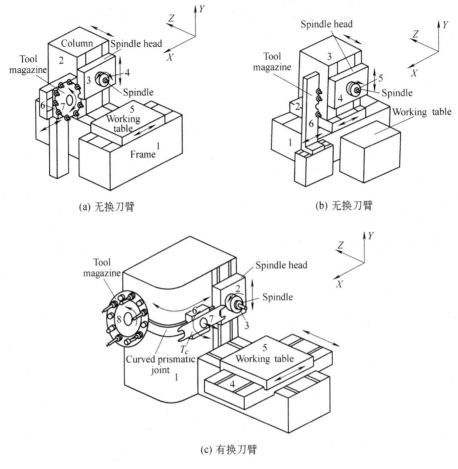

(a) 无换刀臂　　　　　　　　　　(b) 无换刀臂

(c) 有换刀臂

图 6 - 1　三轴卧式综合加工中心

1. Z 轴

（1）工件旋转的工具机。Z 轴与工件旋转轴的延长线平行，并以主轴来看刀具的方向为正方向。

（2）刀具旋转的工具机。以工件来看刀具旋转轴的方向为正方向。①主轴方向固定时，Z 轴与主轴平行。②主轴方向可以旋转时，Z 轴由以下标准确定：（a）在主轴转向范围内，若主轴与标准坐标系的任一轴平行时，则此轴为 Z 轴。（b）在主轴转向范围内，若主轴与坐标系两个以上的轴平行时，则以垂直于工件固定面者为 Z 轴。

（3）工件和刀具均不旋转的工具机。取垂直于工具机工件固定面为 Z 轴，以刀具远离工件的方向为正方向。

2. X 轴

（1）工件旋转的工具机。取垂直于 Z 轴的刀具移动方向为 X 轴，而以刀具远离主轴旋转中心线的方向为正方向。

（2）刀具旋转的工具机。①Z 轴为水平时，取垂直于 Z 轴的水平方向为 X 轴，其正方向是在 Z 轴正方向的左侧。②Z 轴为垂直时，取自工作台向主柱看的左右方向为 X 轴，而取其左侧为正方向。但门形或高架构台形的工具机，则以工具机的背向为 X 轴的正方向。

（3）工件和刀具均不旋转的工具机。取与切削运动方向平行的轴为 X 轴，切削运动的方向为正方向。但切削运动的方向与 Z 轴一致时，则取由工作台向主机柱的左右方向为 X 轴，并以向右为正方向。

3. Y 轴

取垂直于 Z 轴和 X 轴者为 Y 轴，而以此三轴与标准坐标系的轴向相合为正方向。

4. 旋转运动轴和辅助坐标轴

（1）绕 X、Y 及 Z 轴的旋转运动轴分别称为 A_A、A_B 及 A_C 轴，而其正方向则依标准坐标轴的正方向，右螺旋前进的旋转方向为正。

（2）若辅助坐标轴与主要坐标轴 X、Y 及 Z 轴不平行，则其运动亦可用代号 A_U、A_V 及 A_W 表示。

（3）绕辅助坐标轴的旋转运动，以代号 A_D 或 A_E 表示。

（4）辅助坐标轴或辅助旋转运动，其正方向以主要坐标轴与主要旋转运动正方向为准。

6.1.2 换刀动作简图

换刀动作简图是将各个换刀动作所对应的拓扑结构以结构简图来表示，并在图上标注各个动作的顺序及连接运动轴向的方向。

以图 6-1a 所示的轮鼓式刀库加工中心为例，其换刀动作顺序为：

（1）刀库滑座（构件 6）沿负 X 轴移动，使刀库（构件 7）抓住主轴上的旧刀具。

（2）动柱（构件 2）沿正 Z 轴移动，使主轴（构件 4）与旧刀具分离。

（3）刀库（构件 7）绕 Z 轴转动，使新刀具旋转至主轴（构件 4）正前方。

（4）动柱（构件 2）沿负 Z 轴移动，使主轴（构件 4）抓住新刀具。

（5）刀库滑座（构件 6）沿正 X 轴移动，使刀库（构件 7）离开主轴（构件 4）上的新刀具，完成换刀动作。

因此，可得该加工中心换刀动作简图，如图 6-2a 所示。

再以图 6-1b 所示的弹匣式刀库加工中心为例，其换刀动作顺序为：

（1）刀库（构件 6）沿负 X 轴移动，使刀库（构件 6）抓住主轴（构件 5）上的旧

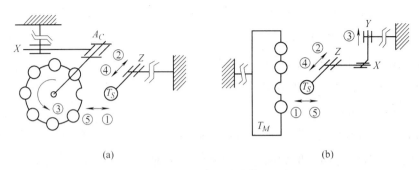

(a)   (b)

图 6 - 2   换刀动作简图

刀具。

（2）动柱（构件3）沿正 Z 轴移动，使主轴（构件5）与旧刀具分离。

（3）主轴头（构件4）沿 Y 轴方向移动，使新刀具置于主轴（构件5）正前方。

（4）动柱（构件3）沿负 Z 轴方向移动，使主轴（构件5）抓住新刀具。

（5）刀库（构件6）沿正 X 轴方向移动，使刀库（构件6）离开主轴（构件5）上的新刀具，完成换刀动作。

因此，可得该加工中心换刀动作简图，如图 6 - 2b 所示。

6.1.3   换刀动作图画表示法

图画表示法是将加工中心换刀机构的各个换刀动作前后的拓扑结构以图画来表示。下面根据 4.2.1 节树形图画的定义，利用图画表示法来表示换刀动作。

以图 6 - 1a 所示的轮鼓式刀库加工中心为例，其换刀动作顺序为：

（1）刀库滑座（构件6）沿负 X 轴移动，使刀库（构件7）抓住主轴上的旧刀具，其图画表示法如图 6 - 3a1 所示。

（2）动柱（构件2）沿正 Z 轴移动，使主轴（构件4）与旧刀具分离，其图画表示法如图 6 - 3a2 所示。

（3）刀库（构件7）绕 Z 轴转动，使新刀具旋转至主轴（构件4）正前方，其图画表示法如图 6 - 3a3 所示。

（4）动柱（构件2）沿负 Z 轴方向移动，使主轴（构件4）抓住新刀具，其图画表示法如图 6 - 3a4 所示。

（5）刀库滑座（构件6）沿正 X 轴方向移动，使刀库（构件7）离开主轴（构件4）上的新刀具，完成换刀动作，其图画表示法如图 6 - 3a5 所示。

因此，图 6 - 1a 所示的加工中心，其换刀动作图画表示法如图 6 - 3a1 ～ a5 所示。

再以图 6 - 1b 所示的弹匣式刀库加工中心为例，其换刀动作顺序为：

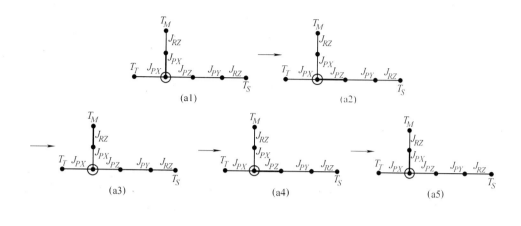

图 6 – 3 换刀动作树形图画

（1）刀库（构件 6）沿负 X 轴移动，使刀库（构件 6）抓住主轴（构件 5）上的旧刀具，其图画表示法如图 6 – 3b1 所示。

（2）动柱（构件 3）沿正 Z 轴移动，使主轴（构件 5）与旧刀具分离，其图画表示法如图 6 – 3b2 所示。

（3）主轴头（构件 4）沿 Y 轴方向移动，使新刀具置于主轴（构件 5）正前方，其图画表示法如图 6 – 3b3 所示。

（4）动柱（构件 3）沿负 Z 轴方向移动，使主轴（构件 5）抓住新刀具，其图画表示法如图 6 – 3b4 所示。

（5）刀库（构件 6）沿正 X 轴方向移动，使刀库（构件 6）离开主轴（构件 5）上的新刀具，完成换刀动作，其图画表示法如图 6 – 3b5 所示。

因此，图 6 – 1b 所示的加工中心，其换刀动作图画表示如图 6 – 3b1～b5 所示。

动作顺序以各动作对应的连接类型表示，并以下标注明连接运动轴向及动作的连接数。例如，刀库滑座沿 X 轴移动，使刀库抓住主轴上的旧刀具，标记为 H_{PX}；刀库滑座沿 Z 轴移动，使主轴与旧刀具分离，标记为 H_{PZ}；刀库绕 Z 轴转动，使新刀具旋转至主轴正前方，标记为 H_{RZ}；刀库沿 Z 轴移动，使主轴抓住新刀具，标记为 H_{PZ}；刀库滑座沿 X 轴移动，使刀库离开主轴上的新刀具，完成换刀动作，标记

为 H_{PX}。因此，整个换刀动作可表示成 $H_{PX} \rightarrow H_{PZ} \rightarrow H_{RZ} \rightarrow H_{PZ} \rightarrow H_{PX}$。

6.1.4 换刀动作特性

利用换刀动作简图和图画表示法，针对现有的加工中心换刀机构进行换刀动作分析后，可归纳出以下特性，作为换刀动作类型综合的基础：

（1）换刀机构的运动大部分是滑行运动或旋转运动，或是它们组合而成的运动型式，如圆柱运动和曲线滑行运动。

（2）无换刀臂式换刀机构利用刀库或主轴的运动来辅助换刀，该类型的加工中心可分为刀库轮鼓式和弹匣式，其换刀动作可以归纳为如图 6-4a~f 所示的六种基本类型，其中 A_C 轴和 Z 轴互相平行。上述六种类型所对应的顺序为：

（a）$H_{PX} \rightarrow H_{PZ} \rightarrow H_{RZ} \rightarrow H_{PZ} \rightarrow H_{PX}$；（b）$H_{PX} \rightarrow H_{PZ} \rightarrow H_{RC} \rightarrow H_{PZ} \rightarrow H_{PX}$；（c）$H_{PX} \rightarrow H_{PZ} \rightarrow$

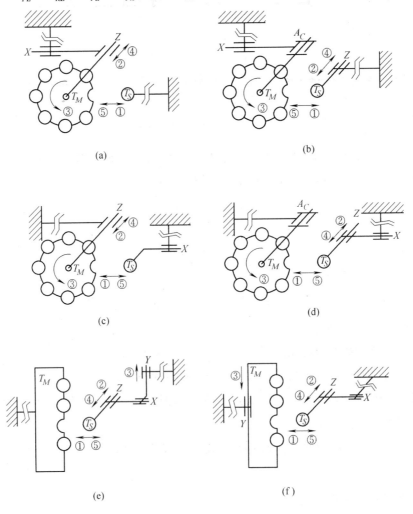

图 6-4　无换刀臂式换刀动作简图

$H_{RZ} \rightarrow H_{PZ} \rightarrow H_{PX}$；（d）$H_{PX} \rightarrow H_{PZ} \rightarrow H_{RC} \rightarrow H_{PZ} \rightarrow H_{PX}$；（e）$H_{PX} \rightarrow H_{PZ} \rightarrow H_{PY} \rightarrow H_{PZ} \rightarrow H_{PX}$；（f）$H_{PX} \rightarrow H_{PZ} \rightarrow H_{PY} \rightarrow H_{PZ} \rightarrow H_{PX}$。

（3）观察送刀臂的送刀动作，可以归纳出其换刀动作的通性。抓刀动作与送刀臂的形式有密切关系，送刀臂大部分为单爪型，有以下几种基本类型。（a）旋转抓刀型：送刀臂旋转抓刀和松刀、直进拔刀和插刀及旋转送刀，如图 6-5a 所示。（b）直进抓刀型：送刀臂直进抓刀和松刀、直进拔刀和插刀及旋转送刀，如图 6-5b 所示。（c）夹爪旋转抓刀型：送刀臂夹爪旋转抓刀和松刀、直进拔刀和插刀及旋转送刀，如图 6-5c 所示。（d）夹爪直进抓刀型：送刀臂夹爪直进抓刀和松刀、直进拔刀和插刀及旋转送刀，如图 6-5d 所示。（e）直进抓刀拔刀型：送刀臂直进抓刀和松刀、直进拔刀和插刀及直进送刀，如图 6-5e 所示。（f）夹爪旋转抓

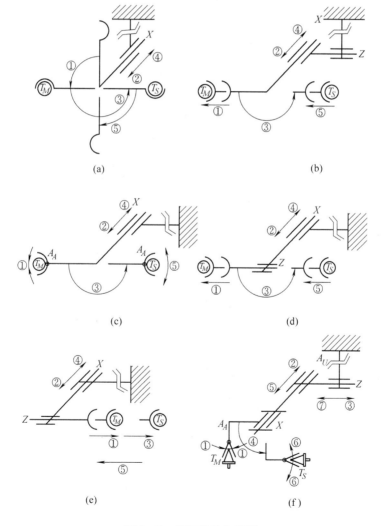

图 6-5 送刀臂动作类型

刀型：送刀臂夹爪旋转抓刀和松刀、直进拔刀和插刀及平移和旋转送刀，如图 6 - 5f所示。

在图 6 - 5a ~ f 中，Z 轴和 A_C 轴互相平行，X、A_A 及 A_U 三轴互相平行，其所对应的动作顺序为：（a）$H_{RX}{\rightarrow}H_{PX}{\rightarrow}H_{RX}{\rightarrow}H_{PX}$；（b）$H_{PZ}{\rightarrow}H_{PX}{\rightarrow}H_{RX}{\rightarrow}H_{PX}{\rightarrow}H_{PZ}$；（c）$H_{2RA}{\rightarrow}H_{PX}{\rightarrow}H_{RX}{\rightarrow}H_{PX}{\rightarrow}H_{2RA}$；（d）$H_{PZ}{\rightarrow}H_{PX}{\rightarrow}H_{RX}{\rightarrow}H_{PX}{\rightarrow}H_{PZ}$；（e）$H_{PZ}{\rightarrow}H_{PX}{\rightarrow}H_{PZ}$ ${\rightarrow}H_{PX}{\rightarrow}H_{PZ}$；（f）$H_{2RA}{\rightarrow}H_{PU}{\rightarrow}H_{PZ}{\rightarrow}H_{RX}{\rightarrow}H_{PU}{\rightarrow}H_{2RA}{\rightarrow}H_{PZ}$。

（4）摆刀站以平移运动运送刀套刀具至定位，或以旋转运动执行摆动刀套刀具的动作，或上述两种动作皆有，如图 6 - 6a ~ c 所示，其对应的动作顺序为：（a）H_{RY}；（b）H_{PX}；（c）$H_{PZ}{\rightarrow}H_{RY}$。

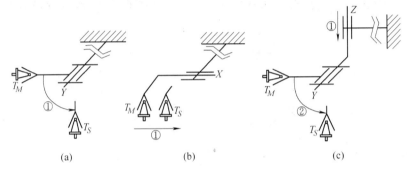

图 6 - 6　摆刀站动作类型

（5）换刀动作与换刀臂的形式有密切关系，换刀臂大部分为双爪型，有下列几种基本类型。（a）旋转抓刀型：换刀臂旋转抓刀和松刀、直进拔刀和插刀及旋转换刀，如图 6 - 7a 所示。（b）直进抓刀型：换刀臂直进抓刀和松刀、直进拔刀和插刀及旋转换刀，如图 6 - 7b 所示。（c）夹爪旋转抓刀型：换刀臂夹爪旋转抓刀和松刀、直进拔刀和插刀及旋转换刀，如图 6 - 7c 所示。（d）夹爪直进抓刀型：换刀臂夹爪直进抓刀和松刀、直进拔刀和插刀及旋转换刀，如图 6 - 7d 所示。（e）双平行爪抓刀型：换刀臂夹爪直进抓刀和松刀、主轴头直进拔刀和插刀及主轴头直进换刀，如图 6 - 7e 所示。（f）双刀臂闭合抓刀型：换刀臂旋转闭合抓刀和松刀、直进拔刀和插刀及旋转换刀，如图 6 - 7f 所示。

在图 6 - 7a ~ f 中，Z_C 轴和 Z 轴互相平行，其所对应的动作顺序为：（a）$H_{RZ}{\rightarrow}$ $H_{PZ}{\rightarrow}H_{RZ}{\rightarrow}H_{PZ}{\rightarrow}H_{RZ}$；（b）$H_{PX}{\rightarrow}H_{PZ}{\rightarrow}H_{RZ}{\rightarrow}H_{PZ}{\rightarrow}H_{PX}$；（c）$H_{2RC}{\rightarrow}H_{PZ}{\rightarrow}H_{RZ}{\rightarrow}H_{PZ}{\rightarrow}$ H_{2RC}；（d）$H_{2PX}{\rightarrow}H_{PZ}{\rightarrow}H_{RZ}{\rightarrow}H_{PZ}{\rightarrow}H_{2PX}$；（e）$H_{PX}{\rightarrow}H_{PZ}{\rightarrow}H_{PY}{\rightarrow}H_{PZ}{\rightarrow}H_{PX}$；（f）$H_{2RC}{\rightarrow}$ $H_{PZ}{\rightarrow}H_{RZ}{\rightarrow}H_{PZ}{\rightarrow}H_{2RC}$。

（6）换刀动作循环可以用图画来表示，其中点 T_M 表示刀库、点 T_S 表示主轴、点 T_a 表示送刀臂、点 T_p 表示摆刀站、点 T_c 表示换刀臂，如图 6 - 8 所示，可以得

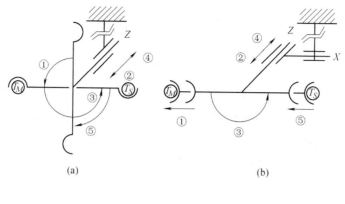

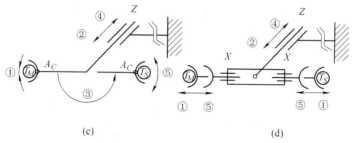

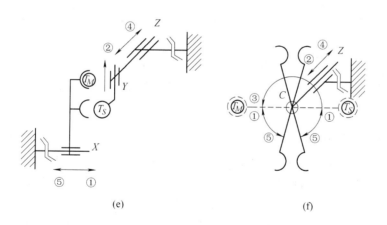

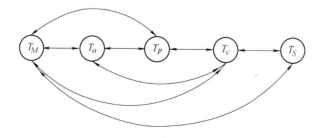

图 6-7 换刀臂换刀动作类型

图 6-8 换刀动作循环

109

到下列换刀动作循环：（a）$T_M \rightarrow T_S \rightarrow T_M$；（b）$T_M \rightarrow T_c \rightarrow T_S \rightarrow T_c \rightarrow T_M$；（c）$T_M \rightarrow T_a \rightarrow$ $T_c \rightarrow T_S \rightarrow T_c \rightarrow T_a \rightarrow T_M$；（d）$T_M \rightarrow T_p \rightarrow T_c \rightarrow T_S \rightarrow T_c \rightarrow T_p \rightarrow T_M$；（e）$T_M \rightarrow T_a \rightarrow T_p \rightarrow T_c \rightarrow$ $T_S \rightarrow T_c \rightarrow T_p \rightarrow T_a \rightarrow T_M$。若不考虑产生整个换刀动作时位移的方向性，而只观察运动形式，则换刀机构各部分换刀动作的顺序具有对称性。

（7）在绝大多数的设计中，当刀库固定在机架上时，刀库刀具方向与主轴平行，以方便刀具交换；当刀库和固定杆件间有相对运动时，刀库刀具方向与刀库和固定杆间连接的方向平行。

（8）一般来说，立式主轴刀具与主轴头附随的移动副平行；而卧式主轴刀具与此移动副垂直。

（9）若刀库与主轴方向垂直，则换刀机构中必有一个转动副或曲线移动副，且运动轴垂直刀库和主轴方向。

6.2　设计方法

本节以加工中心自动换刀机构的类型综合为例，说明开链机构的创新设计方法，其流程如图 6-9 所示。

6.2.1　原始机构

设计方法的第一个步骤是找出一个或者多个合乎设计需求的现有机构，当作设计的原始机构，分析现有机构，并归纳出其拓扑结构和换刀动作特性。

6.2.2　机构的树形图画

第二个步骤是根据 6.1.1 节坐标系统定义与 4.2.1 节的机构树形图画表示法，将原始机构以机构树形图画来表示。

6.2.3　一般化树形图画

第三个步骤是根据 4.3 节所述的一般化程序，将具有各种构件和连接的机构树形图画转化成仅具连杆（点）和一般化连接（边）的一般化树形图画。

首先，将固定杆解除，并且一般化成连杆。接着，将单连接构件，如主轴、刀库、换刀臂、摆刀站、送刀臂等一般化成一根单连接杆，其他构件则一般化成双连接杆。最后，将连接一般化成一般化连接，即得仅具有连杆（点）和一般化连接（边）的一般化树形图画。

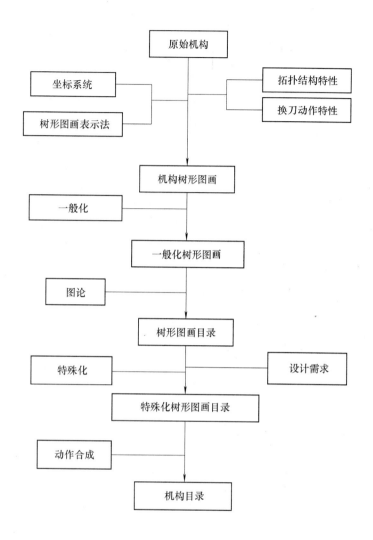

图 6-9　加工中心机构的创新设计流程

6.2.4　树形图画目录

第四个步骤是根据机构拓扑结构的需求和图论定义，找出所有满足连杆（点）数和连接（边）数的树形图画目录。例如，图 4-5 所示为一至七点的树形图画目录。

6.2.5　特殊化树形图画目录

第五个步骤是根据机构拓扑结构特性归纳出的设计需求，给出连杆（点）和连接（边）的特殊化规则，并以 4.4 节所述的特殊化程序为基础，将所需的连杆（点）和连接（边）类型特殊化至每一个树形图画目录，再将不合乎设计需求的机构删除，以产生完整的特殊化树形图画。

6.2.6　机构目录

第六个步骤是根据动作特性归纳出的动作需求及机构拓扑结构与动作间的关系，制定动作合成步骤，将所需连杆间相对运动形态，指定至每一个特殊化树形图画目录，并将不合乎动作需求的机构删除，所得即为满足拓扑结构和动作需求的机构类型目录。

6.3　无换刀臂式加工中心机构的类型综合

本节根据 6.2 节的加工中心机构的类型设计方法，合成无换刀臂式加工中心机构的类型。

6.3.1　无换刀臂式加工中心原始机构

传统的加工中心为无换刀臂式，以轮鼓式刀库三轴卧式加工中心为例，图 6 - 1a 所示为动柱式设计，图 6 - 10 所示为定柱式设计。自动刀具交换装置利用刀库与主轴头间的相对运动换刀，为刀库与主轴头沿 X 轴方向相对平移运动抓刀和松刀，为刀库与主轴头沿 Z 轴方向相对平移运动拔刀和插刀，为刀库绕 Z 轴旋转选刀。换刀动作顺序图分别如图 6 - 11a 和 b 所示。

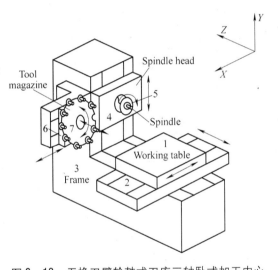

图 6 - 10　无换刀臂轮鼓式刀库三轴卧式加工中心

分析现有的三轴无换刀臂轮鼓式刀库加工中心，可归纳出如下的拓扑结构和换刀动作特性：

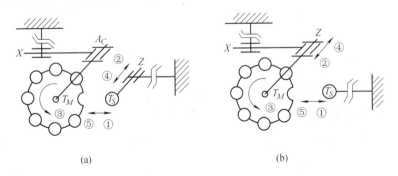

(a)　　　　　　　　　　　　　(b)

图 6 - 11　无换刀臂加工中心的换刀动作顺序

1）拓扑结构特性

（1）为空间、开回路、多自由度的机构。

（2）具有一根固定杆（即机床，K_F）。

（3）具有一个主轴（T_S），为一个单连接杆，一端与主轴头相邻接。

（4）具有一个工作台（T_T），与主轴间的连接数为 4。

（5）具有一个刀库（T_M），为一个单连接杆，刀库或其邻接杆件与固定杆至主轴头的构件相邻接。

（6）单接头杆可为主轴、刀库及工作台。

（7）与主轴附随的连接为转动副。

（8）主轴头和工作台间的连接为移动副。

（9）刀库至主体构造间的连接为转动副、移动副或圆柱副，且必须有一个转动副或圆柱副与刀库相附随。

2）换刀动作特性

（1）工作台相对于主轴头有三个相对平移自由度，依序沿 X、Z 及 Y 轴方向。

（2）自动刀具交换装置利用刀库与主轴头间的相对运动换刀，换刀动作顺序为 $H_{PX} \rightarrow H_{PZ} \rightarrow H_{RZ} \rightarrow H_{PZ} \rightarrow H_{PX}$，即刀库和主轴头沿 X 轴方向相对平移运动抓刀和松刀，刀库和主轴头沿 Z 轴方向相对平移运动拔刀和插刀，刀库绕 Z 轴旋转选刀。

（3）为完成换刀动作，刀库和主轴头间的相对运动自由度至少为 3。

6.3.2　无换刀臂式加工中心机构树形图画

以图 6-1a 和图 6-10 所示的无换刀臂轮鼓式刀库加工中心为原始机构，利用 4.2.1 节所定义的机构树形图画表示法，将构件和连接分别以点和边来表示，并在点和边分别标上构件类型及连接类型和运动轴向，其机构树形图画如图 6-12 所示，为具有七个点六条边的(7,6)树形图画。

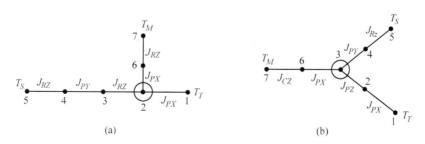

图 6-12　无换刀臂加工中心的树形图画表示法

6.3.3　无换刀臂式加工中心机构一般化树形图画

以下给出将图 6 - 12 所示的机构树形图画转化成一般化树形图画的步骤：

（1）将固定杆解除（构件 3），并且一般化成一根三连接杆（杆 3）。

（2）将单连接构件，如主轴（构件 5）、刀库（构件 7）及工作台（构件 1），一般化成一根单连接杆。

（3）将其他构件一般化成双连接杆。

（4）将转动副和移动副一般化成一般化连接。

如此，可得一个七连杆（点）和六连接（边）的一般化树形图画，如图 6 - 13 所示。

图 6 - 13　无换刀臂式加工中心的一般化树形图画

6.3.4　无换刀臂式加工中心机构树形图画目录

无换刀臂轮鼓式刀库三轴卧式加工中心在树形图画表示法中，其构件和连接的设计需求为：

（1）对三轴加工中心的机构而言，其对应的树形图画至少有六个点。

（2）端点数最多为 3。

（3）必须有一端点为主轴。

（4）必须有一点为工作台，其至主轴的路径长度为 4。

（5）必须有一点为固定杆，位于工作台至主轴头的点上。

（6）必须有一端点为刀库。

（7）与主轴附随的边必须特殊化为转动副。

（8）主轴头至工作台的边必须特殊化为移动副。

（9）刀库至分支点间的边必须特殊化为转动副、移动副或圆柱副。

（10）刀库的分支点必须位于固定杆至主轴头的点。

（11）与刀库附随的边必须为转动副或圆柱副。

因此，树形图画至少要有六个点及最多三个端点才能合乎设计需求，图 4 - 5 所示的树形图画目录满足上述需求者共有七个，如图 6 - 14 所示，其中图 6 - 14a ~ c 和图 6 - 14d ~ g 分别为六个点和七个点的（6,7）树形图画。

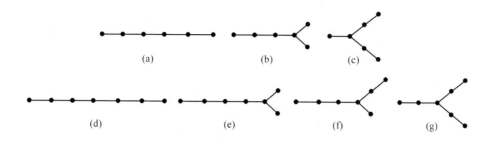

图 6 - 14　无换刀臂式加工中心的树形图画目录

6.3.5　无换刀臂式加工中心机构特殊化树形图画目录

以下给出无换刀臂轮鼓式刀库三轴卧式加工中心机构的特殊化步骤：

（1）任选一端点为主轴（T_S）。图 6 - 14a 所示的树形图画，仅端点可特殊化为主轴，可获得一个非同构具有主轴的特殊化树形图画，如图 6 - 15a 所示。同理，图 6 - 14b 和 c 所示的图画，可获得具有主轴的特殊化树形图画，如图 6 - 15b ~ e 所示。

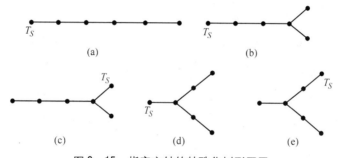

图 6 - 15　指定主轴的特殊化树形图画

（2）任选一距主轴路径长度为 4 的点为工作台（T_T）。由图 6 - 15a 可获得一个具有主轴与工作台的特殊化树形图画，如图 6 - 16a 所示。同理，由图 6 - 15b、c 及 e，可得三个具有主轴与工作台的特殊化树形图画，分别如图 6 - 16b ~ d 所示。而图 6 - 15d 中，因无一点距主轴的路径长度为 4，因此将其删除。

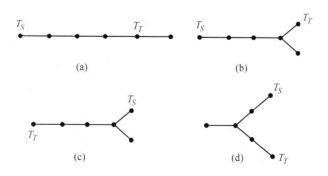

图 6 - 16　指定主轴和工作台的特殊化树形图画

（3）任选一位于主轴头至工作台的点为固定杆(K_F)。由图6-16a可获得四个具有主轴、工作台及固定杆的特殊化树形图画，分别如图6-17a～d所示。同理，由图6-16b～d可获得12个具有主轴、工作台及固定杆的特殊化树形图画，分别如图6-17e～p所示。

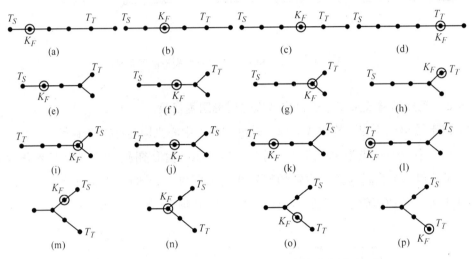

图6-17　指定主轴、工作台及固定杆的特殊化树形图画

（4）任选一个端点为刀库(T_M)，且此端点的分支点必须位于固定杆至主轴头的点上。因此，仅有图6-17d、g、h、i、j、k、l、n、o及p合乎设计需求，分别可得图6-18a～j所示的十个具有主轴、工作台、固定杆及刀库的特殊化树形图画。而图6-17a、b、c、f及m将端点特殊化为刀库后，无法满足设计需求。

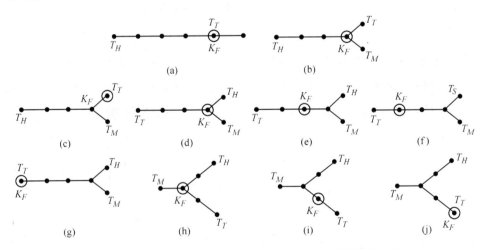

图6-18　指定主轴、工作台、固定杆及刀库的特殊化树形图画

（5）图6-18中均无尚未特殊化的端点。

（6）与主轴附随的边特殊化为转动副。

（7）主轴头至工作台的边特殊化为移动副。

（8）根据刀库至分支点的路径长度，将表 6-1 至表 6-3 所示的连接排列特殊化至刀库至分支点间的边，最后将不合乎设计需求者删除，即可得到所有的特殊化树形图画。因此，将图 6-18 的连接特殊化后，可获得 20 个可行的特殊化树形图画，如图 6-19a ~ t 所示。

表 6-1 连接排列 $[N_L, N_J] = [2,1]$（连接类型数 = 3）

连 接 类 配	自 由 度	连 接 排 列
$[1J_C]$	$F = 2$	J_C
$[1J_P]$	$F = 1$	J_P
$[1J_R]$	$F = 1$	J_R

表 6-2 连接排列 $[N_L, N_J] = [3,2]$（连接类型数 = 3）

连 接 类 配	自 由 度	连 接 排 列
$[2J_C]$	$F = 4$	$J_C J_C$
$[1J_P/1J_C]$	$F = 3$	$J_P J_C \quad J_C J_P$
$[2J_P]$	$F = 2$	$J_P J_P$
$[1J_R/1J_C]$	$F = 3$	$J_R J_C \quad J_C J_R$
$[1J_R/1J_P]$	$F = 2$	$J_R J_P \quad J_P J_R$
$[2J_R]$	$F = 2$	$J_R J_R$

表 6-3 连接排列 $[N_L, N_J] = [4,3]$（连接类型数 = 3）

连 接 类 配	自 由 度	连 接 排 列
$[3J_C]$	$F = 6$	$J_C J_C J_C$
$[1J_P/2J_C]$	$F = 5$	$J_P J_C J_C \quad J_C J_C J_P \quad J_C J_P J_C$
$[2J_P/1J_C]$	$F = 4$	$J_P J_P J_C \quad J_P J_C J_P \quad J_C J_P J_P$
$[3J_P J_P J_P]$	$F = 3$	$J_P J_P J_P$
$[1J_R/2J_C]$	$F = 5$	$J_R J_C J_C \quad J_C J_C J_R \quad J_C J_R J_C$
$[1J_R/1J_P/1J_C]$	$F = 4$	$J_R J_P J_C \quad J_R J_C J_P \quad J_P J_C J_R$ $J_P J_R J_C \quad J_C J_R J_P \quad J_C J_P J_R$
$[1J_R/2J_P]$	$F = 3$	$J_R J_P J_P \quad J_P J_P J_R \quad J_P J_R J_P$
$[2J_R/1J_C]$	$F = 4$	$J_R J_R J_C \quad J_R J_C J_R \quad J_C J_R J_R$
$3[2J_R/1J_P]$	$F = 3$	$J_R J_R J_P \quad J_R J_P J_R \quad J_P J_R J_R$
$[3J_R]$	$F = 3$	$J_R J_R J_R$

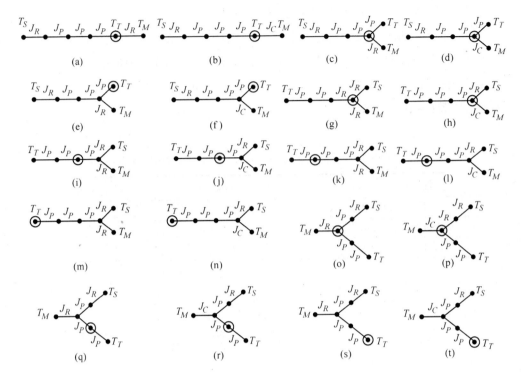

图 6-19　无换刀臂加工中心的特殊化树形图画目录

6.3.6　无换刀臂式加工中心机构目录

根据无换刀臂轮鼓式刀库三轴卧式加工中心机构的特性，可归纳出下列设计需求：

（1）为达成换刀动作，主轴头至刀库间的相对自由度至少为 3。

（2）根据工具机坐标系统定义，主轴轴向为 Z 轴。

（3）由工作台至主轴头构件间的相对滑行运动方向依次平行 X、Z 及 Y 轴。

（4）轮鼓式刀库的换刀动作次序为 $H_{PX} \rightarrow H_{PZ} \rightarrow H_{RZ} \rightarrow H_{PZ} \rightarrow H_{PX}$。

此外，根据 6.1 节所述的换刀动作分析，若不考虑位移的方向性，换刀动作顺序是对称的。因此，在机构动作合成时，只须考虑换刀动作的前半部或后半部的运动，即能达到设计需求。无换刀臂轮鼓式刀库加工中心的换刀动作前半部（后半部）可分为三部分：抓刀（松刀）、拔刀（插刀）及换刀。由此换刀动作需求可知：

（1）为完成抓刀（松刀）动作，刀库和主轴头间必须有一相对平移自由度在平行 X 轴方向。

（2）为完成拔刀（插刀）动作，刀库和主轴头间必须有一相对平移自由度在平

行 Z 轴方向。

（3）为完成换刀动作，刀库和主轴头间必须有一相对旋转自由度在平行 Z 轴方向。

因此，根据动作需求可知，首先必须检查刀库和主轴头间的相对运动自由度是否满足设计需求。然后，再将加工中心结构运动轴的方向指定至特殊化树形图画。接着，再依换刀动作顺序将换刀动作轴配置到特殊化树形图画。最后，检查是否有多余的自由度，若有，则将此图画删除即可得到机构目录。

根据上述特性，可以给出无换刀臂轮鼓式刀库卧式加工中心换刀动作合成步骤：

（1）若刀库至分支点间没有相对运动的自由度可指定为换刀动作，则至步骤（4）；否则继续。

（2）若主轴头至分支点间没有相对运动的自由度可辅助换刀动作，则将刀库至分支点间的相对运动自由度指定为换刀动作，至步骤(5)；否则继续。

（3）若主轴头至分支点间有一相对平移运动的自由度可辅助换刀动作，则刀库至分支点间或主轴头至分支点间的相对运动自由度均可指定为换刀动作，至步骤(5)。

（4）若主轴头至分支点间有相对平移运动的自由度可辅助换刀动作，则将此相对平移运动自由度指定为换刀动作，至步骤(5)；否则至步骤(6)。

（5）换刀动作合成完成，至步骤(6)；否则至步骤(1)，继续下一个换刀动作合成。

（6）检查图画中是否有多余的相对自由度尚未特殊化，若有，则将此图画删除。

依据上述步骤，可将图 6-19 所示的特殊化树状画加以特殊化：

（1）在图 6-19a、b、c、d、e、f、p、r 及 t 中，将主轴和主轴头以及主轴头至工作台间的相对平移运动轴向指定为平行 Z、Y、Z 及 X 轴，如图 6-20 所示。

（2）在图 6-20a 中，刀库和分支点间没有相对平移运动的自由度可指定为抓刀动作，至步骤(4)。

（3）在主轴头和分支点间，有一相对平移运动自由度与抓刀动作方向相同，因此可指定为抓刀动作轴，至步骤(5)。

（4）至步骤(1)，继续下一个换刀动作合成。

（5）在图 6-20a 中，刀库与分支点间没有相对平移运动的自由度可指定为拔

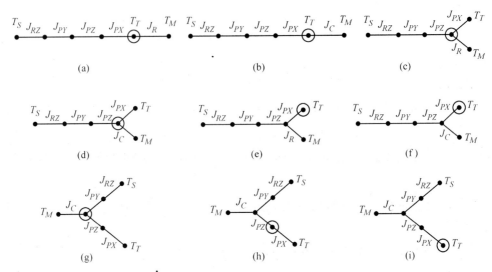

图 6-20 运动轴动作合成

刀动作，至步骤(4)。

(6) 在主轴头和分支点间，有一相对平移运动自由度与拔刀动作方向相同，因此可指定为拔刀动作轴，至步骤(5)。

(7) 至步骤(1)，继续下一个换刀动作合成。

(8) 在图 6-20a 中，刀库和分支点间有一相对旋转运动的自由度可指定为换刀动作，至步骤(2)。

(9) 在主轴头和分支点间，没有一相对旋转运动自由度与换刀动作方向相同，因此将刀库和分支点间的相对旋转运动的自由度指定为换刀动作轴，至步骤(5)。

(10) 完成换刀动作合成，如图 6-21a 所示，至步骤(6)。

(11) 在图 6-21a 中，刀库和分支点间没有多余的相对自由度，合乎设计需求，因此图 6-21a 是可行的机构。

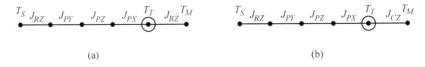

图 6-21 无换刀臂库式加工中心的图画目录(六杆)

在图 6-20 中，依上述动作合成的步骤，可获得两个可行的机构，如图 6-21 所示。同理，七杆的加工中心机构也可利用同样的步骤进行合成，共计产生十三个可行的机构，如图 6-22 所示。而此六杆和七杆加工中心机构的立体结构简图，则分别如图 6-23 和图 6-24 所示。

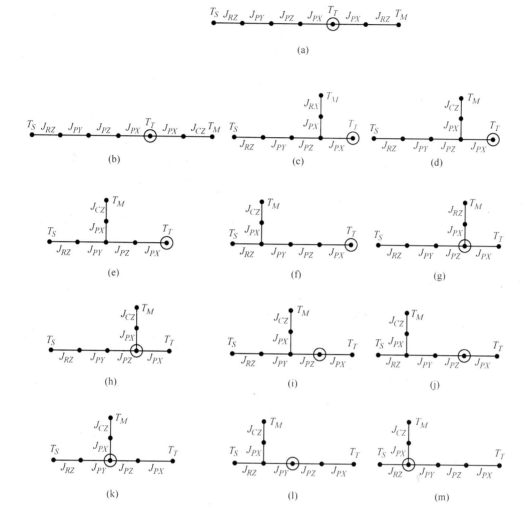

图 6 - 22　无换刀臂库式加工中心的图画目录(七杆)

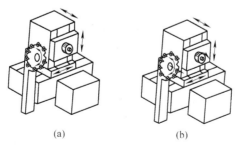

图 6 - 23　无换刀臂库式加工中

心机构的立体简图(六杆)

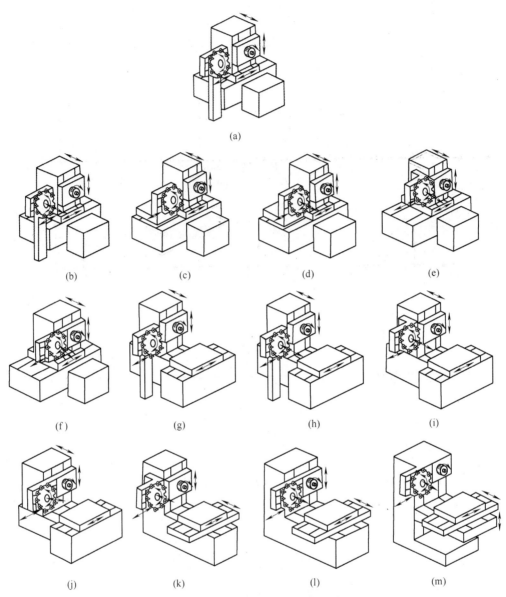

图 6-24　无换刀臂库式加工中心机构的立体简图（七杆）

6.4　具有换刀臂式加工中心机构的类型综合

本节根据 6.2 节的加工中心机构的类型设计方法，合成具有换刀臂式加工中心机构的类型。

6.4.1　具有换刀臂式加工中心原始机构

早期的加工中心是利用刀库和主轴间的相对运动来换刀，为了快速换刀和满足不同的加工需求，目前许多加工中心采用换刀臂来换刀。图 6 - 25 所示为具有换刀臂式的加工中心。其中，图 6 - 25a 所示仅具有换刀臂，而图 6 - 25b 所示不仅具有换刀臂还具有摆刀站和送刀臂。

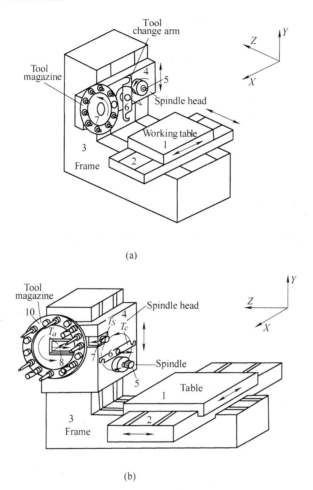

(a)

(b)

图 6 - 25 具有换刀臂三轴卧式加工中心

分析现有的具有换刀臂三轴加工中心机构，可以归纳出其拓扑结构和换刀动作特性如下：

1）拓扑结构

（1）为开回路、多自由度的空间机构。

（2）具有一个固定杆。

（3）具有一个主轴，仅一端与主轴头相接，为一单连接杆。

（4）具有一个工作台，工作台和主轴间的连接数为 4。

（5）具有一个刀库，为一单连接杆，刀库与固定杆至主轴头上的构件相邻接。

（6）送刀臂为单连接杆或三连接杆，摆刀站为单连接杆，换刀臂为单连接、三连接或五连接杆。

（7）若换刀臂为三连接杆，则必有两个夹爪 T_{G1} 和 T_{G2} 与它相邻接，且夹爪 T_{G1} 和 T_{G2} 为单连接杆。

（8）若换刀臂为五连接杆，则必有夹爪 T_{G1}、T_{G2}、T_{G3} 及 T_{G4} 与它相邻接，且均为单连接杆。

（9）对于送刀臂、摆刀站及换刀臂，其邻接构件或其邻接构件邻接至主体结构的构件，必须位于固定杆至主轴头上。

（10）换刀臂（摆刀臂、送刀臂）至主体结构间的构件均为双连接杆。

（11）位于主轴和分支点构件间数目大小的次序为：刀库→送刀臂→摆刀站→换刀臂。

（12）与主轴附随的连接为转动副，主轴头和工作台间为移动副。

（13）换刀机构中的连接类型为转动副、移动副、圆柱副及曲线移动副。

（14）与换刀臂（送刀臂）附随的夹爪，必须具有相同的附随关系，为转动副或移动副。

（15）换刀机构中，各类连接的限制为：圆柱副与换刀臂或送刀臂相附随；若是换刀或送刀动作轴，则转动副必须与换刀臂或送刀臂相附随；曲线移动副与延伸构件相附随。

2）换刀动作特性

（1）对于典型的三轴卧式加工中心，工作台相对主轴头的滑行运动依次平行 X、Z 及 Y 轴。

（2）具有换刀臂的加工中心，刀库大部分是旋转选刀，且轴向与主轴垂直或平行。

（3）送刀臂的动作，依抓刀和送刀方式可分为多种形式，如图 6-5 所示。

（4）摆刀站执行平移或旋转运动，来运送或改变刀具的方向，可分为三种类型，如图 6-6 所示。

（5）换刀臂执行刀具交换刀动作，依换刀臂的外形和动作可分为六种，如图 6-7 所示。

6.4.2　具有换刀臂式加工中心机构树形图画

将图 6-25 所示的具有换刀臂加工中心当作原始机构，利用 4.2.1 节定义的树形图画表示法，将构件和连接分别以点和边表示，并在点和边分别标上构件类型及连接类型和运动轴向，其机构树形图画如图 6-26a 和 b 所示，分别为具七个点和六条边以及十个点和九条边的树形图画。

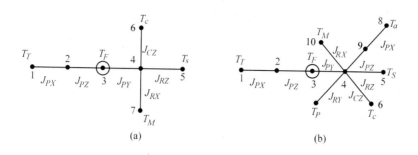

图6-26 具有换刀臂加工中心机构的树形图画

6.4.3 具有换刀臂式加工中心机构一般化树形图画

以下说明将图6-26a所示的树形图画转化成一般化树形图画的步骤：

（1）将固定杆（构件3）解除，并且一般化成一根双连接杆（杆3）。

（2）将单连接构件，如主轴（构件5）、工作台（构件1）、刀库（构件7）及换刀臂（构件6），分别一般化成单连接杆。

（3）将主轴头（构件4）一般化成一根四连接杆（杆4），其他构件则一般化成双连接杆。

（4）将转动副和移动副一般化成一般化连接。

如此，可获得一个七杆和六连接的一般化树形图画，如图6-27a所示。

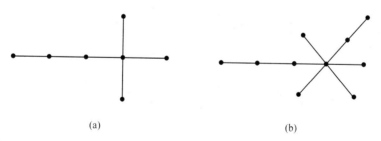

图6-27 具有换刀臂加工中心的一般化树形图画

而图6-26b所示机构的一般化过程为：

（1）将固定杆（构件4）解除，并且一般化成一根双连接杆（杆4）。

（2）将单连接构件，如主轴（构件5）、工作台（构件1），刀库（构件10）、送刀臂（构件8）、摆刀站（构件7）及换刀臂（构件6）分别一般化成单连接杆。

（3）将主轴头（构件4）一般化成一根六连接杆（杆4），其他构件则一般化成双连接杆。

（4）将转动副和移动副一般化成一般化连接。

如此，可获得一个十杆和九连接的一般化树形图画，如图6-27b所示。

6.4.4 具有换刀臂式加工中心机构树形图画目录

具有换刀臂式三轴加工中心在树形图画表示法中，其构件和连接的设计需求为：

（1）对三轴加工中心机构而言，其对应树形图画至少有七点。

（2）必须有一端点为主轴。

（3）必须有一点为工作台，距主轴的路径长度为4。

（4）必须有一点为固定杆，位于工作台至主轴头的点上。

（5）必须有一点为刀库。

（6）若一点为送刀臂，必有一或三条边与之相附随；必须有一端点为摆刀站；必须有一点为换刀臂，并有一、三或五条边与之相附随。

（7）当送刀臂(换刀臂)有三个边与之相附随时，则必须有两个端点 T_{G1} 和 T_{G2} 与之相邻接。

（8）当换刀臂有五条边与之相附随时，则必须有四个端点 T_{G1}、T_{G2}、T_{G3} 及 T_{G4} 与之相附随。

（9）位于换刀臂(摆刀站、送刀臂)至分支点间的点仅有两条边与之相附随。

（10）与主轴附随的边，必须指定为回转副；主轴头至工作台间的边，必须指定为移动副。

（11）分支中的边必须指定为转动副、移动副、圆柱副或曲线移动副。

（12）端点至换刀臂(送刀臂)间的边，必须同时指定为转动副或移动副。

因此，其树形图画至少有七个点才能合乎设计需求，如图4-5g所示。

6.4.5 具有换刀臂式加工中心机构特殊化树形图画目录

根据具有换刀臂式三轴加工中心构件和连接的设计需求，可给出如下的连杆和连接特殊化步骤：

1）连杆特殊化规则

（1）任选一端点为主轴。

（2）任选一距主轴路径长度为4的端点为工作台。若此点不存在，将此图画删除，至步骤(12)。

（3）任选一个位于工作台至主轴头的点为固定杆，其他工作台至主轴头间的点为杆 K_{L1}、杆 K_{L2} 及杆 K_{L3}。

（4）任选一端点为刀库，与主轴头至固定杆上的点相邻接。如果此点不存在，将此图画删除，至步骤(12)。

（5）若有一个未特殊化的点，且度数为5，且此点与四个端点相邻接，则将此点特殊化为换刀臂,与此点相邻接的端点则特殊化为夹爪。若此点不与四个端点相邻接,将此图画删除,至步骤(12)。

(6) 若有一个未特殊化的点,且度数为 3,且此点与两个端点相邻接,则将此点特殊化为换刀臂或送刀臂,与此点相邻接的端点则特殊化为夹爪。若此点不与两个端点相邻接,将此图画删除,至步骤(12)。

(7) 若未特殊化的端点数为 1、2 及 3,则分别至步骤(9)、(10)及(11);否则至步骤(8)。

(8) 若尚未特殊化的端点数为零,且换刀臂已特殊化,则至步骤(12);否则将此图画删除,至步骤(12)。

(9) 若换刀臂尚未特殊化,则将此端点特殊化为换刀臂,至步骤(12);若换刀臂已特殊化而送刀臂尚未特殊化,则将此端点特殊化为送刀臂或摆刀站,至步骤(12);若换刀臂和送刀臂均已特殊化,则将此端点特殊化为摆刀站,至步骤(12)。

(10) 若换刀臂和送刀臂均尚未特殊化,则可将此两端点特殊化为换刀臂和送刀臂或换刀臂和摆刀站,至步骤(12);若换刀臂已特殊化而送刀臂尚未特殊化,则将此两端点特殊化为送刀臂和摆刀站,至步骤(12);若送刀臂已特殊化而换刀臂尚未特殊化,则将此两端点特殊化为换刀臂和摆刀站,至步骤(12);否则将此图画删除,至步骤(12)。

(11) 若换刀臂和送刀臂均尚未特殊化,则将此三个端点特殊化为换刀臂、摆刀站以及送刀臂,至步骤(12);否则将此图画删除,至步骤(12)。

(12) 连杆特殊化完成。

2)接头特殊化规则

(1) 与主轴附随的边,特殊化为转动副。

(2) 主轴头至工作台的边,特殊化为移动副。

(3) 与刀库附随的边特殊化为转动副。

(4) 根据分支点至换刀臂(摆刀站或送刀臂)的路径长度,将表 6-4 至表 6-7 可能连接的排列分配至分支点至换刀臂(摆刀站或送刀臂)的边上。其中,J_R 为转动副、J_P 为移动副、J_B 为曲线移动副、J_C 为圆柱副。

表 6-4 连接类配数(连接类型数 = 4)

连接数	1	2	3	4	5	6	7	8	9	10
类配数	4	10	20	35	56	84	120	165	220	286

表6-5 连接排列$[N_L, N_J] = [2,1]$(连接类型数=4)

连 接 类 配	自 由 度	连 接 排 列
$[1J_B]$	$F = 1$	J_B
$[1J_C]$	$F = 2$	J_C
$[1J_P]$	$F = 1$	J_P
$[1J_R]$	$F = 1$	J_R

表6-6 连接排列$[N_L, N_J] = [3,2]$(连接类型数=4)

连 接 类 配	自 由 度	连 接 排 列
$[J_B]$	$F = 2$	$J_B J_B$
$[1J_C/1J_B]$	$F = 3$	$J_C J_B \quad J_B J_C$
$[2J_C]$	$F = 4$	$J_C J_C$
$[1J_P/1J_B]$	$F = 2$	$J_P J_B \quad J_B J_P$
$[1J_P/1J_C]$	$F = 3$	$J_P J_C \quad J_C J_P$
$[2J_P]$	$F = 2$	$J_P J_P$
$[1J_R/1J_B]$	$F = 2$	$J_R J_B \quad J_B J_R$
$[1J_R/1J_C]$	$F = 3$	$J_R J_C \quad J_C J_R$
$[1J_R/1J_P]$	$F = 2$	$J_R J_P \quad J_P J_R$
$[2J_R]$	$F = 2$	$J_R J_R$

表6-7 连接排列$[N_L, N_J] = [4,3]$(连接类型数=4)

连 接 类 配	自 由 度	连 接 排 列
$[3J_B]$	$F = 3$	$J_B J_B J_B$
$[1J_C/2J_B]$	$F = 4$	$J_C J_B J_B \quad J_B J_B J_C \quad J_B J_C J_B$
$[2J_C/1J_B]$	$F = 5$	$J_C J_C J_B \quad J_C J_B J_C \quad J_B J_C J_C$
$[3J_C]$	$F = 6$	$J_C J_C J_C$
$[1J_P/2J_B]$	$F = 3$	$J_P J_B J_B \quad J_B J_B J_P \quad J_B J_P J_B$
$[1J_P/1J_C/1J_B]$	$F = 4$	$J_P J_C J_B \quad J_P J_B J_C \quad J_C J_B J_P$ $J_C J_P J_B \quad J_B J_P J_C \quad J_B J_C J_P$
$[1J_P/2J_C]$	$F = 5$	$J_P J_C J_C \quad J_C J_C J_P \quad J_C J_P J_C$
$[2J_P/1J_B]$	$F = 3$	$J_P J_P J_B \quad J_P J_B J_P \quad J_B J_P J_P$

续表

连 接 类 配	自 由 度	连 接 排 列		
$[2J_P/1J_C]$	$F=4$	$J_P J_P J_C$	$J_P J_C J_P$	$J_C J_P J_P$
$[3J_P]$	$F=3$	$J_P J_P J_P$		
$[1J_R/2J_B]$	$F=3$	$J_R J_B J_B$	$J_B J_B J_R$	$J_B J_R J_B$
$[1J_R/1J_C/1J_B]$	$F=4$	$J_R J_C J_B$	$J_R J_B J_C$	$J_C J_B J_R$
		$J_C J_R J_B$	$J_B J_R J_C$	$J_B J_C J_R$
$[1J_R/2J_C]$	$F=5$	$J_R J_C J_C$	$J_C J_C J_R$	$J_C J_R J_C$
$[1J_R/1J_P/1J_B]$	$F=3$	$J_R J_P J_B$	$J_R J_B J_P$	$J_P J_B J_R$
		$J_P J_R J_B$	$J_B J_R J_P$	$J_B J_P J_R$
$[1J_R/1J_P/1J_C]$	$F=4$	$J_R J_P J_C$	$J_R J_C J_P$	$J_P J_C J_R$
		$J_P J_R J_C$	$J_C J_R J_P$	$J_C J_P J_R$
$[1J_R/2J_P]$	$F=3$	$J_R J_P J_P$	$J_P J_P J_R$	$J_P J_R J_P$
$[2J_R/1J_B]$	$F=3$	$J_R J_R J_B$	$J_R J_B J_R$	$J_B J_R J_R$
$[2J_R/1J_C]$	$F=4$	$J_R J_R J_C$	$J_R J_C J_R$	$J_C J_R J_R$
$[2J_R/1J_P]$	$F=3$	$J_R J_R J_P$	$J_R J_P J_R$	$J_P J_R J_R$
$[3J_R]$	$F=3$	$J_R J_R J_R$		

（5）换刀臂（送刀臂）至夹爪端点的边，必须同时特殊化为转动副或移动副。

经过上述连杆和连接的特殊化规则后，还必须确认特殊化树形图画是否合乎机构的设计约束。根据具有换刀臂式三轴加工中心拓扑结构特性，可知具有换刀臂式加工中心机构的设计约束为：

（1）换刀臂、摆刀站及送刀臂须位于主轴头至固定杆的分支上。

（2）主轴至分支点的路径长度顺序依次为：刀库→送刀臂→摆刀站→换刀臂。

（3）圆柱副必须与换刀臂或送刀臂相附随。

（4）曲线移动副必须与分支点相附随。

因此，根据上述的连杆和连接特殊化规则及设计约束，经过特殊化程序即可获得特殊化的树形图画目录。工作台和固定杆间有两个相对自由度的加工中心，其七杆的特殊化树形图画目录，如图 6-28 所示。

6.4.6 具有换刀臂式加工中心机构目录

通过分析具有换刀臂三轴卧式加工中心机构的动作特性，可归纳出下列设计需求：

（1）根据坐标系统定义，主轴轴向须定为 Z 轴。

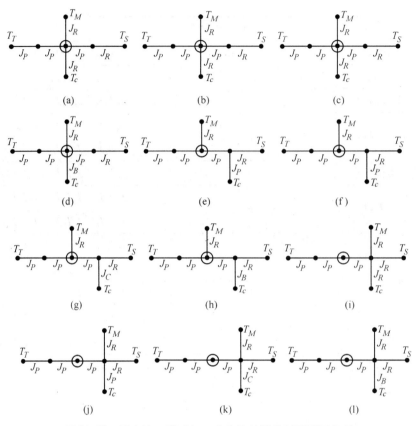

图 6-28　具有换刀臂式加工中心的特殊化树形图画目录

（2）由工作台至主轴，构件间的相对运动方向依次平行 X、Z 及 Y 轴。

（3）刀库为旋转运动选刀，其运动轴向平行 Z 和 X 轴，即刀库刀具平行或垂直主轴方向。

（4）送刀臂、摆刀站及换刀臂的动作顺序如 6.1.4 节所示。

因此，根据动作需求可知，首先将加工中心结构运动轴的方向指定至特殊化树形图画。接着再依换刀机构的动作顺序，根据换刀机构的组成将换刀运动轴指定至特殊化树形图画。最后检查是否有多余的自由度，即可获得机构的目录。

由 6.1 节换刀动作分析可知，若不考虑位移的方向性，只需考虑换刀动作的前半部或后半部的运动即能完成设计需求。根据上述特性，给出如下具有换刀臂三轴卧式加工中心的机构动作合成步骤：

（1）与主轴附随的连接指定为与 Z 轴平行。

（2）主轴头至工作台的连接依次指定为平行 Y、Z 及 X 轴。

（3）与刀库附随的连接，指定其运动轴向平行 X 或 Z 轴。

（4）根据 6.1.4 节所示的送刀动作顺序，将分支点至送刀臂（或夹爪）的连接轴向依序配置特殊化。

（5）根据 6.1.4 节所示的摆刀动作顺序，将分支点至摆刀站的连接轴向依序配置特殊化。

（6）根据 6.1.4 节所示的换刀动作顺序，将主轴头至换刀臂（或夹爪）的连接轴向依序配置特殊化。

（7）检查图画中是否有多余的自由度，若有，则删除此图画；否则完成动作合成。

将图 6-28 所示的七杆特殊化树形图画目录进行动作合成，经过动作合成特殊化后，可获得三个机构满足动作需求，如图 6-29 所示。同理，八杆的综合加工机机构可利用相同的步骤合成，计获得 17 个机构，如图 6-30 所示。而图 6-31 和图 6-32 所示分别所示为七杆和八杆的综合加工机机构的立体构造简图。

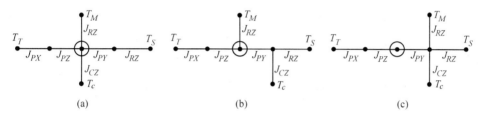

图 6-29　具有换刀臂式加工中心的图画目录（七杆）

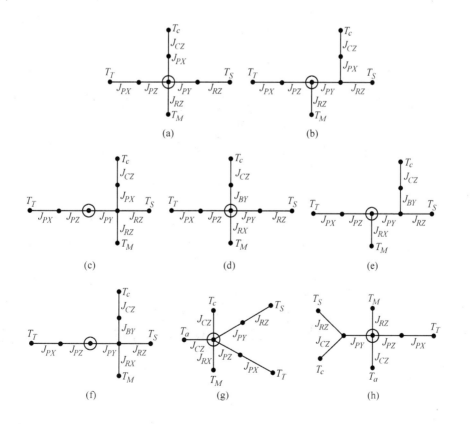

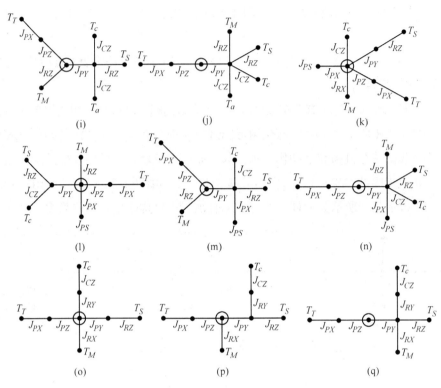

图 6-30 具有换刀臂式加工中心的图画目录(八杆)

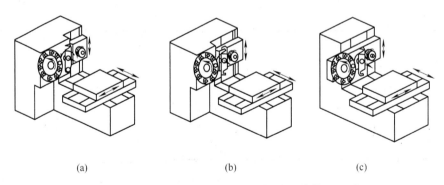

(a)　　　　　　　　　(b)　　　　　　　　　(c)

图 6-31 具有换刀臂式加工中心机构的立体简图(七杆)

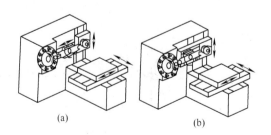

(a)　　　　　　　　　(b)

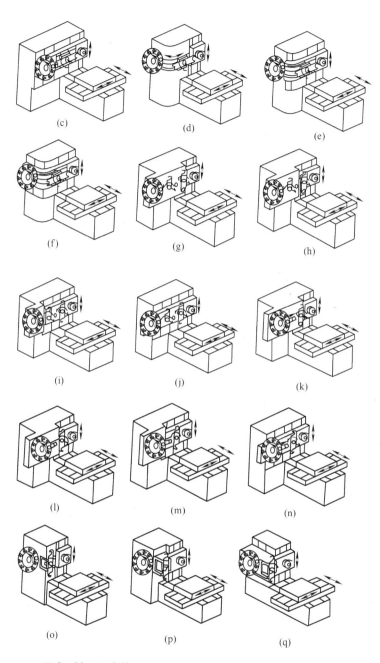

图 6-32　具有换刀臂式加工中心机构的立体简图(八杆)

第 7 章　变链机构的创新设计

本章以第 5 章提出的闭链机构的创新设计方法为基础，介绍变链机构的创新设计方法。首先解释变链机构和可变连接的特性，接着提出连接码和有限状态机械的概念来表示变链机构的拓扑结构特性，最后举例说明变链机构的创新设计。

7.1　可变连接

本节说明可变连接的特性，作为变链机构类型综合的基础。

一个变链机构常具有数个拓扑结构，每个拓扑结构所具有的自由度也常不相同，必须针对每个拓扑结构进行自由度的计算，才能确定每个拓扑结构状态下所需要的独立输入数。可以确定的是，变链机构在每个拓扑结构状态下，仍然必须维持约束运动。变链机构的拓扑结构之所以会改变，是因为其部分连接的形态在机构操作过程中发生改变，使得机构的拓扑结构也随之改变。可由某种连接形态变化为另一种连接形态或变化其运动方向的连接，称为可变连接(variable joint)。再者，若在机构中适当的配置可变连接，使机构的拓扑结构根据需要而改变，则该机构即成为变链机构(mechanism with variable joints)。

对于闭链和开链机构而言，连接是以自由度、运动方式及接触方式来分类的。然而，对于变链机构中的可变连接而言，这种分类方式是不适用的。因为，随着操作过程中拓扑结构的变化，可变连接的运动方式和接触方式是有可能改变的，其自由度也因而改变。较常见配置于变链机构中的连接有转动副、移动副及凸轮副。在操作机构时，这些连接形态有可能互相转变，如转动副变成移动副、凸轮副或其他连接，移动副变成转动副、凸轮副或其他连接。一个连接是否成为一个可变连接，应视与其附随杆件的几何外形及整个机构的运动情形而定 。

若针对可变连接的自由度来探讨，在连接形态变化时，可变连接会处于一个过渡状态，此时连接的自由度可能会增加或减少。而在完成变化时，连接的自由度再减少或增加。

以下针对变链机构中常见的转动副、移动副及凸轮副，探讨因杆件几何外形及机构运动情形可能产生的变化。

转动副为具有一个旋转自由度的连接。对于可变转动副而言，有两种变化情形。第一种情形是在过渡状态下增加一个自由度，可能为平移的自由度或绕另一轴的旋转自由度。而在完成变化时，若原来的自由度消失，则变为移动副或是绕另一轴旋转的转动副。第二种情形是在过渡状态下自由度不变，但杆件的运动处于死点位置，若输入方向不正确，其自由度将减少，杆件无法运动，即两杆件处于死锁状态，此状态下的连接称为固定副（fixed pair），以代号 J_Q 表示。因此，一个可变转动副有可能变化为转动副、移动副及固定副。

移动副为具有一个平移自由度的连接。对于可变移动副而言，有两种变化情形。第一种情形是在过渡状态下增加一个旋转自由度或平移自由度，之后再减少一个自由度，而成为转动副或沿另一个平移方向的移动副。第二种情形是，若在过渡状态下自由度减少，则变成固定副。

凸轮副为具有二自由度的连接，分别为平移和旋转自由度。对于可变凸轮对而言，亦有两种变化情形。第一种情形是在过渡状态下增加一个平移自由度，之后原来的自由度消失，而成为移动副。第二种情形为减少原有的两个自由度，成为固定副。

探讨转动副、移动副及凸轮副连接运动轴向间的变化关系，可获得可变连接间可能的转换关系，即

$$J_{Ri}J_Q \quad i = X, Y, Z$$
$$J_{Ri}J_{Rj} \quad i, j = X, Y, Z \quad i \neq j$$
$$J_{Ri}J_{Pj} \quad i, j = X, Y, Z$$
$$J_{Pi}J_Q \quad i = X, Y, Z$$
$$J_{Pi}J_{Pj} \quad i, j = X, Y, Z \quad i \neq j$$
$$J_{Pi}J_{Ajk} \quad i, j, k = X, Y, Z \quad i \neq k, j \neq k$$
$$J_{Aij}J_Q \quad i, j = X, Y, Z \quad i \neq j$$

其中，J_iJ_j 表示可变连接由连接形态 J_i 转换为 J_j，亦可由 J_j 转换为 J_i，J_i、J_j 可为转动副（J_R）、移动副（J_P）或凸轮副（J_A），连接运动的轴向为 X、Y、Z，分别表示直角坐标系的三个轴向。另外，可变连接均为可逆变化。

此外，可变连接的另一种特殊变化情形为连接消失，即两杆件分离，称为消失副（vanished pair），以代号 J_N 表示。

可变连接的变换关系，亦可利用4.2节所述的图画表示。图7-1a 所示为转动副和固定副互相转换的图画表示。从转动副变换为固定副，可由杆件运动至死点位置来完成，或利用其他外加装置或扣件将杆件固定而获得。图7-1b 所示为绕某一轴运动的转动副变换成绕其他轴运动的转动副的图画表示，连接所附随的杆件，必

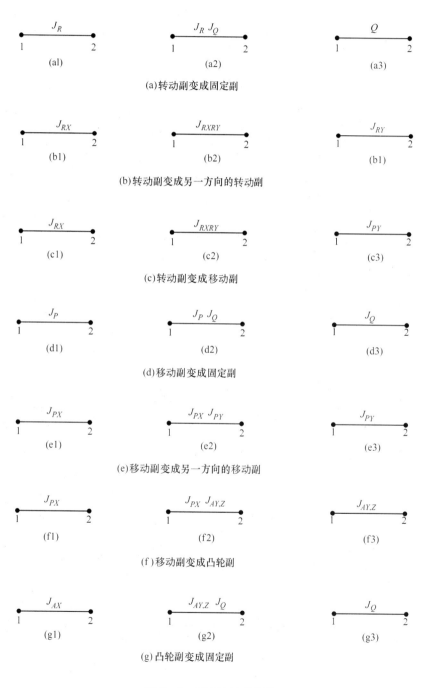

图 7-1　可变连接的转换

须具有特殊的几何外形，才有可能得到该功能，以图 7 - 1b2 所示为例，在此过渡状态下，可变连接有近似球面连接的功能。图 7 - 1c 所示为转动副和移动副互相转换的图画表示，连接所附随的杆件，必须具有特殊的几何外形，才有可能得到该功能，以图 7 - 1c2 所示为例，在此过渡状态下，若平移轴和旋转轴相同，可变连接有近似圆柱副的功能。图 7 - 1d 所示为移动副和固定副互相转换的图画表示，从移动副变换为固定副，可由杆件运动至死点位置来完成，或利用其他外加装置或扣件将杆件固定而获得。图 7 - 1e 所示为沿某一轴运动的移动副变换成沿其他轴运动的移动副的图画表示法，连接所附随的杆件，必须具有特殊的几何外形，才有可能得到该功能。图 7 - 1f 所示为移动副和凸轮副互相转换的图画表示，要由凸轮副转换成移动副，只需将凸轮沿其旋转轴进行平移运动。图 7 - 1g 所示为凸轮副变换成固定副的图画表示，从凸轮副变换为固定副，可由杆件运动至死点位置来完成，或利用其他外加装置将杆件固定而获得。

将杆件和可变连接进行组合，即可得到变链机构。下面举例说明。

例 7.1 三杆变链机构——多用途开罐器，如图 7 - 2a 所示。

此多用途开罐器，一端可开密封罐头，另一端可开汽水瓶，还有一螺状杆 K_{L3} 用来开香槟酒。图 7 - 2b 所示为其对应的机构简图，图 7 - 2c 所示为其对应的图画。杆 K_{L1} 为开启罐头的杆件，杆 K_{L3} 隐藏于凹槽中，为开启香槟酒的杆件，由推动杆 K_{L2} 选择所要使用的功能。在图 7 - 2a1 中，K_{L3} 视为固定杆，K_{L2} 可在 K_{L3} 上自由运

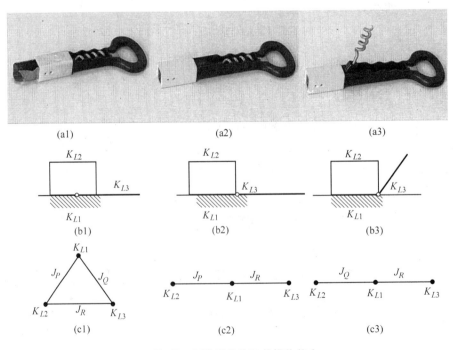

图 7 - 2 开罐器机构及其操作状态

动，因此它们之间的连接为 J_P；在图 7 - 2a2 中，K_{l2} 已移至左端尽头，因此 K_{l2} 和 K_{l3} 之间的连接为 J_N；在图 7 - 2a3 中，因 K_{l3} 已被旋转出来，使得 K_{l2} 无法运动，因此它们之间的连接为 J_R。综上所述，附随于 K_{L1} 和 K_{l2} 的连接为 $J_P J_Q$ 连接，附随于 K_{l2} 和 K_{l3} 的连接为 $J_Q J_R$ 连接，附随于 K_{l2} 和 K_{l3} 的连接为 $J_P J_N$ 连接。当连接消失时，以 J_N 表示或两点间不以线条（连接）来连接。

例 7.2 四杆变链机构——机械锁，如图 7 - 3a 所示。

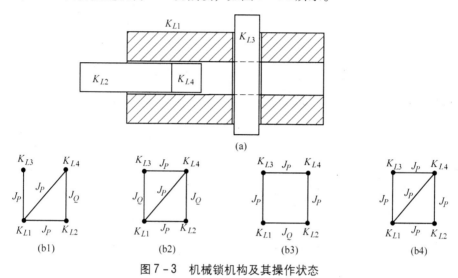

图 7 - 3 机械锁机构及其操作状态

此机械锁所对应的图画如图 7 - 3b 所示。K_{L1} 为机架，K_{l2}、K_{l3} 及 K_{l4} 为滑件。附随于 K_{l3} 和 K_{l2} 间的连接变化为 J_P、J_P、J_Q、J_P，附随于 K_{L1} 和 K_{l3} 间的连接变化为 J_P、J_Q、J_P、J_P，附随于 K_{L1} 和 K_{l4} 间的连接变化为 J_P、J_P、J_N、J_P，附随于 K_{l2} 和 K_{l4} 间的连接变化为 J_Q、J_Q、J_P、J_P，附随于 K_{l3} 和 K_{l4} 间的连接变化为 J_N、J_P、J_P、J_Q。将 K_{l4} 移动到正确的位置，通过推动 K_{l2}，即可将 K_{l4} 推到 K_{l3} 的凹槽内，从而达到开锁的目的。

7.2 拓扑结构表示

本节以变链机构为例，说明对应的图画表示法，并介绍连接码和有限状态机械的概念，从而简化以图画方法表示变链机构的拓扑结构特性。

7.2.1 图画表示

将机构的杆件和连接分别以点和边表示，可以得到机构的图画，其相邻的两个点（边）代表所对应机构的两个杆件（连接）是相邻的，如 4.2 节所述。

图 4 - 1a 所示为一个凸轮 - 滚子 - 致动器机构，具有五个构件(1、2、3、4、5)，分别是机架(K_F，构件 1)、凸轮(K_A，构件 2)、滚子(K_O，构件 3)、活塞(K_I，构件 4)及气缸(K_Y，构件 5)。其中，凸轮、活塞及气缸是双连接构件，机架和滚子是三连接构件。此机构具有六个双连接(a、b、c、d、e、f)，分别为三个转动副(a、d、f)、一个移动副(e)、一个滚动副(c)及一个凸轮副(b)。此机构所对应的图画，如图 7 - 4a 所示。

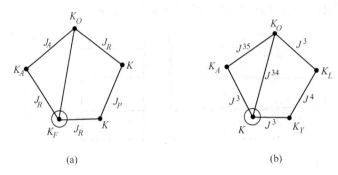

(a)   (b)

图 7 - 4 凸轮 - 滚子 - 致动器机构的连接码图画

图 6 - 1a 所示为一种三轴卧式加工中心，是一个具有五根杆和六个连接的开链机构。其中，K_F 为机架，T_S 为主轴，T_T 为工作台，T_M 为刀库，K_{L1}、K_{L2} 及 K_{L3} 为连接杆。连接 a 附随于主轴(T_S)与杆件(K_{L1})之间，为转动副(J_R)；连接 b 附随于杆件(K_{L1})与杆件(K_{L2})之间，为移动副(J_P)；连接 c 附随于杆件(K_{L2})与机架(K_F)之间，为移动副(J_P)；连接 d 附随于机架(K_F)与主轴(T_T)之间，为转动副(J_R)；连接 e 附随于机架(K_F)与杆件(K_{L3})之间，为移动副(J_P)；连接 f 附随于杆件(K_{L1})与刀库(T_M)之间，为转动副(J_R)。此机构所对应的图画，如图 7 - 5a 所示。

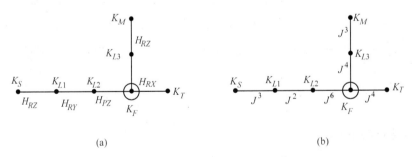

(a)   (b)

图 7 - 5 三轴卧式加工中心机构的连接码图画

图 7 - 6a 所示为一种书柜锁，是一个具有六根杆和六个连接的变链机构。其中，K_{L1} 和 K_{L2} 为门板，K_{L3} 为连接杆，K_{L4} 为锁栓，K_{L5} 为凸轮，K_{L6} 为从动件。此书柜锁机构共有五种操作状态，如图 7 - 6b1 ~ b5 所示。图 7 - 6b1 所示为已开锁状态。要将该锁锁住，则必须将锁栓 K_{L4} 举起 90°至水平位置，才能将锁栓 K_{L4} 推进 K_{L1} 和 K_{L2} 的凹槽内。而要将锁栓 K_{L4} 锁住时，必须通过旋转 K_{L5} 将 K_{L6} 推进 K_{L4} 的凹槽内。

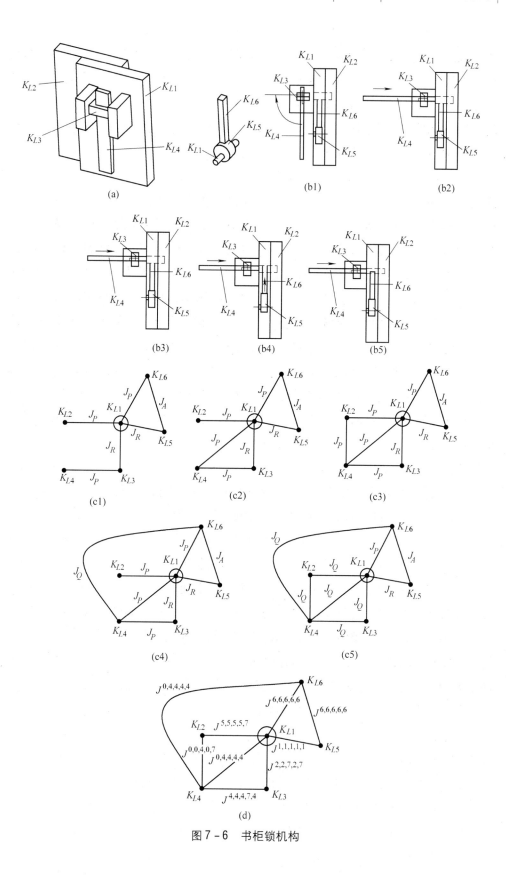

图 7 - 6　书柜锁机构

状态一(S_1)如图7-6b1所示。连接a附随于K_{L1}和K_{L2}之间，为移动副(J_P)；连接b附随于K_{L1}和K_{L3}之间，为转动副(J_R)；连接c附随于K_{L3}和K_{L4}之间，为移动副(J_P)；连接d附随于K_{L1}和K_{L5}之间，为转动副(J_R)；连接e附随于K_{L5}和K_{L6}之间，为凸轮副(J_A)；连接f附随于K_{L6}和K_{L1}之间，为移动副(J_P)。状态二(S_2)如图7-6b2所示，将K_{L4}顺时针旋转90°即可由状态一变为状态二。连接a附随于K_{L1}和K_{L2}之间，为移动副(J_P)；连接b附随于K_{L1}和K_{L3}之间，为转动副(J_R)；连接c附随于K_{L3}和K_{L4}之间，为移动副(J_P)；连接d附随于K_{L1}和K_{L5}之间，为转动副(J_R)；连接e附随于K_{L5}和K_{L6}之间，为凸轮副(J_A)；连接f附随于K_{L6}和K_{L1}之间，为移动副(J_P)；连接g附随于K_{L1}和K_{L4}之间，为移动副(J_P)。状态三(S_3)如图7-6b3所示，将状态二中的K_{L4}推入之K_{L1}凹槽，即可得到状态三。连接a附随于K_{L1}和K_{L2}之间，为移动副(J_P)；连接b附随于K_{L1}和K_{L3}之间，为固定副(J_Q)；连接c附随于K_{L3}和K_{L4}之间，为移动副(J_P)；连接d附随于K_{L1}和K_{L5}之间，为转动副(J_R)；连接e附随于K_{L5}和K_{L6}之间，为凸轮副(J_A)；连接f附随于K_{L6}和K_{L1}之间，为移动副(J_P)；连接g附随于K_{L1}和K_{L4}之间，为移动副(J_P)；连接h附随于K_{L2}和K_{L4}之间，为移动副(J_P)。状态四(S_4)如图7-6b4所示，可由状态二得到。在状态二时通过旋转K_{L5}带动K_{L6}，可以阻止K_{L4}的平移运动，即为状态四。连接a附随于K_{L1}和K_{L2}之间，为移动副(J_P)；连接b附随于K_{L1}和K_{L3}之间，为转动副(J_R)；连接c附随于K_{L3}和K_{L4}之间，为移动副(J_P)；连接d附随于K_{L1}和K_{L5}之间，为转动副(J_R)；连接e附随于K_{L5}和K_{L6}之间，为凸轮副(J_A)；连接f附随于K_{L6}和K_{L1}之间，为移动副(J_P)；连接g附随于K_{L1}和K_{L4}之间，为移动副(J_P)；连接i附随于K_{L4}和K_{L6}之间，为固定副(J_Q)。状态五(S_5)如图7-6b5所示，可由状态三变化得到。在状态三时，将锁栓K_{L4}插入两片门板(K_{L1}和K_{L2})的凹槽中，即得到状态五。连接a附随于K_{L1}和K_{L2}之间，为固定副(J_Q)；连接b附随于K_{L1}和K_{L3}之间，为固定副(J_Q)；连接c附随于K_{L3}和K_{L4}之间，为移动副(J_P)；连接d附随于K_{L1}和K_{L5}之间，为转动副(J_R)；连接e附随于K_{L5}和K_{L6}之间，为凸轮副(J_A)；连接f附随于K_{L6}和K_{L1}之间，为移动副(J_P)；连接g附随于K_{L1}和K_{L4}之间，为固定副(J_Q)；连接h附随于K_{L2}和K_{L4}之间，为固定副(J_Q)；连接i附随于K_{L4}和K_{L6}之间，为固定副(J_Q)。其在各个状态下所对应的图画，分别如图7-6c1~c5所示。

7.2.2　连接码

利用连接码的概念，可用单一的图画来表示整个变链机构的拓扑结构状态。

一个机构的连接码(joint code)以八个数字(0~7)来定义。数字0表示两杆件分离，即连接不存在；数字1、2、3分别表示J_{RX}、J_{RY}及J_{RZ}，是分别绕X轴、Y轴及Z

轴旋转的转动副；数字 4、5、6 分别表示 J_{PX}、J_{PY} 及 J_{PZ}，是分别沿 X 轴、Y 轴及 Z 轴平移的移动副；数字 7 表示 J_Q，是固定副，即相邻的两杆件死锁而无相对运动。

对于任意连接而言，以 J^O 表示其连接码。转动副(J_R)可以表示为 J^1、J^2 或 J^3；移动副(J_P)可以表示为 J^4、J^5 或 J^6；凸轮副(J_A)具有一旋转和一平移的自由度，因此可用 J^{15}、J^{16} 或其他符号表示，应视其运动轴向而定。对于变链机构而言，一个连接有可能变化为其他类型的连接，也就是可变连接，所对应的连接码为 $J^{O1,O2,Oi,\cdots}$。其中，O_i 表示连接在状态 S_i 的类型。

对于图 7 – 6a 所示的机构而言，其连接 a 在状态 S_1、S_2、S_3、S_4 及 S_5 的类型分别为 J_{PY}、J_{PY}、J_{PY}、J_{PY} 及 J_Q，所对应的连接码为 $J^{5,5,5,5,7}$。同理，可以得其他连接的连接码，连接 b 可以表示为 $J^{2,2,7,2,7}$，连接 c 可以表示为 $J^{4,4,4,7,4}$，连接 d、e 及 f 并没有产生改变，连接 g 可以表示为 $J^{0,4,4,4,4}$，连接 h 可以表示为 $J^{0,0,4,0,7}$，连接 i 可以表示为 $J^{0,0,0,7,7}$。据此，图 7 – 6c1 ~ c5 所示书柜锁在各个状态下的图画，可用连接码简化为单一图画表示，如图 7 – 6d 所示。

7.2.3 有限状态机械

有限状态机械(finite state machine)是表示具有多个操作状态的系统，可描述变链机构的特性，包括输入杆和操作状态变化之间的关系。

图 7 – 7 所示为具有两个操作状态 S_1 和 S_2 的系统状态图(state diagram)。在状态 S_1 时，杆 K_{L1} 为输入杆，在状态 S_2 时，杆 K_{L2} 为输入杆。($K_{L1} \rightarrow S_2$)表示通过输入杆 K_{L1} 的操作，可以得到状态 S_2。

以图 7 – 6 所示的书柜锁为例，在状态 S_1 时，杆 3(K_{L3})为输入杆可得到状态 S_2；在状态 S_2 时，杆 4(K_{L4})为输入杆可得到状态 S_3；在状态 S_2 时，杆 6(K_{L6})为输入杆可得到状态 S_4；在状态 S_3 时，杆 6(K_{L6})为输入杆可得到状态 S_5。图 7 – 8 所示为图 7 – 6 对应的状态图。

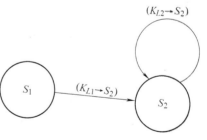

图 7 – 7　状态图

对于闭链机构和开链机构而言，其拓扑结构若唯一，可用单一的拓扑结构矩阵和图画来表示。但是，对于变链机构而言，由于其具有多个拓扑结构，以拓扑结构矩阵和图画来表示，则较为繁杂。此外，机构的拓扑结构矩阵和图画表示，只能表示机构杆件和连接的类型以及其连接与附随的关系，而无法清楚地表示输入杆与操作状态变化之间的关系。而利用状态图分析变链机构的特性，可以清楚地了解其输入杆与状态变化之间的关系。

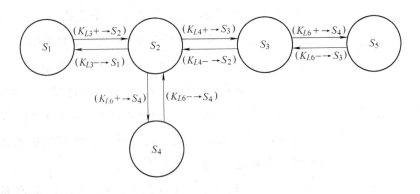

图 7-8 书柜锁机构的状态图

7.3 类型设计方法

本节介绍变链机构的创新设计方法，其流程如图 7-9 所示，并以图 7-2a 所示的多用途开罐器为例加以说明。

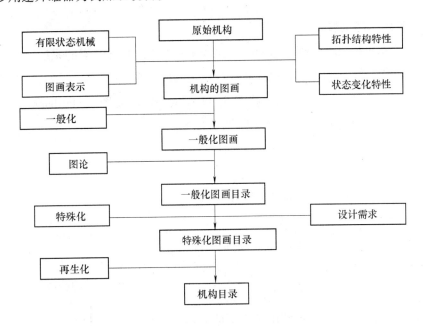

图 7-9 变链机构的创新设计流程

7.3.1 原始机构

设计方法的第一个步骤是找出一个或者多个合乎设计需求的现有机构，作为设计的原始机构，分析现有机构，并归纳出其机构拓扑结构特性和状态变化特性。

由于变链机构具有多个拓扑结构，因此利用有限状态机械分析其各个状态的变化特性以及输入杆与连接变化的关系。另外，拓扑结构特性和状态变化特性会因探讨的载具不同而有差异性。

以图 7 - 2a 所示的多用途开罐器为例，此机构为三杆机构，并且具有三个拓扑结构状态，其有限状态机械的状态图如图 7 - 10 所示。由此可以了解每个状态下的输入杆与状态变化关系。其中，状态二具有两个输入杆，经由不同的输入杆，可变化为不同的状态。

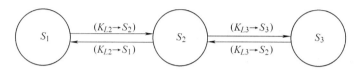

图 7 - 10　开罐器机构的状态图

本设计的拓扑结构特性和状态变化特性可归纳如下：

（1）具有三个拓扑结构状态。状态一有一个滑行自由度；状态二为过渡状态，有一个滑行自由度并与生俱来一个旋转自由度；状态三有一个旋转自由度。

（2）具有一根杆，用以开启铁罐。

（3）具有另一根杆，用以开启香槟酒。

（4）具有一根杆，用以开启汽水瓶。

根据上述特性，制定开罐器的设计需求如下：

（1）必须具有一根杆可开启罐头，标示为 K_{L1}。

（2）必须具有一根杆可开启香槟酒，标示为 K_{I3}。

（3）必须具有一根杆可开启汽水瓶，标示为 K_{I4}。

（4）具有三个操作状态。

（5）在状态一时，开启香槟酒的功能不存在，即 K_{I3} 杆与其他杆的连接为 J_Q 连接。

（6）状态二为过渡状态，即 K_{I3} 杆、K_{L1} 杆和其他杆间附随的连接，至少有一个为非固定副。

（7）在状态三时才可开启香槟酒。

（8）开启香槟酒的杆，不可与其他杆为同一根杆。

（9）开启铁罐和香槟酒的功能，必须在不同操作状态下。

（10）所使用的(可变)连接为转动副、移动副、固定副及消失副。

7.3.2　机构的图画

设计方法的第二个步骤是，将原始机构在各个状态下的拓扑结构，分别以图画表示。

以图7-2a所示的多用途开罐器为例，此机构具有三个拓扑结构状态，其图画如图7-2c1~c3所示。

7.3.3　一般化图画

设计方法的第三个步骤是，根据一般化程序，将具有各种构件和连接的图画转化成仅具连杆（点）与一般化连接（边）的一般化图画。

以图7-2a所示的多用途开罐器为例，将图7-2c1~c3所示的图画一般化后，其一般化图画分别如图7-11a~c所示。

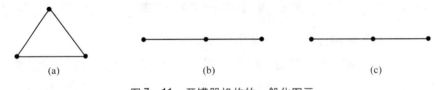

图7-11　开罐器机构的一般化图画

因此，多用途开罐器的连接数依操作状态为三或二。另外，消失副无须表示为一般化连接。

7.3.4　一般化图画目录

设计方法的第四个步骤是，根据拓扑结构的需求和图论，找出所有满足连杆（点）数和连接（边）数的图画目录。

具有三个点的连接图画有两个，如图7-12所示。因此，多用途开罐器的一般化图画目录有两个。

图7-12　三点连接图画目录

7.3.5　特殊化图画目录

设计方法的第五个步骤是，根据机构拓扑结构特性和状态变化特性所归纳出的设计需求，给出连杆和连接以及状态变化的特殊化规则，将所需的连杆和连接类型特殊化至每个状态的一般化图画目录，从而得到特殊化图画目录。

由于变链机构具有数个拓扑结构，因此在进行此步骤时，必须依变链机构的设计需求，由第一个状态特殊化至最后一个状态。在此过程中，若不能完成拓扑结构状态变化的要求，即予以删除。

以多用途开罐器为例，并以图 7 - 12 所示的图画目录进行特殊化，其程序如下：

（1）先选定任一杆为 K_{L2} 杆，再选定另一杆为 K_{L1} 杆，由于另一杆 K_{L4} 杆可与 K_{L1} 杆共存，若有剩余的杆则定为 K_{Li} 杆，因此可得状态一的特殊化图目录，如图 7 - 13a1 ~ a2 所示。

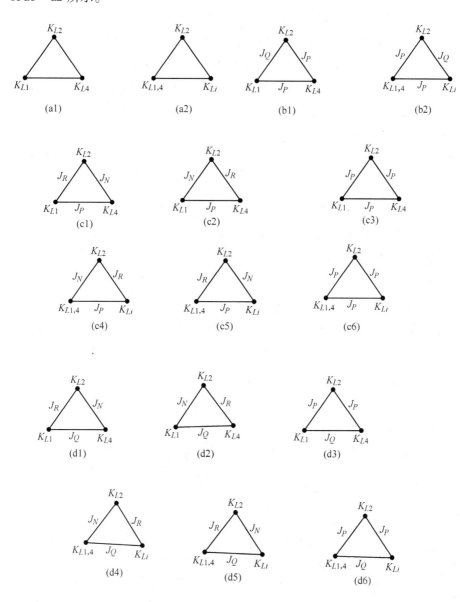

图 7 - 13　各状态的特殊化图画目录

（2）在状态一时，K_{L1}杆的功能可以使用，K_{L2}杆为隐藏杆，因此图 7 – 13a1 的 K_{L4} 杆与图 7 – 13a2 的 K_{Li} 杆为状态一的输入杆，而输入杆与其他杆间的连接为可动连接，即非 J_Q 连接，且 K_{L1} 杆和 K_{L2} 杆间的连接为 J_Q 连接。因此，状态一特殊化连接后，可得到特殊化图画目录，如图 7 – 13b1 ~ b2 所示。

（3）状态二为过渡状态，因此在状态一的 J_Q 连接应松开变化为其他可动连接或消失副；图 7 – 13b1 中，若 K_{L2} 杆和 K_{L1} 杆间的连接以及 K_{L2} 杆和 K_{L4} 杆间的连接有一个为转动副（J_R），则另一连接必为消失副（J_N）。同理，图 7 – 13b2 中，若 K_{L2} 杆和 K_{L1L4} 杆间的连接以及 K_{L2} 杆和 K_{Li} 杆间的连接有一个为转动副（J_R），则另一个连接必为消失副（J_N）。因此，可得状态二的可行特殊化图画目录，如图 7 – 13c1 ~ c6 所示。其中，图 7 – 13c1 ~ c3 由图 7 – 13b1 获得，而图 7 – 13c4 ~ c6 由图 7 – 13b2 获得。

（4）在状态三时，输入杆为 K_{L2} 杆，因此与其相附随的连接为可动连接或消失副，其余的连接为固定副。因此，图 7 – 13c1 ~ c6 的状态三特殊化后，所对应的图画如图 7 – 13d1 ~ d6 所示。

7.3.6　机构目录

设计方法的第六个步骤是，将所获得的特殊化图画目录再生化为机构简图目录。

由于可变连接并不是每个轴向都可作用，因此必须考虑其合理性。此外，也必须要考虑机构的功能性是否能够达成。

以图 7 – 2 所示的多用途开罐器为例，将图 7 – 13d1 ~ d6 所示的特殊化结果再生化，可得所对应的机构简图分别如图 7 – 14a ~ f 所示。

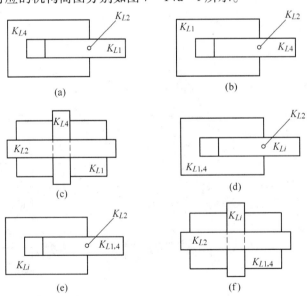

图 7 – 14　开罐器机构的简图目录

将机构目录中的现有机构删除,其余的即为新型机构。图 7-14e 所示为现有机构,删除之后,其余的机构均为新型机构。

7.4　设计范例

本节以两个范例来说明变链机构的创新设计。

7.4.1　范例一:双暂停滑件曲柄机构

图 7-15 所示为一个六杆六连接的双暂停滑件曲柄机构,为单一拓扑结构状态下可进行操作的变链机构,其特性与多自由度机构类似。杆 2 为动力源输入杆,杆 4 为双气压缸,与杆 3 和杆 5 以移动副附随。在操作过程中,杆 2 持续输入,杆 4 则经由气压阀控制两个移动副的动作,形成两个可变移动副。

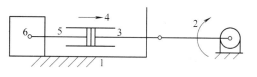

1. 原始机构

图 7-15　双暂停滑件曲柄机构

以图 7-15 所示的机构为现有机构,可归纳出以下的拓扑结构和状态变化特性:

(1)共有六个拓扑结构状态,循环进行,如图 7-16a～f 所示。此机构所要达到的特性是,在状态三和状态六时,滑件产生停留现象。

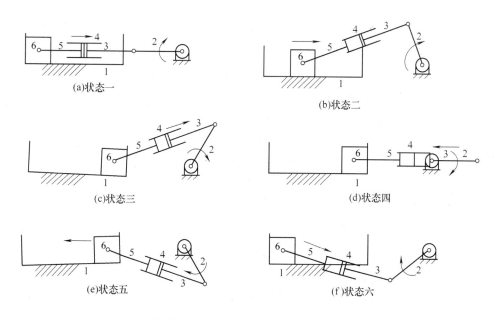

(a)状态一

(b)状态二

(c)状态三

(d)状态四

(e)状态五

(f)状态六

图 7-16　双暂停滑件曲柄机构的操作状态

（2）共有三根输入杆。

（3）具有一根杆为动力源输入杆。

（4）具有一根杆为滑件。

（5）具有两个移动副为汽压缸输入。

根据上述特性，设定双暂停滑件曲柄机构的设计需求为：

（1）必须具有一根杆为机架，标示为 K_F。

（2）必须具有一根杆为动力源输入，标示为 K_L。

（3）必须具有一根杆为滑件，且与机架相邻接，标示为 K_P。

（4）必须具有两个状态为滑件静止不动。

（5）具有六个操作状态。

（6）除杆 K_P 的移动副外，至少有其他两个连接为移动副供汽压缸输入。

（7）使用的（可变）连接为转动副、移动副及固定副。

2. 机构的图画

根据图画表示法，可将图 7 - 16a ~ f 所示原始机构的各个状态表示为图 7 - 17a ~ f 对应的图画。

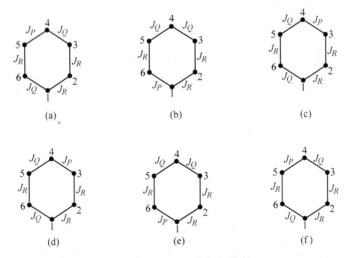

图 7 - 17　双暂停滑件曲柄机构的图画

3. 一般化图画

根据一般化程序，可将图 7 - 17a ~ f 所示的图画一般化为图 7 - 18a ~ f 所示具有六个点（杆）和六条边（连接）的（6,6）一般化图画。

4. 一般化图画目录

由图 7 - 18 所示的（6，6）一般化图画可知，本设计需要具有三个自由度的闭链机构进行一般化。因为六杆六连接且具三自由度的机构所对应的（6,6）一般化链只

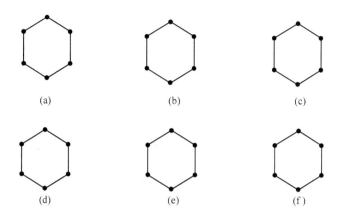

图 7-18 双暂停滑件曲柄机构的(6,6)一般化图画

有一个，如图 3-7f 所示。因此增加杆件数目，得到八杆九连接且具三自由度机构的一般化运动链目录有五个，如图 3-7l1~l5 所示。

在此，以图 3-7l4 所示的一般化链为例进行特殊化，其对应的运动链如图 7-19 所示。

5. 特殊化图画目录

由于本设计的六个状态下的图画均相同，且结构简单，亦可直接使用运动链进行特殊化，之后再进行拓扑结构状态的合成。特殊化程序如下：

（1）选定一杆为杆 1，再选定相邻接的一杆为杆 2，与杆 1 邻接的另一杆为杆 K_P。因此，可得五个杆件的特殊化运动链，如图 7-20 所示。

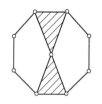

图 7-19 图 3-7l4 对应的(8,9)运动链

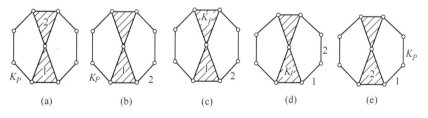

图 7-20 杆件特殊化的运动链目录

（2）附随于杆 1 和杆 2 间的连接为转动副，附随于杆 1 和杆 K_P 间的连接为移动副。此外，为减少杆件复杂度，采用一杆为双液压缸杆 K_L，即两移动副相邻接，且不可与杆 1、杆 2 及杆 K_P 相附随，其余的连接均为转动副。如此，可得到八种杆件和连接特殊化的运动链目录，如图 7-21a~h 所示。其中，图 7-21d 的杆 2 和杆 K_P 所形成的回路无移动副，滑件无法形成停留状态，不可行。

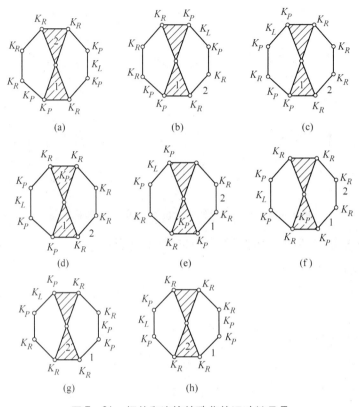

图 7 – 21 杆件和连接特殊化的运动链目录

（3）本机构分六个状态操作，每个状态约为约束运动，因此将图 7 – 21a、b、c、e、f、g、h 所示的每一个运动链，依状态需求改变连接形态，可获得特殊化运动链目录，分别如图 7 – 22a ～ g 所示。

6. 机构目录

由于本设计以运动链进行合成，故只需将图 7 – 22a ～ g 所示的可行特殊化运动链直接画成机构简图即可。

另外，本设计的杆数（八杆）与原机构的杆数（六杆）不同，因此合成出的七种机构均为新型机构。

7.4.2 范例二：阻块式可变号按键锁

阻块式按键锁为机械式可变号按键锁的一种，是典型的变链机构。下面以一个现有的专利为例，进行新型机构的合成。本机构具有四个构件、四个操作状态，如图 7 – 23a ～ d 所示。其中，杆 1 为锁体，杆 2 为滑件，杆 3 为按键，杆 4 为阻块。

图 7 - 22　特殊化运动链的目录

1. 原始机构

图 7 - 24a ~ d 所示为该机构对应的构造简图。

分析现有机构，可归纳出以下的拓扑结构特性和状态变化特性：

（1）按键锁具有四个拓扑结构状态，依序为闭锁、可开锁、已开锁及可变号状态。

（2）锁体必须与按键和滑件邻接，阻块必须与滑件邻接。

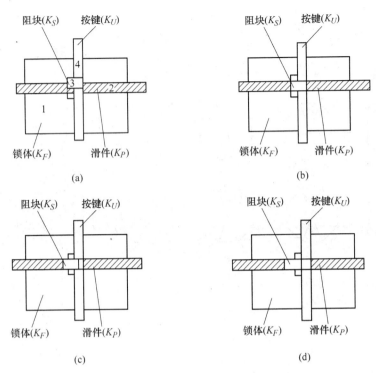

图 7 - 23　阻块式按键锁机构

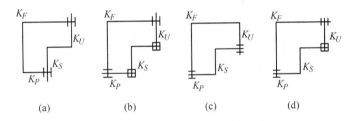

图 7 - 24　阻块式按键锁机构的构造简图

根据上述特性，设定阻块式按键锁机构的设计需求为：

（1）必须具有一根杆为锁体，标示为 K_F。

（2）必须有一根杆为按键，标示为 K_U。

（3）必须有一根杆为滑件，标示为 K_P。

（4）必须有一根杆为阻块，标示为 K_S。

（5）在状态一（闭锁）时，滑件必须死锁不动，按键为输入杆。

（6）在状态二（可开锁）时，为一过渡状态，即按键和滑件均可为输入。

（7）在状态三（已开锁）时，按键不可动，滑件为输入。

（8）在状态四（可变号）时，按键和滑件均可为输入。

（9）仅使用为转动副、移动副及固定副的连接，以减少合成的数目。

（10）在状态一时，(K_U,K_F)必为J_P，(K_F,K_P)必为J_Q，(K_S,K_P)可为J_P或J_Q。若(K_U,K_S)存在，则(K_U,K_S)可为J_P或J_Q，而(K_S,K_U)和(K_S,K_P)恰有一个为J_Q。在此，以(K_{L1},K_{L2})表示附随于K_{L1}和K_{L2}间的连接。

（11）在状态二时，(K_U,K_F)必为J_P，(K_F,K_P)可为J_P或J_R，(K_S,K_P)可为J_P或J_Q。若(K_U,K_S)存在，则(K_U,K_S)必为J_P。若闭锁状态下(K_U,K_S)为J_X，则(K_U,K_S)变成J_P；否则不变。

（12）在状态三时，(K_U,K_F)为J_P或J_Q，(K_F,K_P)必为J_P或J_R，(K_S,K_P)可为J_P或J_Q。若(K_U,K_S)存在，则(K_U,K_S)可为J_P。当(K_S,K_P)为J_P或J_R时，(K_F,K_U)必为J_P。

（13）在状态四下，(K_U,K_F)必为J_P，(K_F,K_P)可为J_P或J_R，(K_S,K_P)可为J_P或J_Q，(K_U,K_S)为J_P。

（14）三个J_Q的状态不存在。

（15）(K_S,K_P)为J_R连接时，必须有另一个J_R连接与之邻接。

（16）状态一与状态二互相变换时，(K_F,K_U)和(K_P,K_S)不会产生变化。状态二与状态三互相变换时，(K_F,K_P)不会产生变化，其余的连接会有两个产生变化。但若状态二的(K_P,K_S)为J_Q时，亦可只改变(K_F,K_U)或(K_P,K_S)的任一个。开锁状态与可变号状态互相变换时，(K_F,K_P)和(K_U,K_S)不会产生变化。

（17）在四种状态下连接的变换，(K_U,K_F)可为J_P和J_Q的变换，(K_F,K_P)可为J_P和J_Q的变换或J_R和J_Q的变换，(K_S,K_P)可为J_P和J_Q的变换或J_R和J_Q的变换，(K_U,K_S)为J_P和J_Q的变换。其中，(K_U,K_P)至少两个J_Q，而状态二与状态四的(K_S,K_P)必不同，(K_U,K_S)和(K_S,K_P)至少会变化一次。

（18）四种状态间变换时，最多只会有两个连接产生变化，最少会有一个连接产生变化，但开锁与可变号状态可完全相同。

2. 机构的图画

根据图画表示法，可将图7-24a～d所示的现有机构分别表示为图7-25a～d所示的图画。

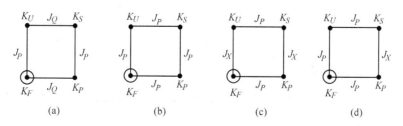

图 7 - 25　阻块式按键锁机构的图画

3. 一般化图画

接下来是根据一般化程序，将具有各种构件和连接的图画，转化成仅具连杆（点）和一般化连接（线）的一般化图画，其规则如下：

（1）J_P 连接一般化成 J_R 连接，即 J_R 边。

（2）J_Q 连接一般化成 J_R 连接，即 J_R 边。

（3）构件 K_F 一般化成具有两个一般化连接的一般化杆（点）。

（4）滑件 K_P 一般化成具有两个一般化连接的一般化杆（点）。

（5）按键 K_U 一般化成具有一个或两个一般化连接的一般化杆（点）。

（6）阻块 K_S 一般化成具有一个或两个一般化连接的一般化杆（点）。

据此，可将图 7-25a~d 所示的图画分别一般化为图 7-26a~d 所示的一般化图画。

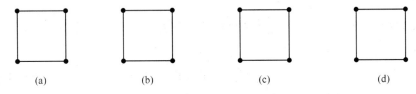

(a)　　　　　　(b)　　　　　　(c)　　　　　　(d)

图 7-26　阻块式按键锁机构的一般化图画

4. 一般化图画目录

阻块式按键锁为一个具有锁体、滑件、按键及阻块的四杆机构，其对应的图画为具有四个点的连接图画。由于简化附随于 K_F 和 K_S 间的连接，及附随于 K_U 和 K_P 间的连接，每根杆件最多只与两根杆件邻接，即每个点只与两个点邻接。另外，若避免使用开链构造的锁具，则可得四个点和四条边的连接图画（链）目录只有一个，如图 3-7b 所示。由于每个一般化图画都是由四个状态构成，因此得到如图 7-27a~d 所示的（4,4）一般化图画目录，作为特殊化之用。

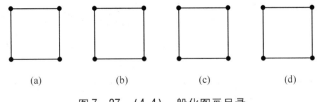

(a)　　　　　　(b)　　　　　　(c)　　　　　　(d)

图 7-27　（4,4）一般化图画目录

5. 特殊化运动链目录

由于本设计的四个状态下的图画均相同，特殊化的过程以此四个状态的杆件首先进行配置。之后，连接的配置由状态一至状态四，亦须考虑设计限制，将不可行的图画目录删除。其特殊化程序如下：

（1）杆件的特殊化依锁体、滑件、阻块、按键的顺序进行配置，其配置方法只有一种，如图 7 - 28a ~ d 所示。

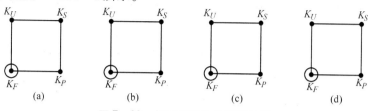

图 7 - 28　杆件特殊化的图画目录

（2）配置连接时，依四个状态的顺序配置较为简单。将图 7 - 28a ~ d 的图画进行特殊化，在状态一时，(K_F, K_U) 必为 J_P，(K_F, K_P) 必为 J_Q，(K_S, K_P) 可为 J_P 或 J_Q，(K_U, K_S) 可为 J_P 或 J_Q，但 (K_S, K_P) 和 (B_u, K_S) 恰有一个 J_Q。因此，状态一的连接配置如图 7 - 29a 和 b 所示。

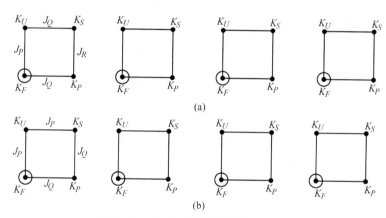

图 7 - 29　状态一的连接配置图画目录

（3）状态二时，(K_F, K_U) 和 (K_P, K_S) 不会产生变化，且 (K_F, K_U) 必为 J_P，(K_P, K_S) 可以为 J_P 或 J_Q，(K_F, K_P) 为 J_P 或 J_R。因此，状态二的连接配置如图 7 - 30a ~ d 所示。

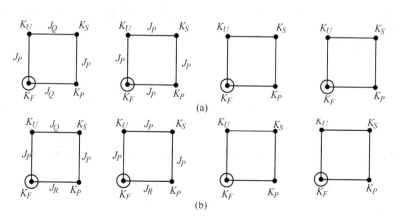

157

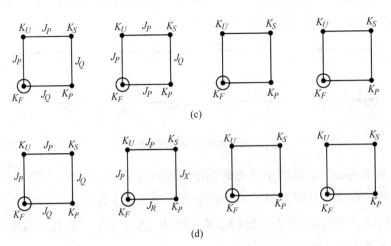

图 7 – 30　状态二的连接配置图画目录

（4）在状态三时，(K_F, K_P) 不会产生变化，(K_F, K_U) 可为 J_P 或 J_Q，(K_S, K_P) 可为 J_P、J_R 或 J_Q，(K_U, K_S) 为 J_P。因此，在删除不符合拓扑结构与状态变化限制的图画目录之后，状态三的连接配置如图 7 – 31a ~ f 所示。

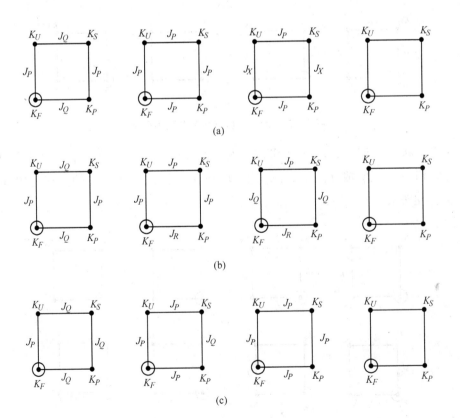

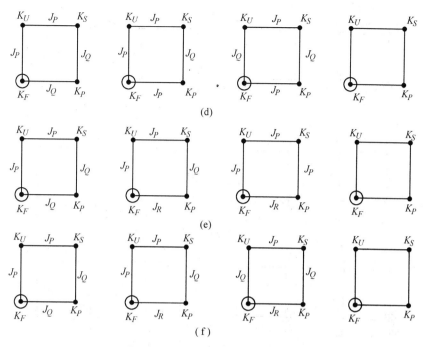

图 7 - 31　状态三的连接配置图画目录

（5）在状态四时，(K_F, K_P) 不会产生变化，(K_F, K_U) 为 J_P，(K_S, K_P) 可为 J_P、J_R 或 J_Q，(K_U, K_S) 为 J_P。因此，在删除不符合拓扑结构及状态变化限制的图画目录之后，所得即为可行的特殊化图画目录，如图 7 - 32a ~ f 所示。

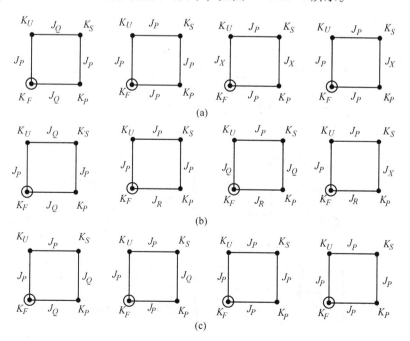

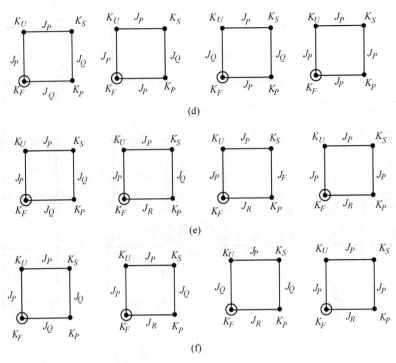

图 7 - 32　特殊化的图画目录

6. 机构目录

接着将图 7 - 32a ~ f 的特殊化图画再生化为机构简图，其结果如图 7 - 33a ~ f 所示。

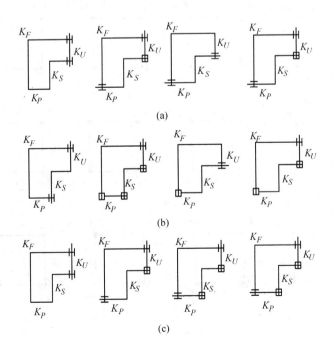

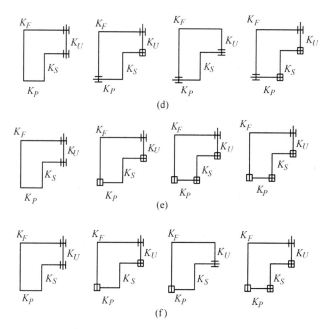

图 7 - 33 阻块式按键锁机构的构造简图

由于图 7 - 33a 的构想为现有的设计，予以删除，则本范例共获得五种新型阻块式按键锁机构，如图 7 - 33b ~ f 所示。

第三篇 机械系统创新设计

进行机械产品创新设计，除了要掌握和应用机构创新设计的基本理论和方法以外，更需要掌握和运用机械系统创新设计的理论和方法。应该懂得如何根据市场的需求，寻求实现机械产品功能的工作机理，并转化为相应的机械系统，进而求得满足市场需求的、综合性能最优的机械产品。要实现具有自主知识产权的机械产品创新设计，设计人员就应在这方面下工夫，勤于思考，勇于探索。

第8章 机械产品的市场需求和工作机理

8.1 市场需求是产品开发的起点

8.1.1 需求与产品设计的关系

需求的发现与满足是产品设计的起点和归宿。设计任务来源于客观需求，而以满足这种需求作为归宿。概括地说，机械设计的任务就是根据客观需求，通过人们的创造性思维活动，借助人类已经掌握的各种信息资源（科学技术知识）经过反复的判断和决策，设计出具有特定功能的技术装置、系统或产品以满足人们日益增长的生活和生产需求。需求有两种，一种为显性需求，即人们都知道的需求；一种是隐性需求，即人们还没有意识到的，但客观存在的那种需求。隐性需求的发现与满足往往会为企业开辟一个广阔的新市场，带来高额的独占性利润。市场需求包含很多方面内容，这里主要从如何提出生产设计任务的角度出发，分析市场对新产品或新功能的需求的测量与预测。在现代社会中，需求的测量与预测是市场调查与市场预测的核心内容。不同类型的需求将引发不同类型产品的开发活动，即开发性设计、适应性设计或者变型设计。

产品的种类较多。按购买目的，可分为消费品、产业用品两大类。凡是为家庭和个人的消费需要而进行购买和使用的产品或服务都是消费品，消费品是最终产品，它是社会生产目的所在。凡是为了生产和销售其他产品或服务而购买的产品或服务，都是产业用品，又称生产资料品。产业用品是为了得到最终产品而购买和消费的中间产品。客户对消费品往往在功能满足之外追求新颖、美观、价廉、物美。而产业用品则更注重功能的满足、先进性和性能价格比等因素。对这两类产品其市场需求的测量与预测方法不是完全相同的，主要区别是调查对象群的不同和调查目的的不同。

需求的测量与预测，也就是了解社会上对新老产品到底有什么样的要求，人们对生活有什么样期待的过程，从而摸清市场需求。需求的测量与预测要通过一系列的市场调查和分析才能得到。

8.1.2 需求的内容和特征

需求是人类对客观世界的某种不满，体现为人类生产或生活中的物质和精神需要。需求是产品设计的基础，离开需求，设计就变得毫无意义。在市场经济条件下，需求表现为用户具有支付能力的客观需要，它是产品赖以生存的基础。因此，产品的设计过程必须紧紧围绕需求这个中心来进行，设计人员必须加强市场调查，广泛收集信息，认真研究需求内容，才能使设计的产品适销对路，满足市场需求。

1. 需求内容的层次

根据美国心理学家马斯洛提出的"hierarchy of needs"模型，人类的需求内容分为五个层次，构成一个金字塔结构，如图 8－1 所示。在这五个层次中，人类的需求要求是从低层次开始的，依次向上。只有当低层次的需求得到满足时，高层次的需求才会起作用。因此，在产品设计中要认真分析用户特征，确定其对产品的需求层次，使产品与需求层次得到最佳吻合，从而满足用户的客观需要。

图 8－1　需求层次模型

2. 需求内容的特点

需求内容具有三个特点：

（1）可变性。市场需求不是固定不变的，它随着社会发展、经济水平的提高、观念的更新、环境的变化而发生改变和拓展。

（2）差异性。由于经济发展的不平衡、社会环境的不同以及使用条件的差别，市场需求表现为多样性和差异性。

（3）周期性。市场需求经历了一个周期之后，又重复返回。但这种重复不是简单的回归，其内容已发生质和量的变化。

以人体降温为例。随着科学技术的发展、人类经济水平的提高，市场需求内容经历了扇子—电扇—空调三个阶段。但由于各种主、客观条件的限制，扇子、电扇、空调三种降温方式在目前市场上均有一定的用户，而空调又包括窗式、分体、柜式、中央等，电扇的自然风、空调的自然环境模拟又体现了用户对大自然的回归需求。

因此，在产品设计中，针对需求的特点，设计人员应注意以下几点：

（1）以发展的、动态的观点进行设计，使产品的功能不断深入和拓展。设计时，不仅考虑市场的当前需要，而且要预测未来需要，从而延长产品的生命周期。

（2）以系统的观点进行设计，使产品的规格、品种不断完善，以满足各类用户的需要。

3. 需求的现代特征

满足用户、服务用户是市场经济的根本。在市场经济日益发达的条件下，用户对新产品的需求是多种多样、不断变化的。企业要寻找产品发展的计划，就必须对用户的特征、类型及消费者的心理有所了解。

用户特征表现在以下几个方面：

（1）市场特征。市场特征是指在市场规律作用下，用户需求过程中表现出来的特征，包括群体性和认知性。群体性是指与用户相关家庭环境、工作环境及社会团体等各种因素对用户需求行为的影响，这种影响常常表现为需求的从众行为。认知性则是指在市场诱发下用户产生的需求欲望，如广告宣传、感官刺激等。

（2）经济特征。经济特征表现为用户的经济能力以及价值观念。经济能力构成了用户的购买力，它是影响用户行为最主要的因素，是确定产品目标成本的依据，是决定产品能否商品化的外部条件。价值观念则反映了用户对产品价值的认识，不同的用户，认识亦不同。有的重视物质价值，有的追求精神价值，涉及的产品只有符合用户的价值观念，才能被用户接受。

（3）心理特征。心理特征包括个性、感觉、信念三个方面。个性是指用户所特有的不同于他人的明显特征，如开拓性、保守性等，以此为标准，可将用户划分成习惯型、冲动型、经济型、感情型等。感觉是指用户对刺激所产生的反应，这种感觉又分为产生误解、引起注意和选择记忆等三种，不同的感觉，会产生不同的结果。信念是指用户对产品的认识，用户的认识建立在不同的基础上的。因此，在产品设计中，产品必须要有自己的特色，针对不同的用户，突出产品的某一方面的特点，如色彩的运用、结构的变化、环保的需求、科技含量的提高等，以符合用户最强烈的需要和动机，顺从其个性定特征，从而激发用户的购买欲望。

（4）社会特征。社会特征是指用户所处的社会地位和生活环境，它体现为不同的用户具有不同的价值观念和市场行为，对产品功能与品牌有不同的偏好。社会特征不同，则不仅购买能力不同，而且购买心理也不同。

（5）文化特征。文化特征是指用户在一定文化环境成长过程中，自然形成的观念和习惯，包括教育程度、思维方式、道德情操和生活习惯等。它对用户的需求有很大的影响，在某些方面甚至决定用户需求。在产品设计中，产品的使用和维护要符合用户的教育程度，产品的功能指标等要体现用户的思维方式，使用目的要与用户的道德情操、生活方式相一致。

4. 需求的发现过程

满足需求是产品设计的起点和归宿，需求的发现过程即市场需求分析过程作为产品设计的首要环节，是设计目标决策的重要依据，具有非常重要的地位。在产品设计过程中，市场需求分析就是通过市场调查，对当前市场需求、用户状态、竞争对象及环境进行分析研究，为设计目标决策提供依据。市场需求的发展需要一个过程（图8-2），首先是市场信息的搜集、整理与归纳阶段，其手段主要是市场需求调查方法。其次是市场需求信息的提取与发现阶段，其手段主要是市场需求预测方法。最后，对提炼出来的需求信息进行分类整理，提供给企业的相关部门，作为企业决策的重要依据。当然，直觉、敏锐的观察力和预知能力有时也会成为市场需求发现的有力武器，尤其是企业领导层的直觉和对市场的把握能力有时甚至会对企业的发展起决定性的作用。

需求分析包括对销售市场和原料市场的分析，如消费者对产品功能、性能、质量、数量等的具体要求，竞争对手在技术、经济方面的优缺点，现有产品的销售情况等。在产品设计中，通过需求分析，可以确定不同类型用户的需求状况，是产品开发市场定位的重要依据。

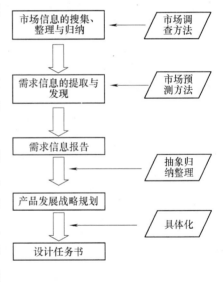

图8-2 需求的发现过程

需求发现过程的最终成果是为企业发展提出一个新产品开发的规划建议书。在此基础上，提出新产品的研制规划，进行可行性论证后，就可以拟定出设计任务书。

5. 需求调查和预测

1）需求调查的基本要求

要测量需求就必须首先进行需求内容调查，在企业中主要体现为市场调查活动。

产品调查的内容主要包括消费者对生产者某种新老产品的评价、意见和要求，包括品质、性能、包装以及商标是否容易记忆、引人注意，并赋予其联想和暗示作用；产品所处的寿命期阶段；商场上有哪些竞争产品；消费者的消费心理变化等。

需求调查的基本要求主要包括：

（1）准确性。即搜集的资料必须准确、可靠。在调查过程中要实事求是，客观反映市场情况。资料准确，反映情况真实，是市场调查的关键。只有这样，才能制定正确的决策依据。

（2）针对性。市场调查的信息包罗万象，是一项花费大量人力、物力的工作。因此调查资料要有针对性。换言之，搜集来的资料要发挥效用，调查要有的放矢，从实际需要出发，以免劳民伤财，事倍功半。

（3）系统性。指搜集的资料在时间上要有连贯性，要便于加工整理，不要零乱、琐碎。

（4）预见性。指搜集来的资料不仅要满足当前决策的需要，还要有利于分析变化趋势，预测今后可能的发展情况。

2）市场调查的基本方法

需求内容的获取有两种途径：一种是由用户提出，另一种是企业通过市场调查探索来确定。其中第二种更有一般性和广泛性，是产品设计研究的内容之一。它要求设计人员必须具有强烈的市场意识、敏锐的观察能力、丰富的联想思维等。具体实施时，市场调查采用询问法和观察法两种方式进行。

（1）询问法。它是通过对调查者的访问来收集所需信息的一种方法，主要包括以下几种形式：面谈访问调查、邮寄询问调查、电话询问调查、网上询问调查等多种形式。其中，以面谈访问为主。随着互联网络日渐深入人们的日常生活，网上调查方式也日益广泛。

在市场调查中，要准确而有效地搜集到所需资料，必须具备一定的询问调查技术和技巧。这些调查技术和技巧包括：①两项选择法。即被调查问答项目有两个，由被调查者任选其一。②多项选择法。事先拟定两个以上的答案，被调查者可任选其一或数项。③自由回答法。根据调查项目提出的问题自由回答。④顺位法。列举若干个问题，请被调查者按照要求排出顺序。

（2）观察法。设计人员通过在现场对调查对象的行为进行直接观察收集所需资料的方法，包括参与性观察和非参与性观察两种。采用观察法，收集的资料比较客观，能够防止某些主观的臆想和推测，而且更为详细和深入，从而能获得询问法不易得到的一些资料。

3）需求预测的特点和分类

根据市场调查可以获得很多信息，其中，可以直接或稍加分析即可得到的需求信息为显性需求。但是，在市场调查所得的市场信息中往往还隐藏着许多潜在的需求信息，即隐性需求，这类需求通过预测的方法可以得到。

预测是对未来不确定的事件进行推测，以便将事件的不确定性化为极小，并在一定范围内给予比较肯定的描述。市场预测必须是建立在调查研究基础上的需求分析，而不是主观的臆断、单凭想象的推测。只有通过调查研究，得到丰富而可靠的资料，再据以分析推断，才能得出正确的结论，做出正确的判断。

市场需求预测是市场预测内容中最主要的部分。市场需求具体表现在社会商品和服务的购买力及其投向上，市场需求预测实际上就是社会购买力及其投向的预测。影响社会购买力和投向的因素主要有环境因素（包括经济环境、家庭收入、政府法令、竞争情况、技术进步、消费者嗜好等）和企业营销因素。对这些因素的了解分析，能使我们得到较为满意的需求预测结果。

进行市场预测时要认识到预测所固有的特点：

（1）对群体的预测要比对个体的预测更可靠。被预测的总体越大越可靠。因此，如果不影响研究目的，应尽量对群体现象进行预测。

（2）预测的事件越短越可靠。时间越长，不可控因素越大。故预测常采取近细远粗的方法。

（3）预测必须估计到可能的误差。预测值是难以达到绝对准确的。预测必须对可能出现的误差作出估计，以确定实际值出现的可能范围。没有范围的预测值只能算半成品。

（4）预测方法确定前可先进行试验。预测方法很多，根据对几种不同方法的试验，采用效果好、费用少、使用方便的一种为宜。

（5）选定适当的预测期。预测期过长，其可靠程度较差；预测期过短，又会失去预测的意义。一般在能够满意的可靠程度保证下使预测期尽可能长些。

需求预测根据不同要求和方法主要分为以下几种：

（1）定性预测。主要是根据以往的经验和现有的资料对现象作主观的判断和估计。定性预测方法一般有专家意见调查法、主要概率法、焦点讨论法、前景分析法、历史对比法、空缺分析法、形态分析法等。

（2）定量预测。指在市场调查的基础上对资料进行处理，将一系列定性问题转化成定量问题，然后利用数学方法进行计算推断，从而得到预测结果的方法。定量预测又可分为事件序列预测和因果关系预测两大类。①事件序列预测法。这种方法是根据现象随事件变化而变化的规律进行预测。具体方法有移动平均法、变动趋势预测法、指数平滑法、回归分析法、季节变动预测法等。②因果关系预测法。它根据一种现象随另一种现象变化而变化的规律进行预测。具体方法有先行后行分析法、相关回归分析法、投入产出法等。

在预测事件中，各类方法往往是相互关联、相互结合的。

8.2 基于需求的功能分析

新产品开发的创意、构思主要来自于对市场需求的归纳、理解和把握。对于企业来说，开发新产品的构思，其来源形式包括：

（1）顾客。顾客直接提出来的建议是企业开发新产品构思的重要来源，但可能不是主要来源。

（2）营销渠道成员。各营销渠道成员是企业开发新产品的构思主要来源，如零售商、批发商、市场调查机构、咨询机构等，他们对市场熟悉，具备一定的专业知识和信息收集整理能力，企业应善加利用。

（3）竞争对手。竞争对手在技术上的突破，在新产品开发上取得的成果，都可作为本企业的借鉴或新产品开发的启示。所以，企业应注意竞争对手的产品发展情况，以此来决定自己新产品的开发方向。

（4）企业职工。本企业的职工在长期的生产营销实践中会产生出许多产品开发的设想和构思。

通过需求测量与预测摸清市场需求之后，对于一个企业来说，从市场需求到产品功能实现往往不是一步到位的，而要经过企业发展战略规划这样一个重要环节。一般来说，在摸清市场需求信息后，企业必须根据自身的特点和现状制定相应的对策，把市场需求的满足与企业自身的优势有机地结合起来。这个决策过程的结果必然是企业产品发展的规划建议。在此基础上，给予设计部门的任务一般就是新产品的研制规划（包括已有产品的改型）。在对具体项目进行可行性论证后，可拟订出产品任务书。对于设计部门来说，也就提出了相应的设计任务。产品任务书是开发新产品的依据，因此产品任务书对产品要求达到的功能必须明确，并对环境条件、接口条件、生产条件等提出具体的要求，使设计人员明确设计任务。

8.2.1 企业产品开发规划

1. 新产品的概念及其与设计类型的关系

企业如果依靠现有产品不能完成营销战略目标，或者依靠现有的产品不能满足目标市场的需要，以及为了继续发展，都需要进行新产品的开发。根据产品创新的程度不同，其设计方法包括开发性设计、适应性设计、变型设计三种类型。

新产品有广义和狭义之分。最狭义的新产品是指在世界范围内向市场首次推出的，能以全新的技术和方法满足人们的需要和欲望的产品，这种新产品即被称为首创或独创产品。显然，这种意义的新产品，总是预示着某种新技术的重大突破，或是某项新技术在商业化方面的重大突破，如世界上首次生产的电话、电视机、录音机、录像机、复印机等产品。对于绝大部分企业来说，创造这种意义上的新产品是比较少见的。当然，能够开发出这样的新产品的企业，无论是对人类社会进步的贡献还是对于企业的自身利益来说，其意义都是深远的。这类新产品的设计属于设计类型中的开发性设计。

广义的新产品往往是与老产品相对而言的。一般地，凡是相对于老产品或原有产品而言，在结构、功能、产品性能、材质、技术以及生产制造工艺方面有显著的或重大的改变、进步的产品，都可以被称作新产品。

我国有关方面规定："在结构、材质、工艺等某一方面或几个方面对老产品有明显的改变，或采用新的技术原理、新的设计构思，从而显著提高产品的性能或扩大了使用功能"的产品即为新产品。这一类新产品的设计则与设计类型中的适应性设计和变型设计相对应。

就新产品的概念而言，无论是广义还是狭义，新产品都具有两个基本的含义：一是新产品在某些方面具有突破性改进或创造；二是新产品能提供给市场，由消费者购买或消费，并能满足消费者的需要和欲望。

2. 企业优势分析与新产品开发规划

企业开发新产品的战略规划必须建立在市场分析与自身优势的基础上。企业自身优势体现为企业现有产品线的细致分析和利用。

1）产品组合的概念

产品组合是指一个企业全部产品的总称，包括所有的产品线和产品项目。

产品组合中较大的单位是产品线。产品线是指密切相关的一组产品。所谓密切相关是指：①这些产品使用基本相同的生产技术进行生产；②它们以类似的方式发挥作用；③销售给同类的顾客群；④可以通过同类的销售渠道销售；⑤它们有相关的价目表。

产品项目是构成产品组合和产品线的最小产品单位。它是指在某些产品属性上能够加以区别的最小产品单位。例如，电视机可以通过屏幕尺寸加以区别，冰箱可以通过容积加以区别。所以"47 cm的电视机"和"170 L的冰箱"就可以分别是家用电器生产厂的电视机产品线和冰箱产品线的一个产品项目。

产品组合，通常需要对其度量，以掌握其特征。产品组合的测量尺度如下：

（1）广度（宽度）。产品组合的广度是指其所包含的产品线的数目，即在产品组合中包括多少条产品线。企业的产品组合中包括的产品线越多，其产品组合的广度就越宽。

（2）长度。产品组合的长度是指其中包括的产品项目的总数。通常，为了在不同的企业之间进行比较，也用平均线来表示产品组合的长度。平均线长是总的产品项目数与线数的算术平均值。

（3）深度。深度是用来测定产品组合中每条产品线长度的，即指每条产品线所包含的产品项目数。

（4）一致性（关联性）。产品组合的一致性是指其中的各条产品线在最终用途、生产条件和技术、分销渠道以及营销活动中需要注意的方面的相互关联程度。产品组合的一致性好，企业营销管理的难度就小，但其经营范围就窄，经营的风险相对要大些；反之，企业产品组合的关联性差，其营销管理难度大，经营的范围广，经营的风险相对要小些。

产品组合的四个测量尺度也是企业在产品组合方面可能的决策内容。企业可以增加产品组合的广度，即增加产品组合中的产品线数，以扩大经营的范围或更新旧的产品线来增加赢利。企业可以延长其现有的产品组合的长度，即增加产品线中产品项目，以更多的花色品种来满足顾客的需求差别。企业也可以增加产品组合的深度，使其中的一条或几条产品线的品种项目更多，使这些产品线适应更多方面的需要。企业也可以通过加强或降低产品组合的关联性来相对降低企业管理的难度或拓宽经营范围，在市场环境多变时，能有效抵御市场风险。

2）产品线分析与新产品开发规划

进行产品组合的决策，首先需要对现有的产品组合中的产品线进行分析，以明确哪些产品线需要加长，那些产品线需要维持现状，那些产品线需要消减。为完善某些产品线，企业需就产品线的市场定位进行分析。改善一条产品线的最好方法就是通过寻找可利用的产品，即"市场空白点"，在产品线中增加相应的产品项目。当然，通过对市场已有的竞争对手的产品线分析，企业也可以在竞争对手的产品定位附近，发展产品项目，形成和竞争对手直接竞争的态势，以争取对手的顾客。

8.2.2 设计任务书

在市场需求满足于企业自身资源优势的分析之后，企业决策层最终形成适合自身特点的产品开发规划。产品开发规划是企业在未来一段时间内将要开发的新产品名单或发展方向。名单中的新产品规划为设计部门提出了新的设计任务。进行可行性论证后，拟订出产品任务书。产品任务书是开发新产品的依据，明确表达出新产品要达到的功能。设计任务的提出以及与此相一致的功能要求，很大程度上来源于对市场需求的测量与预测的正确分析。

8.2.3 基于需求的功能分析

市场需求的满足或适应，是以产品的功能来体现的。而产品功能来源于对设计任务的创造性分析。

1. 机械产品的功能

对于机械产品而言，产品的功能可以理解为产品的功效，这虽然与产品的用途、能力、性能等概念关联，但却不尽相同。功能是对产品特定工作能力进行的抽象化描述，该描述有利于产品工作原理方案的创新。产品对输入的物质、能量和信息(单独的或组合的)进行预定的交换(含加工、处理)、传递(含移动、输送)和储存(包括保持、存储、记录)。因此，可以将功能理解为机械产品传递和变换能量、物质及信息的特性。一台机器所能完成的功能，常称作机器的总功能。例如，一台激光打印机，其总功能就是将计算机中的电子信息打印在纸上供人阅读。对机械总功能要进行准确、简洁、合理地描述，抓住其本质，这样有利于使设计目的明确，设计思路开阔。

2. 采用黑箱法进行功能分析

设计任务书往往规定了较为具体的工作任务和约束条件。这些具体的任务，也就是效益的功能要求，与产品的本质功能还要有一个映射过程，或者说从任务中提取出与实现原理无关的产品功能要求的抽象过程，有助于实现原理的广泛搜寻。

在系统工程学中用"黑箱"来描述系统的总功能，分析机械系统的总功能可采用"黑箱法"，把待设计的机械产品看作内容未知的一个"黑箱"，而"黑箱"的输入、输出就是需求分析后得到的设计任务书中规定的规划产品的输入、输出物质流、能量流、信息流等。分析、比较"黑箱"的输入和输出，其具体差别和相互关系即反映出此机械产品的总功能。对于机械产品来说，常用一定的工艺动作过程来实现其总功能。

如图8-3所示的黑箱代表一个洗衣技术系统，其总功能是将污物从不洁衣物中分离出来。对该洗衣技术系统，可以采用不同的功能原理方案实现。例如，可以干洗(用溶剂吸取污物)，也可以湿洗；在湿洗中，可以用冷水，也可以用热水；产生水流的工作头，可以采用波轮式、滚筒式或搅拌式。通过分析研究，可确定实现功能目标的技术原理，当实现总功能的原理方案确定后，"黑箱"也就变成"玻璃箱"了。

图 8-3 洗衣技术系统黑箱描述

3. 按机械功能需求表进行功能分析

用"黑箱法"提取机械产品总功能的同时，还需要较为详细地列出对所设计系统提出的各种要求和约束条件。为此，可根据设计任务书、有关技术资料以及市场需求报告等，按表格形式分门别类地详细列出机械功能分析需求表。这既是对总功能的具体细化和量化，也是对总功能的约束和限制，是设计要实现的目标和满足的约束。表 8-1 给出了机械功能分析需求表的大概内容，以供参考。

表 8-1　机械功能分析需求表

机械规格	（1）动力特征：能源种类（电源、气液源等）、功率、效率 （2）生产率 （3）机械效率（整机的） （4）结构尺寸的限制及布置
执行功能	（1）运动参数；运动形式、方向、转速、变速要求 （2）执行构件的运动精度 （3）执行动作顺序与步骤 （4）在步骤之间是否加入检验 （5）可容许人工干预的程度
使用功能	（1）使用对象、环境 （2）使用年限、可靠度要求 （3）安全、过载保护装置 （4）环境要求：噪音标准、振动控制、废弃物的处置 （5）工艺美学：外观、色彩、造型等 （6）人机学要求：操纵、控制、照明等
制造功能	（1）加工：公差、特殊加工条件、专用加工设备等 （2）检验：测量和检验的仪器、检验的方法等要求 （3）装配：装配要求、地基及现场安装要求等 （4）禁用物质

8.3　功能细分和功能求解

确定了机械系统的总功能和约束之后，就要寻求实现该总功能的功能原理解。对机械运动系统而言，功能求解包括两方面含义：一个是指功能结构图即工艺动作过程的分解方式，其方法就是功能分解和动作过程的构思；另一个是指功能分解后各功能元的求解，即功能载体的确定。

功能分析法是系统设计中拟订功能结构即功能原理方案的主要方法。一台机器所能完成的功能，常称为机器的总功能。在实际工作中，要设计的机械产品往往比较复杂，难以直接求得满足总功能的原理方案。因此，必须采用系统的原则进行功能分解，将总功能分解为多个功能元，再分别对这些较简单的功能元求解，最后综合成一个对总功能求解的功能原理方案。例如，激光打印机是通过多个功能系统的协调工作来完成打印的总功能。所以功能分析法就是将机械产品的总功能分解成若干功能元，通过功能元求解及产品组合，可以得到多种机械产品方案。

对产品的特定工作能力的抽象化描述，可以确定其核心功能。核心功能是产品的关键功能，它在构思功能原理方案时起关键性作用。例如，核桃取仁机的关键功能是"核桃壳与核桃仁的分离"，即壳、仁分离是设计的关键。产品关键功能不是产品唯一的功能，对核桃取仁机而言，在壳、仁分离前还应有核桃的储存与输送，在其他环节还应有仁的输送和壳的收集，凡此种种构成产品的总功能。

采用功能分析法，不仅简化了实现机械产品总功能的功能原理方案的构思方法，同时有利于设计人员摆脱经验设计和类比设计的束缚，开阔创造性思维。采用现代设计方法来构思和创新，容易得到最优的功能原理方案。

功能细化和功能原理方案设计过程如图 8-4 所示。

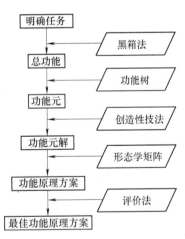

图 8-4　功能细化和功能
原理方案设计过程

8.3.1　确定待研制的产品的总功能 (功能抽象表述)

根据待解决任务复杂程度的不同，其抽象出的总功能也有不同的复杂性。所谓复杂程度，指的是这种关系中输入和输出间的关系相互错综关联程度和物理过程有

多少层次，以及预期的部件和零件的数目有多大。就像一个技术可以分解成分系统
和系统元件那样，复杂功能关系也可以分解成几个复杂程度比较低的、可以一目了
然的分功能，分功能也可以分成功能元。将各种功能结合起来，就得到功能结构
（如图8-5所示），它表达了总功能。因此要根据设计对象的用途和要求，合理地
表述产品的功能目标或原理。

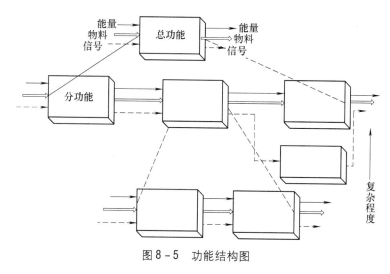

图8-5 功能结构图

例如，要设计一个密封盖的"夹紧装置"。若将功能表述为"螺旋夹紧"，则
设计者直觉地会联想丝杠螺母夹紧；如果表述为"机械夹紧"，则还可以想到其他
的机械手段；如果表述得更为抽象，用"压力夹紧"，则思路就会更为广阔，就会
想到气动、液压、电动等更多的技术原理。因此，产品总功能的抽象表述及其结
构，将会极大激发设计人员的创新思维。

8.3.2 功能的细分和设计

为了求解总功能，必须进行功能的细分。功能细分和设计的目标是：

（1）将所需要的总功能分解为功能元，以使最终的求解较为容易。

（2）将这些功能元结合成简单、明确的功能结构。

总功能应当分解到什么程度，也就是功能分解的层数以及每一层中分功能数的
多少，取决于任务的新颖程度，也取决于分功能求解的过程。

在开发性设计中，通常既不知道单个功能元，也不知道它们是如何结合的。这
时寻求并且建立最优功能结构便是方案设计阶段最重要的步骤之一。在适应性设计
时则相反，结构组成及其部件和零件在很大程度上是已知的。因此，可以通过对待
改进产品进行分析，按照要求表的特殊要求，通过变异、导入或取消某些功能元以
及改变其相互连接关系，来加以修改，从而建立新的功能结构。在开发组合式系统

时，建立功能结构有很重要的意义。为了实现变形设计，在功能结构中必须反映出物质构造，即反映出所需的部件和零件及其接合方式。

功能分解何时停止，即如何确定功能元"粒度"，是一个重要问题。功能元是直接能求解的功能单元。只要能直接求解，就可称作功能元。因此功能元自身结构的复杂与否是没有限制的。建立功能结构时，若能够很好地划分产品已知的或新开发的分系统的界限，并且分别加以处理，就可以直接采用已知部件来实现复杂的功能元。这样，功能分解在较高的复杂层面上就可以停止。而对于产品中要进一步开发或新开发的部件，则继续进行分功能分解，直到可直接求解的功能元层次为止。通过各种与任务或分系统新颖程度相适应的功能分解，可使建立功能结构的工作省时省费用。

在实际工作中，要设计的机器往往比较复杂，其使用要求或工艺要求往往需要很多功能原理组合成一个总的功能原理来完成。如常见的自动机，通常有自动上料、加工、检测、下料等工艺要求，而每种工艺均要求由一组功能原理来实现。因此，要进行功能的细分和设计，从而得出等效于目标功能的功能结构。

这样，总功能可以分解为分功能—二级分功能—功能元。可以用功能树来表达其功能关系和功能元组成，如图 8-6 所示。

功能树中前级功能是后级功能的目标功能，而后级功能是前级功能的手段功能。这是功能树中前后级功能之间的关系。

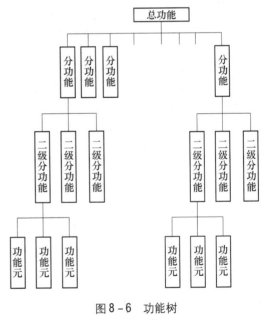

图 8-6　功能树

功能树反映了某种产品的功能结构、层次和相互关联情况。复杂的机械产品其功能树也是错综复杂的，不同机械产品有不同的功能。由于设计者的构思不同，同一种类的机械产品可以有不同的功能树。

例如，机械加工中心的功能分解如图 8-7 所示，其总功能是实现加工过程自动化，提高劳动生产率。家用缝纫机的功能分解如图 8-8 所示，其总功能是缝制衣服。

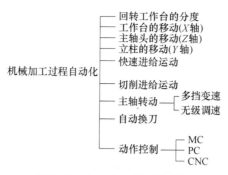

图 8 - 7 加工中心的功能分解

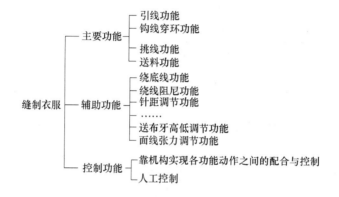

图 8 - 8 家用缝纫机的功能分解

8.3.3 功能元的组合方式

功能树虽然较好地表达了各功能元之间的关系，为了进行功能求解，还需按功能结构图进行功能元之间关系的研究。这就是功能元的组合方式。

在考察功能元关系时，一般应寻求系统中为实现总功能而必有的先后次序关系或相互保证关系。这种关系既可涉及各功能元之间的关系，也可涉及一个功能元自身输入和输出量之间的关系。

先分析各功能元之间的关系。在功能结构图中，往往出现某些功能元必须先得到满足，然后才能出现另一功能元的情形。这种关系用"如果—那么"关系来表示，即只有当功能元 A 存在时，功能元 B 才能起作用或几个功能元同时实现。因此，功能元的这种排列关系决定了该能量流、物料流和信息流的结构。例如，在拉伸试验中必须先实现功能元对"试件加载"，然后才能规定其他功能元，即"测量力"和"测量变形"。因此，为正确实现总功能，必须保证功能元之间有正确的先后次序。

各分功能（或功能元）之间的关系在功能元组合连接时得到体现。功能元组合方式有三种，如图 8-9 所示。图 8-9a 为串联（链式）结构，用于以先后顺序进行的过程；图 8-9b 的主体为并联（平行）结构，用于同时进行的过程；图 8-9c 为环形结构，用于反馈过程。

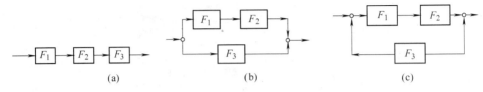

图 8-9　功能元的组合方式

　　串联结构相对比较单纯，各功能元按先后顺序实现某一产品的功能，不少机械产品采用这种结构。并联结构是将几种功能元同时进行，合成后完成某一产品的功能，它们的相互关联就比较复杂。环形结构实现了功能元之间的某种反馈过程，说明最终的输出不仅取决于输入，而且还取决于反馈量的大小。

8.3.4　确定合适的技术原理

　　功能分解的途径和分解的结果，很大程度上取决于功能原理的选择。所谓功能原理对于产品来说就是它的工作原理（亦可称工作机理），为实现功能目标而选择合适的工作原理，决定了机械产品的总体性能指标、工作能力和工作方法。在满足机械产品的用途、性能和工作要求的前提下，选择合适的工作原理，可以谋求结构简单、技术经济指标优良的产品技术方案。选择新颖的工作原理，还可以使产品技术方案具有较大的创新性。在满足同一功能目标的前提下，可以选择不同的工作原理，得到不同的产品技术方案，适应不同的市场需求。

　　功能分解虽然可以独立于功能原理来进行，但是功能原理的确定将会有利于功能分解的细化和具体化，两者往往相互影响、相互补充。

　　功能原理如何确定，需要我们熟悉和掌握科学原理和技术原理，需要我们开阔思路，勇于创新。例如，要确定洗衣机的功能原理，由于洗衣机的功能是"污物和衣物的分离"，实现此功能的工作原理可有搓、捣、搅、振、溶等。依次可以确定相应的技术原理，从而得到各种形式的洗衣机，适应不同的市场需求。

8.3.5　功能元求解

　　功能元的求解是功能原理方案设计中最重要的步骤，使功能得到具体的技术体现。功能元的求解是根据所选用的功能原理寻求合适的功能元载体。在设计方法学中可以根据功能解法目录来找到功能元的解。例如，功能元为纸牌输送，即将一叠纸片每次输送一张，它的解法有两种：一为削纸，将最下面一张纸片用滑块削出，由于输出口仅比一张纸片厚度略大，因此能够保证每次只输出一张；二为吸纸，用真空吸头吸附一张纸片输出。详情见图 8 - 10。又如，功能元为坚果壳、仁分离，即轧碎坚果壳，将壳、仁分离，它有两个解法：一为两对大小轧辊轧碎坚果壳，采用大小两对轧辊对大、小坚果均能奏效；二为左右微动挤压，挤碎坚果壳，采用上大下小的构形也是适应不同大小坚果的需要。详情见图 8 - 11。

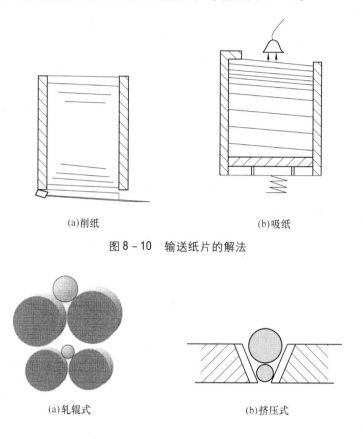

(a)削纸　　　　　　　　　　　(b)吸纸

图 8 - 10　输送纸片的解法

(a)轧辊式　　　　　　　　　　(b)挤压式

图 8 - 11　坚果壳仁分离的解法

8.4　机械产品的工作机理

产品的创新设计可以从市场需求分析出发，确定产品的功能，再由功能分解寻求功能原理方案。这一产品功能原理方案求解过程，虽然有一定的普遍适用性，但对于机械产品设计来说还不能说是十分贴切和有效的。对机械产品来说，它的功能原理实际上是此机械产品的工作机理。采用机器工作机理的行为表述方法可以更加符合机械特征，能够有效地求解产品的功能。

机器的工作机理是各不相同的。设计人员应深入研究机器的工作机理，探索将其转化为某种工艺动作过程，进而分解为一系列按序的工艺动作，最后用合适的执行机构加以实现。这一系列的执行机构组成的机构系统就可完成市场所需的机器功能。图8-12所示为机器工作机理的行为表达和机构系统的方案设计。

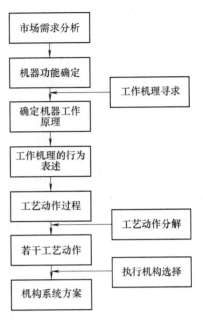

8.4.1 机器工作机理的内涵和表达

机器工作机理是体现机器工作原理的一种行为特征的表现。

机器工作机理表达了机器的固有特征，是区别不同类型机器的主要表现。工作机理是机器创新设计的依据和出发点。因此，深入研究工作机理是机器创新设计的重要步骤，如果再将工作机理进一步改进和完善，那将是一种十分重要的创新活动。

机器工作机理又可理解为对机器功能的具体描述，下面用几个实例加以说明。

图 8-12　工作机理行为表述及机构系统方案设计

如图 8-13 所示轮转式印刷机的工作机理，是通过圆压圆进行连续压印，还可以用平压式印刷机完成印刷。

图 8-14 所示为工业平缝机形成的底、面线交叉的锁式线迹，它由线环形成——底面线交叉——收线——形成锁式线迹——送料完成一个线迹构成的工作机理。对于用线缝合缝料的工作机理还有形成链式线迹、绷缝线迹、撬缝线迹等，不同线迹的机构系统各不相同。

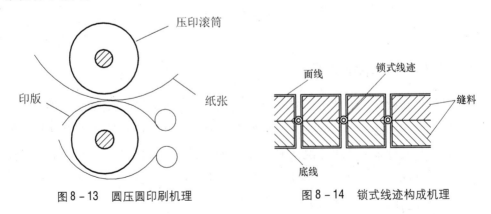

图 8-13　圆压圆印刷机理　　　　　图 8-14　锁式线迹构成机理

图 8 - 15 所示为车床的工作机构。它的工件作旋转运动，车刀架移动完成内外圆车削。对于金属切削机床的工作机理，还有铣削、刨削、镗削、磨削等。

图 8 - 16 为冲压机械的工作机理，它由下冲—增压—保压等几个运动构成。由于被冲工件的材料不同、成型不同，它的工作机理需做不同的描述。

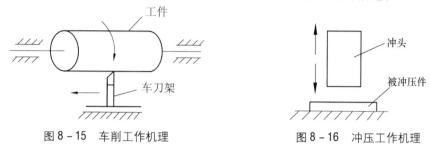

图 8 - 15 车削工作机理　　　　　图 8 - 16 冲压工作机理

上述几种机械由于工作机理不同，它们的机构系统的构成是不同的。

8.4.2　机器工作机理的重要特征

各种不同机器的工作机理是各不相同的，但它们均应具有如下的主要特征：

（1）应充分体现机器的工作原理。例如，轮转式印刷机是采用圆压圆印刷原理，它的工作机理应体现此工作原理。

（2）应有效地实现机器特定的功能。例如，工业平缝机采用底面线交叉实现锁式线迹功能，工作机理就是要表达这种特定功能的具体实现过程。因此，就采用刺布挑线运动形成线圈，匀线运动进行底面线交叉，挑线运动进行收线而形成锁式线迹，送料运动完成一个线迹长度。

（3）反映出机械运动和动力的传递和变换过程。例如，冲压机械的工作机理中要由旋转运动转变为上下直线运动，同时在冲压时速度减慢，按机械效益守恒原理使冲压力增大，将动力转变成冲力。各种不同机械均有机械运动的传递和变换，也应有机械能的产生或利用。

（4）应充分表现机器工作行为变化过程。例如，车床的工作机理中应该有工作旋转行为、车刀架的移动行为、车刀架的进刀移动行为，这一系列的行为所反映出的工作行为变化过程实现了车削工作。

总之，机器工作机理的研究内容应包括上述四方面特征。具体表现形式及其变化规律，使我们对某特定机器工作机理有更全面、、深入的了解，为深入进行机器创新设计奠定基础。

8.4.3　机器工作机理的构成要素

构成机器工作机理的要素如图 8 - 17 所示。构成要素主要有四个，即采用什么样的科学技术原理、机器工作对象性质、工作的技术经济性能要求以及机器的外在环境。现分述如下：

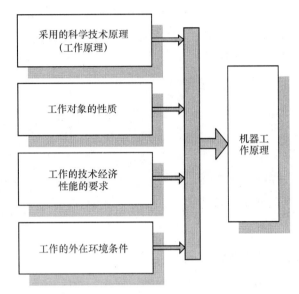

图 8 - 17　工作机理的构成要素

机器采用什么样的科学技术原理（简称工作原理）是构成工作机理十分重要的要素。例如，机械式手表是采用摆轮定时原理，它主要由一系列齿轮构成；电子式手表是采用石英晶体定时振荡原理，其传动系统大大简化。不同的工作原理就产生不同的工作机理。又如，冲压原理和切削原理是完全不同的，因此也就形成不同类别的机器工作机理。上述两例表明要进行创新设计首先应创造性地采用某种新的工作原理。

工作对象性质和特征，对于构成机器工作机理也具有较大的作用。例如，冲压机械的工作对象是金属还是纸板，其工作机理不会完全雷同。又如，压缩机械工作对象为气体或液体时，它们的压缩工作机理将有较大区别。

机器的技术经济性能要求不同，对工作机理也会产生影响。例如，要求计时精度很高时，普通的机械式计时器就无能为力，此时就要借助于石英晶体定时振荡式的电子计时器。又如，缝制厚薄差别很大的缝料时，缝纫设备的机针行程、刺布力大小、挑线行程、送料力大小均有较大变化。

工作环境对机器的工作机理也会产生影响。例如，轮转式印刷机的输纸机构与环境温度有较大关系，会使纸张的张力有一定的变化，从而影响工作机理中的一些参数变化。

以上四方面构成要素均会影响工作机理的变化规律，在研究机器工作机理时必须加以充分考虑。

8.5 机器工作机理的基本特征和分类

8.5.1 机器工作机理表现形式

机器的工作机理的表现形式与机器中的能量流、物质流、信息流密切相关。工作机理的表现形式如下：

（1）工作机理的能量流特征。工作机理中必须有机械能的利用或其他形式能量与机械能的转换。机器中必须具有某种机械能，这就使它的工作机理具有某种固有的机械能量特征。例如，冲床将机械能转变成工件的变形能，模切机将机械能转变成卡纸的变形、剪切能。

（2）工作机理的物质流特征。工作机理中必须包含物料运动形态产生、物料构形变化以及两种以上物料的包容和混合等物料运动变化。换句话说，在工作机理中必然有物料的机械运动表现形式，而且这种机械运动表现形式可以成为工作机理的一种主要表现形式，这就体现了工作机理的机械运动特征。例如，工业平缝机的刺布、线圈形成、底面线交叉、线迹形式、送布等就成为工业平缝机的机械运动特征。

（3）工作机理的信息流特征。工作机理中必须产生信息流，在机器中信息流的作用是对其能量流、物质流的变化进行操纵、控制，以及对某些运动、能量变化的信息进行传输、变换和显示。除了信息机器外，信息流在动力机器、工作机器的工作机理中往往处于从属地位。

在研究机器工作机理时，对它的能量流、物质流、信息流表现形式充分了解后，就不难描述和表达它的工作机理特点和表现形态。

8.5.2 机器工作机理的主要类别

人们将机器划分为动力机器、工作机器和信息机器。因此，工作机理从类别出发也应划分为动力机工作机理、工作机工作机理、信息机工作机理三种。

（1）动力机工作机理要取决于动力产生原理过程，以及相应的机械运动配合情况。例如，内燃机的工作机理是取决于燃油燃烧理论以及化学能—热能—机械能变化过程，机械能是由移动转换成转动来实现的。动力机的工作原理应包括两部分：一是其他形式能变换成机械能，或机械能变换成其他形式能的原理；二是如何产生或利用机械能的原理。

（2）信息机工作机理主要取决于信息产生与变换过程，以及相应的机械运动配合情况。例如，激光打印机的工作机理是取决于静电感应及感光原理，以及如何控制感光鼓动作及供纸、出纸等运动。信息机的工作原理应包括两部分：一是信息产生和变换原理；二是相应的机械运动原理。

（3）工作机工作机理主要取决于物料运动形态变化规律、物料构形变化原理以及两种或两种以上物料包容或混合的原理。工作机工作机理研究很重要的就是采用什么样工艺动作过程来实现工作原理，换句话说，工作机的工作原理可以主要表述为一种特殊形式的动作过程。构建出这一动作过程的执行机构系统，将是实现工作机工作机理的有效途径。

研究机器工作机理就是为了对机器进行创新设计或改进设计。通过对机器工作机理主要类别的分析研究，使我们对形形色色机器工作机理研究有更概括的认识，可以达到举一反三的效果。

8.5.3 按工作机的行业特点对工作机理分类

工作机种类可以说成千上万，它们遍及制造业领域。对工作机的发明、创新、完善，均离不开对其工作机理的研究，掌握了它们的工作机理才能设计出新的工作机来。

本文仅对几种主要类别的工作机加以分类，并介绍其主要特点。见表 8-2。

表 8-2　按行业特点对工作机分类

序号	工作机类别	工作机机理主要描述	主要动作过程特点	实　例
1	金属切削机床	车削工作原理	工件转动，刀具移动实现供给	车床
		铣削工作原理	铣刀转动，工件台面进给	铣床
		刨削工作原理	工件台面间歇进给，刀具往复移动	刨床
2	冲压机床	冲裁工作原理	冲头上下运动，冲制时减速	冲床
		冲压成型原理	冲头上下运动，冲制时减速	膜切膜压机
3	纺织机械	纺纱工作原理	多股纱线的加捻合成及卷绕运动	纺机
		织布工作原理	按组织结构要求完成经纬线的交织	织机

续表

序号	工作机类别	工作机机理主要描述	主要动作过程特点	实 例
4	印刷机械	平压平印刷原理	压印平板上下移动，印版固定	平压平印刷机
		圆压圆印刷原理	压印滚筒和印版滚筒作相对滚动	圆压圆印刷机
5	缝纫机械	锁式线迹缝制原理	刺布供线、线圈形成、底面线交叉等	工业平缝机
		链式线迹缝制原理	双线构成链式线迹	包缝机
6	农业机械	水稻插秧工作原理	取秧、插秧等动作	水稻插秧机
		作物收割工作原理	作物收割、收集等动作	联合收割机
7	包装机械	制袋充填包装原理	薄膜制袋、纵封、横封、充填等	制袋充填包装机
		罐装原理	进瓶、罐装、出瓶、贴标等	饮料罐装机
		包裹工作原理	进纸、进糖、包等	糖果包装机
8	食品机械	水果去皮原理	进料、去皮、皮肉分离等	苹果去皮机
		坚果去壳原理	进料、滚轧、壳肉分离等	核桃去壳机

8.6 机器工作机理分析和求解方法

研究工作机理的目的是为了进行机器的创新设计，工作机理是机器功能的具体体现。但有了工作机理，如何进行机器创新设计还需做工作机理分析、工作机理的动作描述、工作机理的分解、工作机理的求解。通过以上步骤才能进行具体的机器运动方案设计和机器总体方案设计。

8.6.1 机器工作机理的组成

（1）动力机工作机理的组成。动力机工作机理由其他能与机械能互换原理和产生机械能的运动变换原理两部分组成。其他能与机械能互换原理在专门的学科中研究，如内燃机中的燃油燃烧变成热能由内燃机专业研究；又如机械能变电能的发电机由电机学研究。但是将热能变换成机械能则是属于机械学的范畴，是机械设计应解决的问题。

（2）信息机工作机理的组成。信息机工作机理是由信息产生和变换原理以及相应的辅助运动原理两部分组成。不同信息机的信息产生原理和变化原理由相关学科进行研究，但是与之相关的主运动和辅助运动应由机械设计学科加以解决。

（3）工作机工作机理的组成。工作机工作机理是由实现机器工作的力学和运动学原理以及相应辅助运动原理两部分组成，从根本上说均属于运动学原理。由于工作机种类繁多，创新要求迫切，往往是设计人员关注的热点。

从上述三大类型机器工作机理组成分析看，工作机理主要取决于能量产生转换机理、信息产生转换原理以及运动传递变换原理。它们最终还是要依靠机械动作来完成。

8.6.2　机器工作机理的行为表达

机器工作机理实质上是完成工作机理，实现机器功用行为组成结构和行为特征表现的工艺动作过程，它是特定机器功能的具体化描述。

从功能角度看，功能分为核心功能和辅助功能。核心功能取决于工作原理实现步骤，辅助功能取决于物质流的流程特征。图8-18所示为工作机理的表达及具体

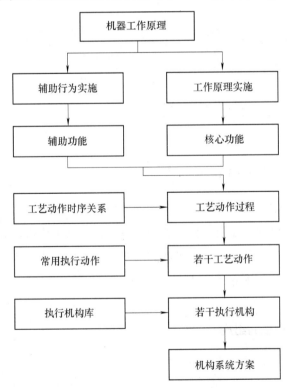

图 8-18　工作机理行为表达及实现过程

实施过程。

工作机理的行为表达，就是将机器的工作原理实施过程和相应的辅助行动过程有机地结合起来，编制出机器的工艺动作过程。

工艺动作过程应包括：①物料的具体工作过程；②工艺动作的顺序；③物料的加工状态及运动形式等，详情如图 8-19 所示。

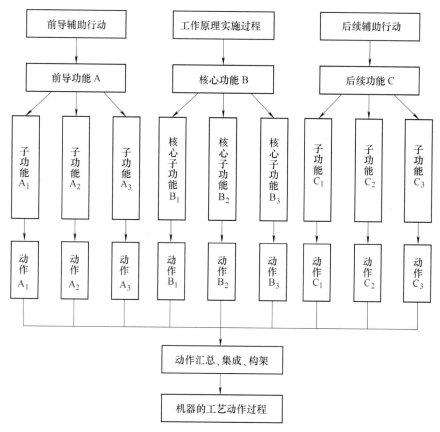

图 8-19 将机器工作机理构思为工艺动作过程

机器工作机理虽然涉及信息产生和传递原理、能量变换传递原理、物料运动和形态变化原理，但它们均须在行为(动作)上有所表现。

8.6.3 机器工作机理的分解原理

工作机理的细化和分解是设计新机器的重要步骤。由前述可知，由工作机理深化和构思的工艺动作过程是工作机理的具体化。因此，工作机理的分解，实际上就是对工艺动作过程的分解。

（1）工艺动作过程分解准则。①动作最简化原则：采用简单动作组成工艺动作过程，易于采用简单的执行机构。②动作可实现性原则：动作能由常用机构实现，否则会使执行机构复杂化。③动作数最小原则：动作数目减少，可简化机械运动系统的方案。

（2）工艺动作过程的分解方法。根据工作原理和工艺动作过程，依照上述分解原则，可以按图8-20所示步骤进行分解。

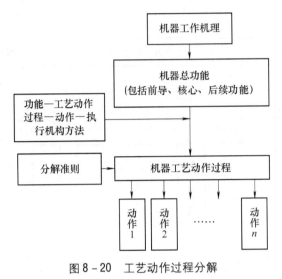

图8-20　工艺动作过程分解

总之，只有通过机器工作机理的分析和分解，以深入的研究结果作为机器方案创新设计的依据和出发点，才能设计出形形色色、性能优良的新机器。

8.7　机器工作机理行为表述的应用

如何通过对工作机理的表述进行机器运动方案的创新设计？下面给出两个实例。

例8.1　内燃机的工作机理及其运动方案的设计。

内燃机的工作机理包括内燃机的燃烧产生热能形成高压燃气推动活塞，带动连杆，产生曲轴转动，将热能转换成机械能。而内燃机工作原理就是燃烧原理，相应的行为包括喷油→进气→燃烧→产生高压燃气→排放废气。这些动作要求设置进气凸轮机构和排气凸轮机构。对于进排气阀的开启时间、开启大小，都有严格的要求。

根据内燃机的工作机理，其机械运动方案应包括两套凸轮机构、一个曲柄滑块机构以及曲轴与凸轮之间的齿轮机构。

例8.2　模切机的工作机理及其运动方案设计。

模切机的功能是将卡纸或塑料薄片进行裁切和压印。它的工作原理是产生增压—保压过程，要求产生很大的模切力，通常为 300 T。图 8-21 表示模切工作时模切力的变化，要求产生较大的模切力和具有较长的保压时间。图 8-22 所示为采用Ⅲ级类型的双肘杆机构实现模切工作，它比普通的曲柄滑块机构在模切性能上有较大提高。当然模切机构还有其他形式。此例说明，工作机理对机构的类型（型综合）、机构的尺寸（尺度综合）均有相应的要求。

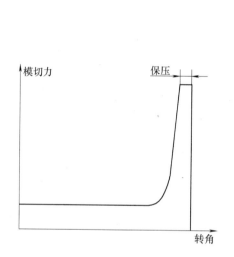

图 8-21　模切机模切力变化

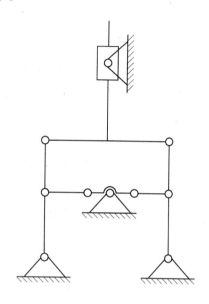

图 8-22　满足工作机理的
模切机机构形式

8.8　工作机理行为表述是机器功能原理求解的有效方法

通过市场需求分析可得到机器的功能，但如何确定功能原理和进行功能原理求解，将是机械产品创新设计的一个难题。应用工作机理行为表述，既可得到机器的工作原理，又能进一步利用机构学原理来实现机器功能原理。因此，这是一种十分有效的方法。归纳起来，有如下几点可以说明它的贴合性和有效性：

（1）机器的工作机理是机器功能的具体体现，既表达了机器功效，又论述了机器工作过程。因此，使设计者对设计目标有深刻地认识，可以具体地实施创造性设计。

（2）深入研究机器工作原理，有利于认识改善机器工作性能的规律性，使机器创新设计有可靠的依据，摆脱照搬照抄的局面，有利于进行机器的创新设计。

（3）将机器工作机理用行为表述，可使工作机理转变为机器工艺动作过程，由机械产品的根本特征进行机械运动方案的设计，使机器创新设计更贴合机械特征，更有效地实现机器的创新设计。

（4）通过机器工作机理的研究，可以将机器的创新设计与机构学的理论和方法密切结合起来，有利于圆满实现满足机器工作机理的机器系统设计和机构创新设计。

8.9 结论

通过上述分析和研究，可以得出以下结论：

（1）机器工作机理是机器创新设计的依据和出发点，深入研究机器工作机理十分重要。

（2）工作机理的行为表述方法，将工作机理演变为工艺动作过程，通过机械运动方案可以实现此工艺动作过程。

（3）采用机构学的理论和方法，特别是机械系统概念设计理论和方法，可以比较圆满地实现机器工作机理创新设计，为开发具有自主知识产权的产品提供有效的途径和手段。

第 9 章 机器创新设计过程模型和功能求解模型

9.1 机器的基本要素与系统特性

9.1.1 构成机器的基本要素

机器的功用是产生确定运动，传递和变换机械能，完成特定的工作。因此，机器最基本的特征是运动和机械能的变换。

从不同的角度来看，构成机器的基本要素是不同的。

（1）从机械创造的观点来看，机器的基本要素是零件。因此，机器可看成是若干零件构成的一个统一体。

（2）从机械运动的观点来看，机器的基本要素是构件。因此，机器可看成是若干构件构成的统一体。

（3）从机械产生执行动作的观点来看，机器的基本要素是机构。因此，机器可看成是若干机构构成的统一体。

（4）从实现主要功能模块来看，机器的基本要素是动力模块、传动模块、执行模块、操作模块和控制模块。机器可看作是这些功能模块构成的统一体。

从系统论观点来看，机器是一个系统，可广义地将机器定义为：由各个机械基本要素组成的、用以完成所需动作的(或称功用)、实现机械能变换的统一体。

这里我们研究机械设计的理论和方法，因此机器看作是以机构系统为主构成的统一体。

由此看来，机器的核心是由若干机构组成的机构系统。机械产品创新程度的高低和工作性能的好坏，不但取决于机构系统中各机构的运动特性和动力特性，而且取决于机构系统的整体性和相关性、机构系统的组成原理以及其综合性能。因此，仅仅掌握各种典型机构的设计理论和方法并不一定能设计出一台性能优良的机器，还应熟悉和了解机械系统的设计理论和方法。

9.1.2 机器所具有的基本系统特性

机器所具有的基本系统特性主要有整体性、相关性和目的性：

1. 整体性

整体性是机器所具有的最重要和最基本的特性。若机器的基本要素是各机构组成的机构系统，则由于机器运动的复杂性和多样性，使得该机构系统的设计具有更多的创新性。

机器的整体性体现为从全局出发确定各机构的性能和它们之间的联系。不追求个体的重要性，但求整体功能的最佳。

机器的整体性还体现在各机构的有机联系上，这种有机联系组成机构系统的整体性，从而以个体的相互作用，发挥整体的效能。

整体性并不代表各基本要素不可分解，恰恰相反，通过分解可以更加方便地对整体进行研究。分解后所得的若干子系统通过它们之间的输入与输出保持各子系统间的联系。

2. 相关性

机器内部各机构之间是紧密联系的，它们之间相互作用和影响，从而形成了特定的关系。这种关系包括各机构的性能与机器整体间的关系、各机构间的层次关系、各相关机构间的输入与输出关系等。相关性还表现在某一机构参数的改变将会影响各相关机构参数的变化，从而对机器整体产生影响。

3. 目的性

机器存在的目的就是满足市场需求、实现自身的功能。机器的目的性是区别各种机器的重要标志。机器的目的性通常用更具体的要求和目标来体现。

9.2 机器创新设计的构架和过程

9.2.1 机器创新设计的基本框架

机器的创新设计主要体现在它的方案设计上，而机器方案设计的主要内容是实现运动和机械能变换机构系统的类型设计和尺度设计。

机器创新设计的基本框架如图 9-1 所示。

机器创新设计最关键的内容是机器的概念设计。广义的概念设计包括由需求分析提出的产品设计任务。将产品设计任务的提出归属于概念设计，其意义十分深

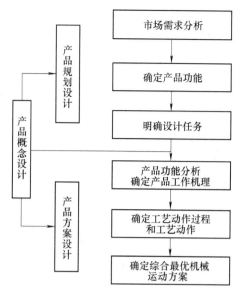

图 9-1 机器创新设计的基本框架

远。提出产品设计任务就是要明确设计目标，这是一件具有创造性的工作，是产品创新设计的重要组成部分。它包括设计理念的确立，设计内容的构思。设计者在这个阶段中的创新思维十分活跃，是产品创新设计的重要步骤。

产品概念设计中产品的方案设计就是将产品设计任务用简图形式表达。对于机械产品来说，所谓简图形式就是以机械运动简图为主的机械简图。机械运动简图中包含了机构类型、机构运动尺度以及机构间相互关联的情况。以机械简图为基础，还需附加驱动、传动机构，操作、控制机构等。

据研究，产品的概念设计决定其成本的 60%～80%，因此是实现产品创新设计的关键步骤。概念设计是产品设计中最重要、最有难度、也是最富有创造性的阶段。概念设计又是一个从无到有、从上到下、从模糊到清晰、从抽象到具体的设计过程。

根据多年来的研究，对产品概念设计定义如下："概念设计是根据产品生命周期各个阶段的要求，从市场需求分析出发，进行产品功能创造、功能分解以及功能和子功能的结构设计，满足功能及其结构要求的工作原理，实现工作原理的功能载体的构思和系统化设计。"

概念设计的全过程包括前期的设计规划和设计理念的确定，后期的产品工作机理构思和以简图形式表达的方案设计。

概念设计具的主要特性有：

（1）创新性。创新是概念设计的灵魂。概念设计的创新包括设计任务、设计理念、工作机理构思以及方案设计等方面的创新。概念设计的创新属于高层次的创新。它比产品零部件构形创新和产品整体外形创新显得更为重要。

（2）多目标性。概念设计是在多种因素的限制和约束下进行的，其中包括科学、技术、经济等方面，也包括特定的要求和条件，同时还涉及环境、社会等因素。这些限制和要求构成了一组边界条件，形成了设计师进行构思的"设计空间"，只有满足这些众多的目标，才能得到可行解。

（3）多样性。不同的功能定义和不同的功能分解结果会产生完全不同的设计构思，从而产生不同的功能载体、产生不同的设计方案。根据 Douglas 的研究，对于一个复杂程度一般的机电一体化系统设计问题，大约存在 104～109 种设计方案。

（4）层次性。概念设计是一个从抽象到具体，从上至下的设计进程，这就决定了功能层的多层次和功能载体结构层的多层次。不同层次的功能对应不同层次的结构。层次性也会导致结构组成和联系的复杂性。

（5）不良结构性。概念设计阶段的设计往往不完整、不一致、不精确，从而对该阶段的设计难以进行准确的定量描述，导致从问题空间到解空间的映射求解过程具有不良结构。

（6）迭代性

在概念设计过程中，其求解的每个步骤中，都是由多个子循环，即综合、分析和评价组成。通过各个子循环多次迭代得到一个综合性能最优的解。

图 9-1 所示为机器创新设计的基本框架，它分为两个阶段：一是产品规划设计阶段，包括市场需求分析、产品功能确定以有设计任务提出；二是产品方案设计阶段，包括机器工作机理确定、机器工艺动作过程及其分解、执行机构选择与机械运动方案综合。机器创新设计基本框架的具体实现往往是灵活多变的，这就充分体现出设计的创新性、多样性和层次性。

9.2.2 创新设计过程中的几个重要概念

创新设计的内涵比较广泛，包括概念设计阶段、构形和技术实现阶段以及外形和色彩设计阶段。本书所述的创新设计重在对概念设计的研究。

1. 概念设计

人们对概念设计的认识和理解还在不断地深化。不管哪一类设计，它的前期工作均可统称为概念设计。例如，在汽车展览会展示出的概念车，它就是用样车的形式体现设计者的设计理念、设计思想，具体展示出新汽车的设计方案。又如，一座闻名于世的建筑，它的建筑效果图就体现出建筑设计师的设计理念，表达出建筑的种种功能这也属于概念设计的范畴。

概念设计是设计的前期工作过程，概念设计的结果是产生设计方案。但是，概念设计不只局限于方案设计。概念设计还应包括设计人员对设计任务的确定。设计理念的发挥和设计美感的表达。

概念设计又可分为前期工作和后期工作。概念设计的前期工作应充分发挥设计人员的形象思维，运用丰富的想象进行设计创新。概念设计的后期工作则较多地将注意力集中在按设计任务和设计理念来构思功能结构、确定功能的工作原理和设计机械运动方案。这种方案设计由于有概念设计前期工作的铺垫，再加上充分应用设计人员的智慧和经验，使方案设计更具创新性和实用性。

概念设计内涵广泛，其核心是一种创新设计。

2. 方案设计

在传统的机械设计程序中，方案设计是机械设计的前期工作，它是根据设计要求和功能分析，求出包括机器各组成部分和功能结构解的机器简图，其中包括结构类型和尺度的示意图及相对关系。由此勾画出新机器方案，可作为机器构形设计的依据。机器方案设计的核心内容是确定机器运动方案，通常又称为机械运动方案。

机械运动方案设计的主要步骤如下：

（1）明确设计任务，进行机械功能分析。

（2）进行机械功能分析，构思机械工艺动作过程。

（3）进行机械工艺动作过程分解，确定一系列执行动作。

（4）确定执行机构类型和尺度，组成机械运动方案。

（5）通过综合评价，在若干可行方案中确定综合性能最优的机械运动方案。

上述五个步骤孕育着创新。因此，方案设计是创新设计的具体体现。

3. 系统设计

任何机器均是由若干要素组成的技术系统。因此，在机器设计时要以完整的系统来研究，要以各个组成要素的相互有机联系来实现系统的功能。采用系统工程理论和方法可以很好地解决机器运动方案设计问题。系统设计的理论和方法就成为机器运动方案设计的重要理论基础。系统设计包括确定系统目标、建立系统模型、进行系统分析和分解、构思系统的组成结构、完成系统各要素的求解和整体系统的组成、给出系统的评价以及求出综合性能最优的系统方案等。

从机器的组成来看，机器的要素主要是机构。因此，机器的核心是一个由若干机构按一定的程序和组成的机构系统。在机器方案设计过程中熟悉和掌握机构学理论和方法是十分重要，必不可少的。

9.2.3 机器创新设计过程中的主要步骤

机器创新设计最主要的内容就是机器概念设计，它的主要设计步骤有两个：

1. 市场需求分析和产品功能确定

需求是产品开发的源头与依据，需求驱动功能，功能满足需求。衡量产品是否具有竞争力的标准就是产品能否满足市场和顾客的需求。进行需求分析和确定产品功能是产品创新设计的重要步骤和基础。

满足市场和顾客复杂多变的需求是一种创新，需要设计者大力发挥创新性思维，准确地把握市场和顾客的需求，有效地获取和理解市场和顾客的需求。恰当地确定产品需求，是产品创新设计的重要内容。提高产品开发的成功率需要的是设计者的创新能力。

从需求出发进行产品功能抽象和功能分解是一种更加重要的创新，其中包括功能抽象和功能分解、功能结构图创新设计。产品功能及其结构的创新是满足市场和顾客需求的关键，又是进行产品创新设计的出发点。

在市场需求分析和产品功能确定阶段，除了要运用抽象思维，还应活跃形象思维，使创新设计的前期工作更加完满。

2. 产品工作机理的确定和工艺动作过程的构思

确定工作机理、构思工艺动作是产品创新设计的后期工作，是完成机械运动方案设计的前奏。它不但决定了方案设计的有效性，而且决定了方案设计的创新性。

机器工作机理体现了工作原理的行为组成和行为特征，工作机理更加全面地、深刻地反映机器的工作特征和工作过程。因此，从事机械产品的创新设计必须认真地研究该机械的工作机理，只有弄清楚它的工作机理才能更好地设计出性能优良的新机器。工作机理的确定也是一个很具创造性的工作，一种崭新的工作机理就可能创造出全新的新机器。

对于机械产品来说，工作机理的实现是依靠某一工艺动作过程。例如，印刷工作机理、冲压工作机理、缝纫工作机理等分别由某种特定的工艺动作过程来实现。因此，构思机器工艺动作过程不但十分重要，而且富有创造性。同一工作机理往往可以由不同的工艺动作过程来实现。工艺动作过程的复杂多变性造就了具有创新性的新机器。

总之，为了实现机械产品的创新设计，上述两个主要步骤是十分重要的，应该引起大家的重视。

9.3 设计方法学中常用的功能求解模型

功能求解模型是产品创新设计中十分重要的一个环节，决定能否将功能用适当的载体加以实现。下面介绍几种在设计方法学中常用的功能求解模型。

9.3.1　设计目录求解模型

设计目录是将某种设计任务或分功能的已知解或经过考验的解加以汇编而成的设计求解目录。其中，包括物理效应、作用原理、原理解、设计要求等。它通过对设计过程中所需要的大量信息有规律地加以分类、排序、存储，从而便于设计者查找和使用。

这种求解模型需要对设计对象做大量细致的工作。但这种方法对某一已有设计目录的设计对象比较有效和方便。

9.3.2　功能—结构求解模型(F—S)

这种求解模型认为方案求解是两种域之间的映射，即功能域与结构域之间的映射。某一子功能对应若干结构，反过来一个结构对应若干子功能。这种求解模型需要研究功能域和结构域之间的关系，深入研究某种类别的功能与结构之间的关联，给定一个功能就能发现实现该功能的结构。反之，给定一个结构也能发现它的预期功能。其实，解法目录的研制有利于建立功能—结构的映射关系。

9.3.3　功能—行为—结构求解模型(F—B—S)

功能—行为—结构求解模型是建立功能域、行为域、结构域三者的映射过程。功能表达的是"做什么"，运动行为表达的是"如何做"，而结构表达的是"用什么"。一个功能可能对应多个行为，一个行为可以和多个结构相对应。在功能—结构求解模型中加入行为能使功能求解模型得到细化。在功能—行为—结构求解模型中，先确定产品功能，再由功能转化为行为，最后将行为转化为物理结构。可用各映射空间之间关系的数字模型描述这种求解模型。

功能—行为—结构求解模型中，对机械产品来说行为就是一种动作或动作过程。

9.3.4　功能—效应—原理解求解模型

功能—效应—原理求解模型，就是建立功能域、效应域和原理解域三者之间的映射过程。功能集中体现了设计任务和要求，效应描述了功能的基本机理，原理解则描述了效应的实现结构，是对效应的具体化。这种求解模型把效应作为将功能转化为结构的桥梁，符合设计师的设计思维过程，有利于原理解的创新。产品的功能用产品工作机理(即效应)来表述，可以抓住产品设计的核心，有利于深化产品创新设计。

9.3.5　运动链发散创新求解模型

运动链发散创新求解模型是根据产品功能要求，将已经存在的结构或机构，作为功能解的初始机构，研究它的拓扑特征。然后将初始机构转化为一般运动链，利用机构类型综合方法求得可能存在的运动链类型。从这些类型中采用能满足功能（设计要求）的特定化运动链的相应机构，从而得到所需的创新机构。这种方法在避开专利寻求替代机构时比较有效。

9.4　功能—效应—工艺动作过程—执行动作—机构的求解模型（F—E—P—A—M）

9.4.1　构建 F—E—P—A—M 功能求解模型

寻求适合机械产品设计特点的功能求解模型是提高机械产品创新设计效率和创新程度的关键。机械产品功能求解模型应该符合机械产品的特点，才能更有效地进行机械产品的创新设计。机械产品的特点就是通过利用或转换机械能实现其特定的功能，而利用或转换机械能的手段就是进行机械运动的传递和变换。因此，机械产品的功能可定义为：功能是对能量流、物质流、信息流进行传递和变换的程序、功效与能力的抽象化描述。能量流、物质流、信息流的传递和变换的具体方式就是行为。对机械来说，行为可以理解为各种各样的机械动作。

图 9-2 表示机械产品功能求解模型，即 F—E—P—A—M 模型。功能（function）集中体现了设计任务和要求，效应（effect）描述了功能的工作机理，工艺动作过程（process）是机械产品效应（工作机理）的具体化动作过程，执行（Action）是对工艺动作过程分解的结果，执行机构（mechanism）是实现执行动作的机构。由此可见，F—E—P—A—M 求解模型是由机械产品的功能出发，寻求机械产品的效应（工作机理），构想工艺动作过程，分解工艺动作过程为若干可行的执行动作，根据执行动作选择合适的执行机构，最后由这些一系列的执行机构组成的机构系统实现机械产品的功能。

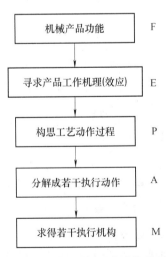

图 9-2　机械产品功能求解模型

9.4.2　F—E—P—A—M 功能求解模型的特点

F—E—P—A—M 功能求解模型与已有的功能求解模型不同，归纳起来具有如下一些特点：

1. F—E—P—A—M 求解模型具有机械特色

机械产品的主要特征是通过运动和动力变换和传递来实现其功能。F—E—P—A—M 功能求解模型将机械产品的效应（工作机理）与机械产品的工艺动作过程联系起来，再将工艺动作过程分解成若干执行动作，这种功能求解过程与机械产品的特征相一致，符合机械设计师的设计思维过程，易于被他们接受并付诸实践。

2. F—E—P—A—M 功能求解模型具有可操作性

F—E—P—A—M 功能求解模型的求解程序为确定效应（工作机理）→构思工艺动作过程→分解成若干可行动作→选择合适的执行机构。这一求解程序对于机械设计师来说，有很强的可操作性。因此求解模型具有有效性。

3. F—E—P—A—M 功能求解模型使设计具有很大创新性

F—E—P—A—M 功能求解模型建立起功能域、效应域、工艺动作过程域、执行动作域、执行机构域五者之间的映射过程。各个域之间的映射关系孕育着创新思维的创新成果，大大开阔了设计师的创新思路，各种创新方案将会层出不穷，这将大大有利于产品的自主创新设计。

4. F—E—P—A—M 功能求解模型具有扎实的理论基础

F—E—P—A—M 功能求解模型是建立在各种机械产品工作机理的深入研究和机构学理论和方法的基础上的。因此，产品功能求解方法依据充分、思路清晰、所得结果可信度高。众所周知，各种类型的机械产品均有它们特有的工作机理，例如，印刷机有印刷工作机理、烫印模切机有烫印模切机理。缝纫机有缝纫工作机理、糖果包装机有糖果包装工作机理等，离开特有的产品工作机理就难以设计出性能优良的新机械产品。同时，机构学是机械设计学科的重要分支，它研究机械设计和机构系统设计。为了实现所需要的执行机构，必须选择合适的或创新的执行机构，这就需要机构设计与分析的理论和方法。从组成机械运动方案需要来看，机构系统的组合和设计也是机构学中所需解决的问题。这就充分说明，机构学对于 F—E—P—A—M 功能求解模型是多么重要。

9.4.3 F—E—P—A—M 功能求解模型示例

对于锁式线迹的工业手缝机，它的功能是将缝线用锁式线迹将缝料缝制起来。若采用 F—E—P—A—M 功能求解模型来求解，其步骤如下：

1. 分析工业手缝机的工作机理（效应）

工业手缝机是将缝线进行底、面线交织成锁式线迹而使两层或多层缝料缝制起来。它要求面线穿过缝料后形成线环，与底线交织，然后通过面线收紧在缝料中，再将缝料送进一个线迹长度。这就是锁式线迹缝纫的工作机理(或称效应),如图8-14所示。

2. 构思锁式线迹工艺动作过程

根据锁式线迹工作机理,可构思其工艺动作过程,如图9-3所示。

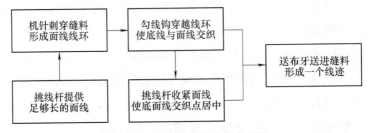

图9-3 锁式线迹工艺动作过程

3. 锁式线迹的工艺动作分解

锁式线迹的工艺动作过程可分解成四个执行动作,如图9-4所示。

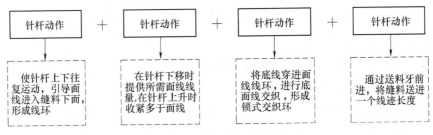

图9-4 锁式线迹工艺动作过程

4. 选择四个执行机构完成功能求解

根据上述工艺动作过程分解成针杆动作、排线杆动作、勾线动作和送料动作,可选择四个执行机构分别完成上述动作,其结果如表9-1所示。当然,还可选择其他各种合适的机构。

表9-1 据执行动作求解出的执行机构

针 杆 机 构	挑 线 机 构	勾 线 机 构	送 料 机 构
可采用曲柄滑块机构、正弦机构等	可采用连杆机构、凸轮机构等	可采用摆动导杆机构、齿轮机构、齿形带传动等	可采用五杆机构、七杆机构等

9.5 执行机构选型和机构知识建模

从机械产品创新设计的流程看,由动作映射执行机构是机械运动方案设计中具有创新意义的重要环节，也是实现计算机辅助机械产品创新设计中的关键步骤。

计算机辅助机构系统方案设计的主要任务是按实现动作的需要寻求大量的、符合基本条件的可行机械运动方案(机构系统方案)。在方案评价标准一定的条件下，通过计算机辅助产生的可行方案越多，则最终得到最佳方案的可能性越大。

9.5.1 机构的分类原则和方法

执行机构是机构系统方案设计过程中最基本的设计要素，机构的分类原则和方法是否合理，会直接影响设计信息(包括设计要素信息和设计过程信息)的计算机存储空间大小和相应的推理机效率及自动化程度。常用的机构分类方法有四种，分述如下：

1. 按机构结构进行分类

平面机构的结构分类是根据机构中基本杆组的级别进行的。对于高副机构是按通过高副低代后得到的平面机构来进行分类的。

按机构结构进行分类有利于建立机构的运动学和动力学研究方法，但很难直接反映机构的运动转换和实现功用的特性。因此，这种分类方法不适合于机构系统设计。

2. 按机构类型进行分类

这是按机构基本特点来分类。一般可将机构分成连杆机构(包括平面连杆机构和空间连杆机构)、凸轮机构(包括平面凸轮机构和空间凸轮机构)、齿轮机构(包括平面齿轮机构和空间齿轮机构)以及组合机构等四种。

由于每种机构运动转换功能的多样性，这种分类方法同样不适合于机构系统设计。

3. 按机构运动转换功能进行分类

这种分类方法是将从动件输出运动的类型加以划分，一般有转动、移动、摆动、间歇移动、间歇转动、间歇摆动、实现轨迹、实现导向运动以及其他运动(如行程可调、急回、差动、闭锁等)。这种分类方法由于从运动转换功能需要出发，因此对于主题是选择实现所需动作的执行机构的机构系统设计是很有效的。但是这种分类方法会遇到机构同构异功和异构同功的情况，也就是动作与机构的映射关系复杂，一个机构可以实现多种动作或者一个动作可由多个机构来实现。因此，采用这种方法存储设计知识时，将造成存储数据的冗余。

4. 机构类型–运动转换功能复合分类方法

由于机构运动转化为功能分类方法会在一定程度上造成知识库中的数据存储冗余，降低计算机的搜索效率，也不利于今后知识库的扩充和更新。因此，采用机构类型－运动转化功能复合分类法进行知识存储，即先按机构类型进行分类，每个机构需注明性能指标。类型与功能复合，降低了存储数据的冗余度，提高了检索效率。

9.5.2 动作的描述和机构属性表达方式分析

在机构系统方案中采用执行机构来实现各个执行动作。执行机构是通过动作形式、运动方向和运动速度的变换、运动的合成和分解、运动的缩小和放大以及实现给定的运动位姿和轨迹等来表达的。

机构系统的工艺动作过程往往是由一系列复杂运动来实现的，这些复杂运动又可看成是由一系列简单动作(或称基本运动)，如单向转动、单向移动、往复摆动、往复移动、间歇运动等组合而成的。因此，利用运动转换功能图，便于找出与要求的运动特性相匹配的机构，使机构造型过程更具直观性。但是在机构选型和组合过程中，还应考虑运动轴线、运动速率的变化。图 9 – 5 所示为机构运动特性的描述。

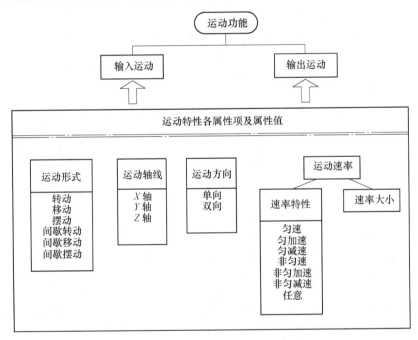

图 9 – 5　机构运动特性的描述

9.5.3 机构知识库结构模型

数据库虽是一组相关数据的集合，但并不是所有数据的堆积，数据的组织是数据库技术的核心问题。只有表示出数据之间的有机联系，才能反映客观实体之间的联系，即数据库中的数据具有结构特性。数据模型就是这种结构特性和数据组织的具体体现，它一方面要比较自然地模拟客观实体和实体间的联系，另一方面要将客观实体及实体间的联系抽象成计算机易于处理的形式。在尚未录入实际数据时，组建较好的数据模型是整个数据库系统运动效率，以致成败的关键。由此可见，数据模型是数据库设计中一项十分重要的工作，是数据库的核心与基础，是创建数据库、维护数据库并将数据库解释为外部活动模型的方式，是数据库定义数据内容和数据间联系的方法。因此，如何建立机械运动方案库的数据模型对能否实现机构的自动化选型十分重要。要建立运行效率高、工作性能好的机械运动方案知识库，首先须构建一种能够将机械运动方案设计过程知识、设计对象知识和设计经验知识进一步抽象成计算机能够识别的模式，即构建一个好的机械运动方案知识库数据模型。

9.5.4　计算机编码原则

在计算机进行搜索、查询时，必须建立一套关键字定义规则。接下来分别对几个主关键字进行计算机编码：

1. 运动行为 ID 的编码原则

如图 9-6 所示，选择运动类型、运动连续性、运动速率、运动方向四项进行运动编码可以代表运动行为最基本的特性，而且在其他文献中也经常被用到。

常见的运动类型有转动、移动和螺旋运动三种，1 表示转动，2 表示移动，3 表示螺旋运动。运动连续性只有两种状态，1 表示运动连续，2 表示运动不连续。运动速率特性中，1 表示匀速，2 表示非匀速。运动方向中，1 表示单向，2 表示双向。例如，对单向非匀速间歇运动可表示为 1221。

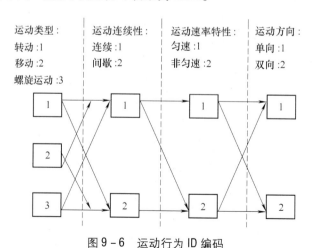

图 9-6　运动行为 ID 编码

2. 功能元编码原则

运动行为既可以是输入运动的，也可以是输出运动的，由一对输入/输出运动行为组成一类运动转换功能。机构选型设计中需要通过机构表的检索，选择满足期望运动功能的机构。因此，用一对运动行为 ID 来表达期望的运动功能，称为功能元 ID。

功能元编码 1111 - 2222 即表示将转动、连续、匀速、单向变换成移动、连续、非匀速、双向。

3. 机构编码原则

为了软件开发的连续性，机构编码的方式同功能元编码原则一样，都应具有简便的特点，以便添加新的知识。同时，机构编码还应反映机构的构成和基本运动特性。

机构编码规则如下：

（1）机构编码共八位，由六段子代码组成，它们分别是机构类别代码、输入构件代码、输出构件代码、轴线位置代码、输入/输出轴相对运动方向代码以及机构输入/输出运动可逆性代码。

（2）机构类别代码为一位自然数，编码原则见表 9 - 2。

（3）机构输入、输出构件代码分别采用两位数表示，为今后增加构件而设。

（4）输入/输出轴线位置代码，采用一位数，代码起止范围为 1 ~ 6。其中，1 为同轴，2 为平行，3 为垂直相交，4 为非垂直相交，5 为垂直交错，6 为非垂直交错。

（5）输入/输出轴相对运动方向代码采用一位数，代码起止范围为 1 ~ 4。其中，1 为相同，2 为相反，3 为不定，4 为空值。"不定"表示其中之一属往复运动。

（6）输入/输出运动可逆性代码采用逻辑变量，即逻辑真为 T、逻辑假为 F。

由于上述编码方法易于扩充和修改，符合设计思维习惯，因此具有较大的实用价值。机构代码定义规则如图 9 - 7 所示。

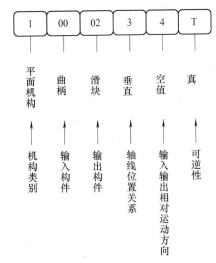

图 9 - 7　机构编码规则实例

4. 机构类别编码原则

为编码方便，按照常规的机构分类定义，将机构分属于不同类别，见表 9 - 2。

表 9 - 2　机构类别编码原则

机 构 类 别	机构类别 ID	机 构 类 别	机构类别 ID
平面机构	1	柔性机构	4
齿轮机构	2	其他机构	5
凸轮机构	3	组合机构	6

9.5.5　知识存储

1. 知识库数据存储

可使用 Microsoft Access 创建机械运动方案设计领域知识数据库，主要包括四个表，即机构表、运动行为表、功能元表、功能元机构明细表，此处不再详述。

2. 知识库应用程序

可通过 Visual Basic 和 Microsoft Jet SQL 语言开发机械运动系统数据库应用程序，机构简图可用 AutoCAD 绘制，详情略。

第 10 章 工艺动作过程构思和分解

10.1 工艺动作过程的构思

机器工艺动作过程构思是实现机器创新设计的重要步骤。构思工艺动作过程的依据是机器的工作原理,用工艺动作过程来实现工作机理,也就是采用一系列动作的时间序列来实现某一特定的工作机理。

机器工作机理应体现在物料流、能量流和信息流的变化上,但主要表现形式是物料的加工状态及运动形式的变化过程。对于不同类型的机器,它的物料加工状态运动形式、运动规律的变化,均反映了这类机器的工作特征和工作性能。因此,必须认真研究它的工作机理(效应)。工艺动作过程的构建可用图 10-1 来表示。由输送—物料变化—输出三大过程进行细化,所得动作的时间序列就构成工艺动作过程。

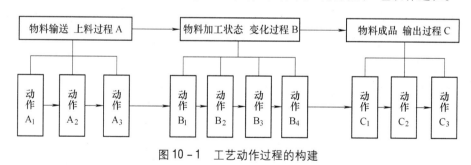

图 10-1 工艺动作过程的构建

工艺动作过程的表达方式有两种:

(1)采用机器工作运动循环图。机器工作循环图应表示动作的先后次序、动作的变化规律。机器工作循环图是机器工作机理的具体表现。

(2)采用基于网络计划技术的网络图。所谓网络图是由箭线和结点组成的,用来表达机器所有动作先后顺序和相互关系的有向、有序的网状图，亦可简称为网络。网络图中有四个基本要素：工作、结点、箭线和线路。分别对应于工艺动作过程的动作、动作的始点和终点、工艺动作间的关系、工艺动作全过程。为了明确起见，将这种网络称为机器动作网络图。

10.1.1 网络图的基本要素和绘制

1. 网络图的四要素

在网络图中四个基本要素定义如下：

（1）工作（activity）。任一工程从开始到完成，有一个随时间推移而逐步进展的过程。这一过程中所包含的一系列相互关联并消耗时间和资源的活动称为工作。对某工作，称紧接其前面的工作为紧前工作，称紧接其后面的工作为紧后工作。

（2）结点（node）。在单代号网络图中用结点代表工作，结点用圆圈表示并编有数码。网络图中，第一个结点称为起始结点，最后一个结点称为终止结点，其他结点称为中间结点。

（3）箭线（arrow）。网络图中用箭线表示工作之间的工艺关系和组织关系。对于生产性工作，由工艺技术决定的先后顺序关系，称为工艺关系。工作间由于组织安排需要或资源调配需要而规定的先后顺序关系，称为组织关系。

（4）线路（path）。网络图中，从起始结点出发，沿着箭线方向连续通过一系列的箭线与结点，最后到达终止结点时所经过的通路称为线路。线路上所有工作持续时间之和，称为线路长度。网络图中，最长的线路称为关键工作。

2. 网络图的绘制

在绘制网络图之前，应确定如下内容：

（1）确定工作项目。对于复杂情况可采取逐级逐层分解的方法将复杂问题细化。

（2）确定工作之间的关系。

（3）确定工作的延续时间。

（4）列出工作明细表。包括工作代号、工作名称、紧前工作、紧后工作、延续时间。

（5）绘制网络图。结点之间关系必须按工作之间关系绘制。

图 10-2 即为网络图表示一种压片机的工艺动作过程。三组动作分为 B_{11}、B_{21}、B_{22}、B_{31}、B_{32}、B_{33}、B_{34}。B_{11} 与 B_{21} 之间有 D 型搭接关系。B_{21} 与 B_{32}、B_{22} 与 B_{33} 之间有相对运动关系。

建立机器工作循环图或产品动作网络图的过程就是进行工艺动作过程的构思。这种构思必须充分表达出机器工作的特征：

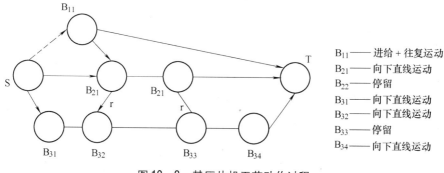

图 10 - 2　某压片机工艺动作过程

（1）如何用一系列动作实现机器工作机理。

（2）各个动作在时间上的关联情况。

（3）各个动作具体的运动规律。

构建机器工艺动作过程中蕴含着巨大的创新可能性。因此，设计师应十分重视工艺动作过程的构思。

10.1.2　工艺动作过程和机械工作循环图

根据机器所完成功能及其生产工艺的不同，它们的运动可分为两大类：一类为无周期性循环的机器，如起重运输机械、建筑机械、工程机械等，这类机器的工作往往没有固定的周期性循环，随着机器工作地点、条件的不同而随时改变；另一类为有周期性循环的机器，如包装机械、轻工自动机、自动机床等，这类机器中的各执行构件，每经过一定的时间间隔，其位移、速度和加速度便重复一次，即完成一个运动循环。在生产中，大部分机器都属这类具有固定运动循环的机器，它们是本节要讨论的对象。

为了保证具有固定运动循环周期的机械完成工艺动作过程时各执行构件间的动作的协调配合关系，在设计机械时，应编制出用以表明在机械的一个运动循环中，各执行构件运动配合关系的机械运动循环图（也叫机器工作循环图）。在编制机械运动循环图时，必须从机械的许多执行构件（或输入构件）中选择一个构件作为运动循环图的定标件，用它的运动位置（转角或位移）作为确定各个执行构件运动先后次序的基准，从而表达机械整个工艺动作过程的时序关系。

1. 运动循环图

机械的运动循环是指一个产品在加工过程中的整个工艺动作过程（包括工作行程、空回行程和停歇阶段）所需要的总时间，它通常以 T 表示。在机械的工作循环内，其各执行机构必须实现符合工件（产品）的工艺动作要求和确定的运动规律，并有一定顺序的协调动作。

执行机构完成某道工序的工作行程、空回行程(回程)和停歇所需时间的总和,称为执行机构的运动循环周期。各执行机构的运动循环与机器的工作循环,一般来说,在时间上应是相邻的。但是,也有不少机器,从实现某一工艺动作过程要求出发,某些执行机构的运动循环周期与机器的工作循环周期并不相等。此时,机器的一个工作循环内有些执行机构可完成若干个运动循环。

执行机构的运动循环周期 T_p 通常由三部分组成,即

$$T_p = t_{\text{工作}} + t_{\text{空程}} + t_{\text{停歇}}$$

式中,$t_{\text{工作}}$ 为执行构件工作行程时间;$t_{\text{空程}}$ 为执行构件空回行程时间;$t_{\text{停歇}}$ 为执行构件停歇时间。

2. 工作循环图

机器的工作循环图是表示机器各执行机构的运动循环在机器工作循环内相互关系的示意图,它也可称为机器的运动循环图。机器的生产工艺动作顺序是通过拟定机器工作循环图并选用各执行机构来实现的。因此,工作循环图是设计机器的控制系统和进行机器调试的依据。

1)执行机构的运动循环图

表示执行构件的一个动作过程(包括工作行程、空回行程和间歇停顿阶段),称为执行机构的运动循环图。

图 10-3 所示的自动压痕机,其压痕冲头的上下运动是通过凸轮来实现的。冲头的运动循环由三部分组成:冲压行程所需时间 t_k,压痕冲头的保压停留时间 t_0 以及回程所需时间 t_d。因此,压痕冲头一个循环所需时间 T_p 为

$$T_p = t_k + t_0 + t_d \qquad (10-1)$$

用图形表示执行构件运动循环的方式通常有三种:

(1)直线式运动循环图。以一定比例的直线段表示运动循环各运动区段的时间(图 10-4a)。这种表示方法最简单,但直观性很差(例如,压痕冲头在每一瞬时的位置无法从图上看出),且不能清楚地表示与其他机构动作间的相互关系。

(2)圆形运动循环图。将运动循环的各运动区段的时间及顺序按比例绘于圆形坐标上(图 10-4b)。此法直观性强,尤其对于分配轴每转一周为一个机械工作循环时,有很多方便之处。但是,当执行机构太多时,需将所有执行机构的运动循环图分别用不同直径的同心圆环来表示,则看起来不大方便。

(3)直角坐标运动循环图。以直角坐标表示各执行构件的各个运动区段的运动顺序及时间比例,同时还表示出执行构件的运动状态(图 10-4c)。此法直观性

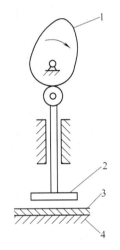

图 10-3　自动压痕机
的最简结构形式

1 为凸轮;2 为压痕冲头;
3 为压印件;4 为下压痕模

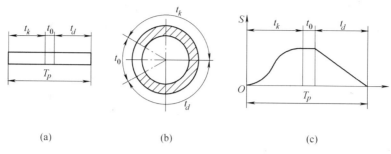

图 10 - 4　执行构件的运动循环图

最强，比上述两种运动循环图更能反映执行机构运动循环的运动特征。所以，在设计机器的工作循环图时，最好采用直角坐标运动循环图。

2）机器的工作循环图

机器的工作循环图是机器中各执行机构的运动循环图按同一时间（即按某一转轴的转角）和比例绘制的、组合起来的总图。并且该图应以某一主要执行机构的起点为基准，表示其余各执行机构的运动循环相对于该主要执行机构的动作顺序。

图 10 - 3 所示的自动压痕机最简单的结构形式是由压痕机构和送料机构所组成。如果要考虑成品自动落料，还应有一个落料机构。在图 10 - 3 中送料机构没有表示出来，送料机构的运动循环周期 T_p' 为

$$T_p' = t_k' + t_0' + t_d'$$

式中，t_k' 为送料机构上料所需的时间；t_0' 为送料到位后执行机构的停歇时间；t_d' 为送料机构回程所需的时间。

很显然，送料机构的运动循环周期 T_p' 应与压痕机构的运动循环周期 T_p 相等。

绘制压痕机的工作循环图，可以将压痕冲头的最高点作为起点，以此为基准画出两执行机构的运动循环图，它们组合在一起就成为压痕机的工作循环图，如图 10 - 5 所示。它是按直角坐标法画出的运动循环图，工作行程由起点开始向上表

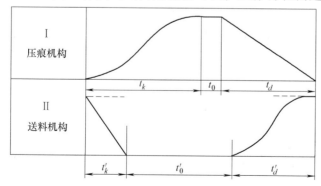

图 10 - 5　压痕机工作循环图

示，空回行程由最远点回至起点表示，这与实际执行构件的上下、左右运动无直接关系。用直角坐标表示的运动循环图还可以表示出工作行程和空回行程中执行构件的运动规律。

送料机构的运动循环的动作必须与压痕冲头的运动循环的动作相协调，即在压痕冲头作向下冲压运动时，送料机构应停歇不动，当压痕冲头作回退运动和停歇时，送料机构可作上料动作。在具体制定它们的运动循环图时，只要动作协调、互不干涉，就可以进行小范围的调整。

3. 拟定机器工作循环图的步骤和方法

1）拟定机器工作循环图的步骤

（1）分析加工工艺对执行构件的运动要求（如行程或转角的大小，对运动过程的速度、加速度变化的要求等）以及执行构件相互之间的动作配合要求。

（2）确定执行构件的运动规律，这主要是指执行构件的工作行程、回程、停歇等与时间或主轴转角的对应关系，同时还应根据加工工艺要求确定各执行构件工作行程和空回行程的运动规律。

（3）按上述条件绘制机器工作循环草图。

（4）在完成执行机构选型和机构尺度综合后，再修改机器的工作循环图。具体来说，就是修改各执行机构的工作行程、空回行程和停歇时间等的大小、起始位置以及相对应的运动规律。根据初步拟定的执行构件运动规律设计出的执行机构，常常由于布局和结构等方面的原因，使执行机构所实现的运动规律与原方案不完全相同，此时就应根据执行构件的实际运动规律修改机器工作循环草图。如果执行机构所能实现的运动规律与工艺要求相差很大，这就表明此执行机构的选型和尺寸参数设计不合理，必须考虑重新进行机构选型或执行机构尺寸参数设计。

（5）拟定自动控制系统、控制元件的信号发出时间及其工作状态，并将它们在机器工作循环图上表示出来，从而得到完整的机器工作循环图。

2）机器工作循环图的设计要点

（1）以工艺过程开始点作为机器工作循环的起始点，并确定开始工作的那个执行机构在工作循环图上的机构运动循环图，其他执行机构则按工艺动作顺序先后列出。

（2）不在分配轴上的凸轮，应将其动作所对应的中心角换算成分配轴相应的转角。

（3）尽量使各执行机构的动作重合，以便缩短机器工作循环的周期，提高生产率。

（4）对于按顺序先后进行工作的执行构件，要求在前一执行构件的工作行程结束时，与后一执行构件的工作行程开始时，应有一定的时间间隔和空间余量，以防止两机构在动作衔接处发生干涉。

（5）在不影响工艺功作要求和生产率的前提下，应尽可能使各执行机构工作行程所对应的中心角增大些，以便减小凸轮的压力角。

4. 机器工作循环图的作用

（1）保证执行构件的动作能够紧密配合、互相协调，使机器的工艺动作过程顺利实现。

（2）为计算、研究及提高机器生产率提供了依据。

（3）为下一步具体设计各执行机构提供了初始数据。

（4）为装配、调试机器提供依据。

综上所述，拟定机器工作循环图是机器设计过程中一个重要的设计内容，它是提高机器设计的合理性、可靠性和生产率必不可少的一项工作。

10.1.3 工艺动作过程构思的方法和步骤

1. 功能—工作机理—工艺动作过程的构思方法

工艺动作过程的构思的前提是确定产品的功能和产品的工作机理。工艺动作过程就可按产品的工作机理进行构思。

例如，工业平缝机的功能是实现缝料的缝合，工作机理是实现底面线的锁式线迹。为了实现锁式线迹需完成刺料形成线圈→供线和收线→勾线使底面线交织→完成一个线迹长度的送料。图10-6表示工业平缝机的工艺动作过程，它由下述四个动作组成：

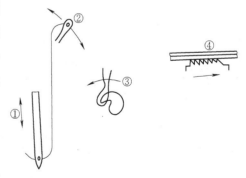

图 10-6 工业缝纫机工艺动作过程

（1）刺料。缝纫机针刺进和退出缝料。机针刺入缝料后形成线圈，为钩线创造条件。机针退出缝料以便收线和送料。

（2）挑线。完成缝纫过程中的供线和收线的要求，使缝料上线迹良好，不产生断线和松线。

（3）钩线。钩住面线线圈，使面线与底线交织起来。

（4）送料。在缝料完成一个线迹后，使缝料向前进送一个针距，以便进行下一个线迹的缝纫。送料机构的运动轨迹，要求在送料部分平直。

2. 拟人动作构思法

按机器的功能需要采用模仿人的若干动作来构思工艺动作过程。例如，将物料充填入纸盒的工艺动作过程。由于纸盒料坯需成型，物料充填后需封口，它的工艺动作过程可按手工操作来构思。从大的方面来看，它由纸盒成型→物料充填→封口三大动作组成。其工艺动作过程可细分如下：

（1）纸盒料坯的送出。

（2）纸盒初步成型。

（3）纸盒一端盒口闭合。

（4）纸盒一端闭合的盒口封口。

（5）纸盒翻转90°，开口向上。

（6）纸盒送进，进入物料充填位置。

（7）物料充填纸盒。

（8）另一端盒口闭合。

（9）另一端盒口最后封口。

上述九个步骤构成了纸盒成型、纸盒封口、物料充填、纸盒封口的物料纸盒包装的工艺动作过程，详见图10-7所示物料纸盒包装工艺动作过程示意图。应该指出，这种纸盒包装的工艺动作过程往往不是唯一的。

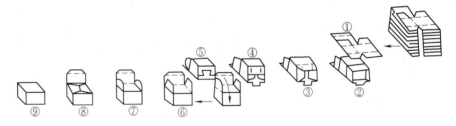

图10-7　物料纸盒的工艺动作过程示意图

3. 基于实例的构思法

机器的功能一经确定，可以寻找类似的实例作为参考，进行工艺动作的构思。例如，要构思包装香皂的工艺动作过程可参照包装图书的工艺动作过程。

运用基本实例构思法时，同样需要多思考，运用发散思维。例如，构思平版印刷机的工艺动作过程，可以参照盖图章的工艺动作过程，即取出已刻好的图章→蘸印泥→在空白纸上盖图章。因此，平版印刷机的工艺动作过程如图10-8所示，包括：

（1）取出已印刷好的纸版。

（2）墨辊在印版上滚刷油墨。

（3）墨盘间歇转动一个位置，使油墨匀布于墨盘，并使墨辊上墨均匀。

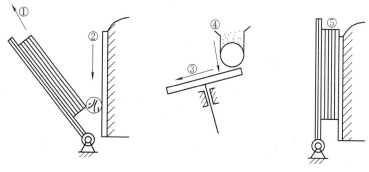

图 10 - 8　平板印刷机工艺动作过程

（4）将油墨容器内的油墨源源不断地供给墨盘。

（5）空白纸版合压在印版上，完成一次印刷。

构思工艺动作过程是实现机器功能、满足市场需求的关键步骤。构思工艺动作过程实际上是一个创新的过程，包括采用各种不同的工作机理，同时，对同一工作机理也可以采用不同的工艺动作过程，这也是一种创新。

10.2　工艺动作过程的分解

工艺动作过程体现了机械产品的功能和工作机理，但是要实现机械产品的工艺动作过程还必须对它进行分解，得到若干个可以实现的动作，再选择相应的执行机构实现这些动作，从而最终实现这一工艺动作过程。因此，工艺动作过程的分解对于机械运动方案创新设计是至关重要的。只有通过合理的分解才能得到合适的动作，才能寻求合适的执行机构来实现这些动作。分解本身就蕴涵着创新。

10.2.1　机器工艺动作过程的分解准则

1. 动作最简化原则

分解后的一系列动作愈简单，则将来采用的执行机构往往也愈简单，可使实现工艺动作的机械运动方案简化。

2. 动作可实现性原则

机器中任何动作都由执行机构来实现，而常用的执行机构可以实现的动作形式是有限的。表 10 - 1 所示为常用的运动形式变换，其输出运动有九种。因此，动作可实现是进行机械运动方案设计很重要的前提。当然，除了常用执行机构以外，还可以创新设计新的执行机构，这就对设计人员提出了更高要求。

3. 动作数最小原则

同一工艺动作过程分解后动作数的减少可以使执行机构数目减少，从而使机械运动方案简化。这是设计师追求的目标，即用最简单的机构系统来实现给定的机器功能。

表 10-1　常见执行机构输出动作的形式、符号及其实现机构

序号	运动形式变换内容	符　号	实现功能的机构
1	连续转动变单向直线运动		齿轮齿条机构、螺旋机构、蜗杆齿条机构、带传动机构、链传动机构等
2	连续转动变往复直线移动		曲柄滑块机构、移动推杆凸轮机构、正弦机构、正切机构、牛头刨机构、不完全齿轮齿条机构、凸轮连杆组合机构等
3	连续转动变带停歇的往复直线移动		移动推杆凸轮机构、利用连杆轨迹实现带间歇运动机构、组合机构等
4	连续转动变单向间歇直线移动		不完全齿轮齿条机构、曲柄摇杆机构+棘条机构、槽轮机构—齿轮齿条机、其他组合机构等
5	连续转动变单向间歇转动		槽轮机构、不完全齿轮齿条机构、圆柱凸轮式间歇机构、蜗杆凸轮间歇机构、平面凸轮间歇机构、内啮合星轮间歇机构等
6	连续转动变双向摆动		曲柄摇杆机构、摆动导杆机构、曲柄摇块机构、摆动推杆凸轮机构、电风扇摆头机构、组合机构等
7	连续转动变带停歇双向摆动		摆动推杆凸轮机构、利用连杆曲线实现带停歇运动机构、曲线导槽的导杆机构、组合机构等
8	往复摆动变单向间歇转动		棘轮机构、钢球式单向机构等
9	连续转动转变为实现预定轨迹		平面连杆机构、连杆—凸轮组合机构、联动凸轮机构、精确直线机构、椭圆仪机构等

10.2.2 工艺运作过程的分解方法

1. 物流运动状态分割法

物流运动状态的变化过程是工艺动作过程的具体描述。例如，锁式缝纫机的工艺，可以用四个物流运动状态来表示，即刺料引线、供线收线、勾线、送料。四个物流运动状态可以由四个执行机构来完成，可分解为四个动作。

2. 功能—行为分解法

机器的工作机理实现机器的功能，工艺动作过程实现工作机理，采用功能分解就可得到若干动作行为，从而实现工艺动作的分解。图 10 – 9 所示为这种方法的具体分解过程。

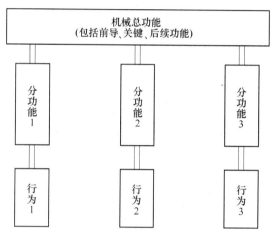

图 10 – 9 功能行为分解法

3. 动作分割法

工艺动作过程体现了机器总功能的实现过程，这一过程往往是连续的。将这一动作过程分割成若干动作是取决于总功能的分解情况。图 10 – 10 所示为这种动作

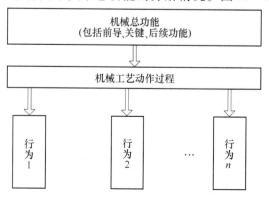

图 10 – 10 动作分割法

的分割过程。例如，扭结式糖果包装的工艺动作过程是将糖纸包裹糖果后将其扭结包装起来。

由总功能分解后得到的分割动作为：糖纸输送、糖果输送、糖纸包裹、扭结、成品输出等五个动作。

10.3 动作结构创新

对于机械产品的运动方案创新设计的基本框架如图 10 – 11 所示。这一框架反映了两层意思：一是功能—动作—机构映射关系；二是功能结构—动作结构—机构系统之间的关联。功能结构表示功能元之间的逻辑关系、组织关系、时间关系、空间关系的总和。动作结构的改变孕育着机械运动方案的创新，动作结构创新是机械运动方案创新的前提。因此，研究动作结构创新方案对于机械运动方案（机构系统）创新是十分重要的。

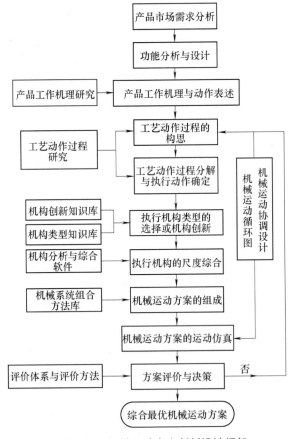

图 10 – 11 机械运动方案创新设计框架

下面讨论动作结构创新的两种方法，即动作分组创新和动作变换创新。

10.3.1 动作分组创新法

动作还不能直接映射为执行机构，还需要解决两个问题：

（1）如何确定执行机构的输出运动。一个较为复杂的动作可以分解为若干个简单动作；反之，某些简单动作也可以合成为一个较复杂的动作。但哪种输出运动更有利于实现机械的功能是关键。

（2）如何确定机械运动系统执行机构的数目，即多少执行机构组成整个系统才是最佳的。

为了解决上述两个问题，下面给出两个措施：

（1）规定一组动作能且仅能描述一个执行构件的运动。

（2）假定一个执行机构只有一个执行构件。

由此给出动作分组法的基本思路，如图 10 - 12 所示。它将复杂动作分解为较为简单的动作，也可将相互矛盾、不可共存的两动作 A1、A2 加以分开。此时，若动作小组 1、2 中的动作仍不可共存就继续分组，直至动作小组数等于简单动作个数。通过这种办法，可遍历所有可能的动作组合情况，从而完成对机械运动系统动作过程组合解的全面搜索，有利于进行机构系统的创新设计。

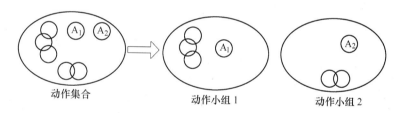

图 10 - 12　动作分组法

为了判别动作是否可共存，给出判断规则(又称动作集合分组规则)如下：

（1）串联的简单动作可以共存。

（2）动作并联，若其运动形式相同，方向相反，则不能共存。

（3）动作并联，若动作之间存在相对运动关系，则不能共存。

（4）若物料不可穿越，运动范围在物料两侧的动作，不宜共存。

（5）运动轴线相互垂直的动作，不宜共存。

（6）作用力相差悬殊的动作，不宜共存。

（7）其他导致动作不宜共存的情况。

除了上述七条动作集合分组规则外，还需给出判断分组是否合适的分组评价规则：

（1）若估出的小组动作的运动总时间远大于执行机构系统的工作总循环时间，则认定分组不合适。

（2）若无法找到实现小组动作的执行机构，则认定分组不合适。

（3）若不能满足功能的其他要求（除运动规律外），则认定分组不合适。

动作分组法的具体步骤如图 10 – 13 所示。

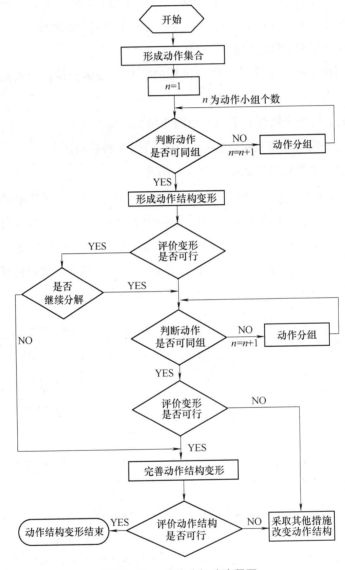

图 10 – 13　动作分组法流程图

在图 10 – 12 所示的动作集合中共有 $n = 7$ 个行为，其中有两个动作不可共存。若该集合仅分为两组，则可行的动作分组数可按下式计算：

$$C_5^0 + C_5^1 + C_5^2 + C_5^3 + C_5^4 + C_5^5 = 32$$

由此说明这种动作集合可以有 32 个可行动作组合方案。用动作分组法可以实现机构系统方案的创新设计。

10.3.2 动作变换创新法

动作变换法是通过改变动作的表现形式来创新出新的动作组合形式。动作变换主要包括动作合并、动作分割、动作分解和动作分位等形式。

1. 动作分割和合并

动作分割是将一个动作分割成若干子动作；动作合并是将若干动作合并成一个动作。

图 10 – 14 表示将一个动作分割成若干个串联的子动作。图 10 – 15 表示将若干个并联的子动作合并成一个动作。不同的动作分割方式，对生产率的影响是不同的。

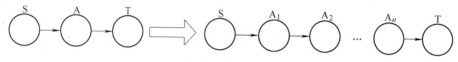

图 10 – 14 动作分割

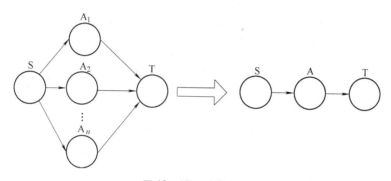

图 10 – 15 动作合并

2. 动作的分解

动作分解是按一定的分解原理，将一个动作分解为两个或两个以上的子动作。

图 10 – 16 表示实现印刷功能的动作分解的若干方案。动作分解可产生许多可行的方案，因此动作分解就会有方案创新的可能性。

3. 动作的分位

动作分位就是将一个动作分若干个工位来完成。动作分位的目的是提高生产率，方法是分配动作到适当的空间位置上。对于动作是否可以分位及如何分位，先做一个假设，即在一个工作循环中，物料经过一个工位只有一次。则动作是否可分位的判别规则如下：

（1）存在相对运动关系的两组动作，无法分在不同工位上。

（2）两组动作之间存在一个时序关系，且发生时序关系的两动作不是各自组的最后一个动作，也不是各自组的最前一个动作，则无法分在同工位上。

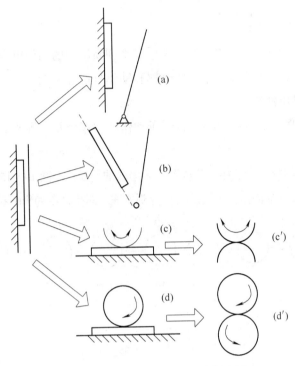

图 10－16　实现印刷功能的动作分解

（3）两组动作之间存在不止一个时序关系，则两组动作无法分在不同工位上。

（4）两组动作之间存在一个时序关系且发生时序关系的两动作中，先完成的动作是该组的最后一个动作或后完成的动作是该组的最前一个动作，则这两组动作可分在不同工位上。

10.4　机械系统运动方案的运动协调设计

根据机械的工作机理和工艺动作分析、设计、构思的机械工艺动作过程是机械运动方案设计的重要依据。由机械工艺路线，可以进行执行机构的选定和布局。此时必须考虑机械中的各执行机构的协调设计。为此，必须深入了解机械运动方案所采用各执行机构和传动系统的类型、工作原理和运动特点，同时要了解执行机构协调设计的目的和要求，掌握有关协调设计的基本方法。也就是说，要采用集成的设计方法。

10.4.1　机器的机构传动系统类型和工作原理

机器的机构传动系统是机器的重要组成部分，它决定了机器的执行构件实现工作行程和空行程的方式，影响各执行构件的协调运动和机器的生产率。在机器的机构传动系统的设计中，要求解决机械程序控制和实现空程的方式这两个比较关键的问题，使各执行构件按一定顺序动作并在保证较高生产率的前提下实现空行程。

1. 机械程序控制的基本形式

为了使机器的整个工作循环的各个工序动作严格地按一定顺序进行，每台机器都有专门的程序控制系统。机器的程序控制系统主要有两种类型：一是机械控制方式，二是电子控制方式。目前机器中常用的控制方式有以下几种形式：

（1）分配凸轮轴方式。在分配轴上安装多个凸轮，每个凸轮是一个执行构件的驱动构件。因此，分配轴每转一周所需要的时间就是产品加工工作循环所需的时间。因此，分配轴每转一周就可完成一个产品加工的工艺动作过程。

（2）辅助凸轮轴方式。辅助凸轮轴是机器中用来实现机器部分空行程动作的机械控制方式。辅助凸轮轴做周期性的间歇旋转，即在需要实现部分空行程时才旋转。它的间歇旋转是由分配凸轮轴来控制的。例如，机器中的送料、夹料等机构空行程的实现就是采用辅助凸轮轴。

（3）曲柄轴方式。利用曲柄的错位来使各执行机构按一定顺序来动作，对于不能将曲柄布置在一根轴上的机器，还应采用机械传动方式，使各曲柄的转动同步。

（4）机电结合的程序控制方式。在自动机械中还有采用分配凸轮轴上的信号凸轮来控制电路的接通与关闭以及通停电时间的长短，以此来控制各执行机构的动作。

（5）电子控制方式。目前应用最广泛的是用可编程控制器（PLC）来进行控制。它是一种在工业环境中使用的数字操作的电子系统，用可编程存储器贮存用户设计的指令，并通过这些指令实现特殊的功能，诸如逻辑运算、顺序操作、定时、计数、算术运算以及通过数字或模拟输入、输出来控制各种类型的机械或过程，以实现生产自动化。其特点是：①控制程序可变，具有很好的柔性；②具有高度可靠性；③功能完善；④易于掌握、便于维修；⑤体积小、省电；⑥价格低廉。

总之，机械程序控制的具体实施，还应根据具体情况来确定。

2. 机器实现空程的方式

根据机器中实现空程的方式，机器可分为以下类型：

1）空程转角固定的机器

关于空程转角固定的机器，它的分配轴转一圈完成一个工件的加工，即一个工艺动作过程，参见图 10 – 17。图 10 – 17b 表示安装在分配轴上的凸轮廓线的工作行程和空行程的转角组成情况。凸轮廓线是由工作行程部分和空行程部分组成的。其中 α 表示分配轴完成工作行程所转的角度，β 表示分配轴完成空行程所转的角度。

这类机器的生产率 Q 为

$$Q = \frac{n_主}{N_0} \qquad (10-2)$$

式中，$n_主$ 为主轴转速(r/min)；N_0 为加工一个产品所需的主轴转数。

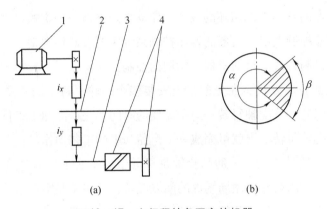

(a)　　　　　　　　　(b)

图 10-17　空行程转角固定的机器

1 为电动机；2 为主传动轴；3 为分配轴；4 为凸轮；i_x 为主传

动轴转速调整环节；i_y 为分配轴转速调整环节

若 N_1 表示完成工作行程所需的主轴转数，则

$$N_0 = \frac{2\pi N_1}{\alpha}$$

式(10-2)可写成

$$Q = \frac{n_主}{N_1} \frac{\alpha}{2\pi}$$

由于连续生产率 $K = n_主/N_1$，$\alpha = 2\pi - \beta$，所以

$$Q = K \frac{\alpha}{2\pi} = K\left(1 - \frac{\beta}{2\pi}\right) \qquad (10-3)$$

由此得出机器的生产率系数 η 为

$$\eta = 1 - \frac{\beta}{2\pi} \qquad (10-4)$$

根据式(10-3)可以得出：

(1) 由于 β = 常数，所以机器生产率 Q 将随连续生产率 K 正比例地增加。

(2) 当机器连续生产率 K 很小时，即完成工作行程的时间很长，亦即机器的工作循环时间 T 很大。由于 β 一定，则必定使完成空行程的时间很长，造成不必要的时间损失。这就需要限制工作循环时间 T 的数值，T 的极限值表示为 T_{max}。

(3) 当机器连续生产率 K 很大时，即完成工作循环的时间 T 极短，也就是分配轴转速极快。由于 β 一定，使完成空程的时间很短，易产生不可靠的工作。这就需要延长工作循环时间 T，它的极限值为 T_{min}。

综上所述，这类机器的生产率只适应于一定范围，即 $T_{min} < T_{max}$。这类机器的机构传动系统由于空行程转角固定而比较简单。

2）空行程时间固定的机器

图 10-18 所示为空程时间固定的机器，它的分配轴具有两条传动路线，一是通过变速机构使分配轴作慢速转动以完成工作行程；二是通过快速接合器、超越离合器，直接使分配轴作快速转动以完成空行程。接合器的接合与否，由分配轴上的凸轮机构来控制。这种机器的主要特点就是不管工件加工时间的长短如何，它的空行程时间保持不变。因此，这类机器的传动系统比较复杂，要增加接合器、超越离合器和控制凸轮等。它适合于加工工作循环时间 T 较大的产品。在传动系统中增加超越离合器的目的是为了防止分配轴发生运动干扰。

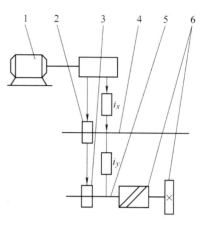

图 10-18 空程时间固定的机器

1 为电动机；2 为快速离合器；3 为超越离合器；4 为主传动轴；5 为分配轴；6 为凸轮；i_x，i_y 为转速调整环节

10.4.2 机器执行机构的协调设计

设计机器时，在选定了它的各个执行机构之后，下一步就是根据生产工艺路线方案，使这些执行机构进行合理布局和相互协调动作，以确保进行正常的产品加工。否则，会使机器不能进行正常工作，严重时还会损坏机件和被加工的工件（产品），造成事故。

机器执行机构的协调设计应满足以下要求：

（1）机器各执行机构的动作过程和先后次序要符合机器的工艺动作过程所提出的要求，否则就无法满足机器的生产工艺，也就不能实现机器的工作原理。

（2）机器各执行机构的运动循环的时间同步化，亦即各执行机构的运动循环时间间隔相同或按生产工艺过程要求成一定的倍数。使各执行机构的动作不但保证在时间上有顺序关系，而且能够实现周而复始的循环协调动作。

（3）机器各执行机构在运动过程中，不仅要在时间上保证一定的顺序关系，而且在一个运动循环的时间间隔内，运动轨迹不相互干涉。同时，为了保证机器的工作质量，既不能使动作先后顺序的间隔时间太长，又不能使动作先后顺序间隔时间太短。这称为机器各执行机构运动循环空间同步化。动作先后顺序的间隔时间太长，会使机器生产率下降；动作先后顺序间隔时间太短，有可能使执行构件产生相互干扰。

为了说明协调设计的目的和要求以及协调设计的方法，以粉料压片机为例来加以介绍（见图 10 - 19）。粉料压片机的机械运动简图如图 10 - 19c 所示，它由上冲头（六杆肘杆机构）、下冲头（双凸轮机构）、料筛传送机构（凸轮连杆机构）组成。料筛由传送机构将它送至上、下冲头之间，通过上、下冲头加压把粉料压成有一定紧密度的药片。根据生产工艺路线方案，此粉料压片机必须实现以下五个动作（见图 10 - 19a）：

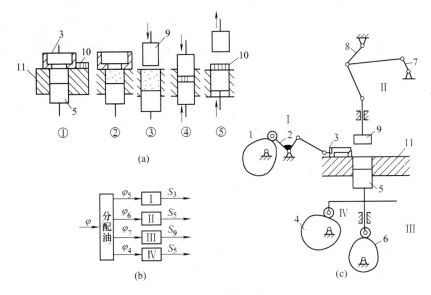

图 10 - 19　粉料压片机

1、4、6 为连杆；2、7、8 为连杆；3 为料斗；5 为下冲头；

9 为上冲头；10 为药片；11 为模具

（1）移动料斗至模具的型腔上方准备将粉料装入型腔，同时将已经成型的药片推出。

（2）料斗振动，将料斗内粉料筛入型腔。

（3）下冲头下沉至一定深度，以防止上冲头向下压制时将型腔内粉料扑出。

（4）上冲头向下，下冲头向上，将粉料加压并保压一定时间，使药片成型较好。

（5）上冲头快速退出，下冲头将附着的成型工件（药片）推出型腔，完成压片工艺过程。

这五个动作如图 10 - 19a 所示，机器各执行机构的动作过程和先后次序就按此进行，否则无法实现机械的粉料压片工艺。从图 10 - 19c 所示机器的机械运动简图可见，它由四个执行机构来完成上述五个动作。凸轮连杆机构 I 完成工艺动作①、

②，凸轮机构 II 完成动作③；平面多杆机构 III 及凸轮机构 IV 协调配合完成动作④、⑤。

粉料压片机执行机构的运动协调设计可从以下两方面来阐述：

（1）各执行机构的动作在时间上协调配合。

在此粉料压片机中执行构件为 3、9、5，四个执行机构的原动件为 1、4、6、7。为了使各执行机构的运动循环的时间同步化，可以将原动件 1、4、6、7 安装在同一根分配轴上或用一些传动机构把它们连接起来以实现原动件转速相同和相互间有一定的相位差。在同一根分配轴上的构件 1、4、6、7 只要按动作顺序安排，就可实现周而复始的循环协调动作。如果采用一些传动机构把构件 1、4、6、7 连接起来，应使它们在同一转速下运转并保持动作顺序。在某些其他类型机器中也可使它们不在同一转速下运转，此时各原动件转速比值为整数比，以实现周而复始的协调动作。一般以原动件最低转速所对应的运动循环为整机的运动循环，较高转速的构件一般应作间歇运动，以实现各执行构件动作的协调配合。

（2）各执行机构的动作在空间上协调配合。

在粉料压片机中，执行构件 3、9 的两个运动轨迹是相交的，故在安排两执行构件的运动时，不仅要注意到时间上的协调，还要注意到空间位置上的协调——空间同步化，亦即使两执行构件在运动空间内不相互干扰。时间协调与空间同步化有密切的关系。

10.4.3 执行机构协调设计的分析计算

1. 各执行机构运动循环时间同步化的计算

（1）机器最大工作循环周期 T_{max} 的确定。机器最大工作循环的周期 T_{max} 是机器各执行机构工作必须的工作循环时间之和。例如，图 10-19c 所示的粉料压片机，它由四个执行机构组成，各个执行机构的动作过程一般可以分解为工作行程、最远停歇、回程（空行程）、最近停歇四个阶段，它们各自的工作循环时间为 T_{p1}、T_{p2}、T_{p3}、T_{p4}，则机器最大工作循环周期 $T_{max} = T_{p1} + T_{p2} + T_{p3} + T_{p4}$。这样的计算结果虽然能确保各执行机构的动作次序和时间要求，但是很显然这并不合理。

（2）机器最小工作循环周期 T_{min} 的确定。机器最小工作循环周期 T_{min} 是机器各执行机构工作循环时间的最大值 T_{pmax}。例如，粉料压片机，它的四个执行机构中机器 I 的工作循环时间 T_{p1} 为最大，则 $T_{min} = T_{p1}$。如果以 T_{min} 作为机器的工作循环周期，也不一定合理，要在 T_{min} 时间内同时完成四个执行构件的动作，又不能在空间内产生干涉，往往是比较困难的，因此必须增加工作循环周期的大小。只有当机器的执行机构较少而且相互间时间协调较好时，才可能在 T_{min} 时间内完成工艺动作次序和要求。

（3）确定合理的机器的工作循环周期 T。在确保各执行构件工作行程、回程的要求下，采用各执行机构的工作循环部分重合的方法来合理确定机器的工作循环周期 T，以实现工艺过程所需的动作次序和相应的时间要求。为了尽量缩短机械工作循环周期 T，提高机器的生产率，一般可以采取两个措施：一是将各执行机构的工作行程和回程时间在可能条件下尽量缩短；二是在前一个执行机构的回程结束之前，后一执行机构就开始工作行程，这就是利用两执行构件的空间余量，在不相互干涉的条件下，采用"偷时间"的办法解决。对于具有较多执行机构的机器采用上述两措施之后，其效果是十分明显的。

（4）确定各执行机构分配轴的转速和对应起始角。大多数机器各执行机构的原动件都安装在同一分配轴上，可以根据机器工作循环的周期 T 算出分配轴的转速 $n_分$

$$n_分 = \frac{60}{T} \ \text{r/min} \tag{10-5}$$

式中，T 的单位为 s。

一般，在机器中将某一执行机构的工作行程起始点作为零位，根据机器各执行机构的生产工艺动作次序的安排不难求出各执行机构工作行程的起始角。

2. 各执行机构运动循环空间同步化的计算

图 10-20 所示为饼干包装机的两个折侧边的执行机构。M 点是两折边器运动轨迹的交点，说明空间同步化设计不好将会产生空间上的相互干涉。如果两折边先后顺序动作的间隔时间太长，虽然空间上相互不干涉，但会使折过边的包装纸重新弹回虚线位置，无法保证包装质量；反之，两折边机构先后顺序动作的时间间隔太短，会使两折边器在空间上相碰，使机件损坏。

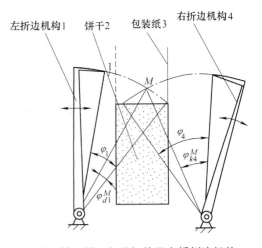

图 10-20　饼干包装机的两个折侧边机构

空间同步化计算前需已知执行机构的动作顺序，各执行机构执行构件的实际位移曲线图，各执行机构的机构简图，从而合理确定各执行机构的运动错位量 Δt。图 10-21 表示图 10-20 的饼干包装机左右折边机构的位移曲线图。交点 M 所对应的角位移为 φ_{d1}^M 和 φ_{k4}^M，它们在 $\varphi-t$ 曲

线上的点为 M_1、M_4，由于存在错位量 Δt，使左右两折边机构不会相碰。如果 M_1、M_4 重合于一点，则肯定会产生执行构件相碰的现象，解决办法是将左右两折边机构的执行构件的位移曲线加以改变，例如用时间上的错位等。

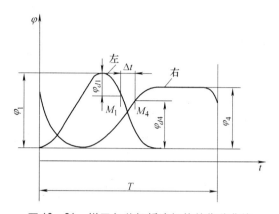

图 10 - 21　饼干包装机折边机构的位移曲线

第 11 章　机械运动系统方案的计算机辅助设计

经济的全球化，使机械产品面临着愈来愈剧烈的国际竞争。为了增强机械产品的市场竞争力，缩短产品的设计、制造周期往往是企业追求的目标。在工业发达的国家提出了"产品生命周期三年，产品试制周期三个月，产品设计周期三周"的"市场快速响应策略"。因此，对市场快速响应的方法普遍引起了大家的关注。

机械运动系统方案的计算机辅助设计有利于充分利用现有的设计资源，更快更好地进行机械产品的创新设计。

11.1　引言

机械运动系统方案的计算机辅助设计，一般来说应从两方面入手：一方面要对设计过程进行再认识，建立适合于计算机程序系统的设计理论和有效的设计过程模型；另一方面是如何在一定的设计理论和方法的指导下，对设计知识、设计过程知识进行有效的分类整理、特性提取、信息建模，并通过合理的人机协调策略，构建计算机辅助设计体系。机械运动系统方案设计过程包括市场需求分析、产品功能确定、总功能分解、工艺动作过程构思和分解、执行动作的确定和执行机构的选择、机械运

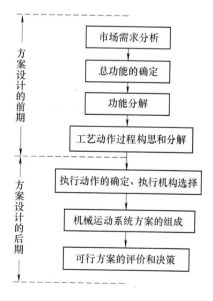

图 11 - 1　机械运动系统方案设计过程

动系统方案的组成、可行方案的评价和决策等。图 11 - 1 所示为机械运动系统方案设计过程。机械运动系统方案设计可分为前期设计和后期设计两个阶段。方案设计的前期阶段，目前多依靠设计人员的设计理念、设计知识和经验，较难全面地实现计算机辅助设计；方案设计的后期阶段，在建立功能—工艺动作过程—执行动作—执行机构(即 function—process—action—mechanism，简记为 F—P—A—M)功能求解过程模型的基础上，进行机械运动系统方案的组成，进而对可行方案作评价、决策。

11.2 基于 F—P—A—M 功能求解模型的机械运动系统方案计算机辅助设计流程

机械系统无论简单还是复杂，都是通过一个或一组工艺动作来实现机器功能的。而工艺动作的实现是依靠执行机构产生的执行动作。因此，机械运动系统方案实质上是执行机构系统方案。机械运动系统方案计算机辅助设计，就是将机械的工艺动作过程分解为若干工艺动作行为，再将动作行为映射为相匹配的机构(结构)，最后通过组合原理形成机械运动系统方案。

11.2.1 F—P—A—M 功能求解模型

机械运动系统方案设计是根据机器的功能要求获得机构系统方案。因此，功能是机械运动系统方案设计的出发点，也是机械运动系统方案设计的归宿。功能求解模型是机械运动系统方案求解的关键。以前曾经提出过功能—结构(F—S)模型和功能—行为—结构(F—B—S)模型。由于这两种模型对于机械运动系统方案设计缺乏针对性，即不是根据机器的特性提出的。因此，这两种模型并不适合机械运动系统方案设计。

现在，根据工作机器的特性是实现机械运动的传递和变换并完成机械能的变换，提出了功能—工艺动作过程—动作—执行机构模型。这个模型由于功能映射为动作，动作映射为机构，更易实现机械运动系统方案的计算机辅助设计。图 11 - 2 表示功能—过程—动作—机构的功能求解模型。

F—P—A—M 求解过程是，首先确定机械运动系统的功能，其次按功能构思工艺动作过程，然后将工艺动作过程分解为若干个工艺动作行为(亦可称执行动作)，最后寻求与执行动作相应的执行机构，并由此组成可行的若干机械运动系统方案。

F—P—A—M 求解模型分为三个组成部分：左边部分为代表领域知识的机器实例库、机器功能分解库和运动特性库；中间部分表示功能求解过程；右边部分代表

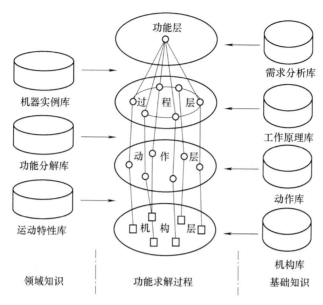

图 11-2　功能—过程—动作—机构求解模型

了基础知识的需求分析库、工作原理库、动作库和机构库。在 F—P—A—M 求解模型中，功能是机械系统要实现的目标；工艺动作过程是功能的具体实现手段；执行动作是实现工艺动作过程的分解结果；执行机构是实现执行动作的结构。通过功能层、工艺动作过程层、执行动作层、执行机构层四个层次的具体化，使机械运动系统方案设计环环相扣、步步深入，最终求得机械运动系统的若干可行方案。

11.2.2　基于 F—P—A—M 模型的机械运动系统方案计算机辅助设计流程

基于 F—P—A—M 模型的机械运动系统方案计算机辅助设计，应该以大量知识作为基础。图 11-3 表示机械运动系统方案计算机辅助设计的流程图，其中引入了机构类型库、机构创新知识库、机构分析与综合软件系统、机构系统组合方法库、机构系统运动仿真软件以及方案评价软件系统等。

设计过程是一种对原模型逐步精确、细化的过程，是从设计需求域向结构域映射的过程。如果引入对应于设计过程的中间状态，则可以认为整个设计过程是每个中间状态转化的总和。从机械运动系统方案计算机辅助设计来看，方案设计过程是一个状态空间逐渐转换变化的过程。方案设计过程的初始状态是根据市场需求所提出的总功能，而最终的目标状态则是机构系统方案解，方案设计过程中间状态为工艺动作过程、执行动作集、执行机构集、可行机构系统方案集、评价系统集等。

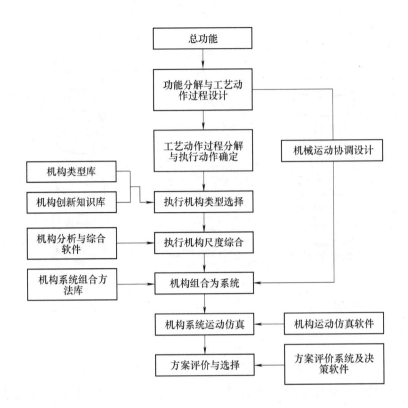

图 11 - 3 机械运动系统方案计算机辅助设计流程

11.2.3 机械运动系统方案设计过程中相关状态的抽象描述

1. 功能

功能是机械系统运动行为的抽象，也可以定义为将一定输入变换为一定输出的能力。

如果用 $\beta(X)$ 表示系统 X 的功能，$I(X)$ 表示系统 X 的输入，$O(X)$ 表示系统 X 的输出，则对系统与环境的某种关系 p 来说，系统 X 的功能可以定义为

$$^p\beta(X) \overset{df}{=} <^pI(X), ^pO(X), pHolder> \tag{11-1}$$

即将系统 X 在 p 关系中的功能定义为输入 $^pI(X)$、输出 $^pO(X)$ 以及实现指针 $pHolder$ 的三元组。当 $pHolder$ 指向具体的运动行为或行为转换对时，X 为基本功能；当 $pHolder$ 指向某一实现原理时，则 X 为原理功能。

2. 运动行为与运动系统

行为是功能的具体体现。机械系统的行为是以运动来体现的，称之为运动行为。实现运动行为的系统称为运动系统。

运动行为的形式多种多样，有等速转动、不等速转动、等速摆动、不等速摆动、等速移动、不等速移动、间歇摆动、间歇移动、刚体导引、实现轨迹运动等。

一般采用机构实现运动行为的运动系统。

若用 $\gamma(X)$ 表示系统 X 的运动行为，可定义为

$$\gamma(X) = f\{I(X), O(X), S(X)\}$$

系统 X 的运动行为定义为输入 $I(X)$、输出 $O(X)$ 及结构类型和尺度 $S(X)$ 的三元组合。

3. 工艺动作过程

工艺动作过程是指实现机器功能所需的一系列运动行为按一定的空间、时序顺序组合而成的系列动作过程。工艺动作过程取决于工艺动作原理。工艺动作过程可以按一定的分解规则加以分解。

若用 $p(X)$ 表示系统 X 的工艺动作过程，可定义为

$$p(X) = p\{F(X), F(x,y,z,t)\}$$

系统 X 的工艺动作过程定义为系统的功能 $F(X)$、功能的空间和时间顺序组合 $F(x,y,z,t)$ 的组合情况。

4. 执行动作

执行动作是工艺动作过程分解后的某一简单运动，它往往可以由某种机构来实现。这些简单运动称为执行动作。执行动作是机构的运动行为在特定工艺动作过程中的体现。

5. 机构

机构 M 可以定义为具有确定运动的有序约束的构件系统，即 $M(X) = \alpha(S,R)$。其中，S 为构件集；R 为构件间的运动约束关系。

执行机构是实现执行动作的实体，也是机械运动系统方案的基本组成部分。

11.3 执行机构的信息模型

人类专家的设计能力来源于对知识的掌握、处理和运用。机械运动系统方案计算机辅助设计过程主要是通过对人类已掌握的有关机械运动系统开发的知识（包括产品与设计过程及相关知识）分层组织归纳后，以机械运动系统为核心建立相应的知识库，然后借助于计算机、人工智能、知识工程等技术手段对知识进行分析、综合、重组与优化的一个过程。由此可见，产品信息与设计过程知识的建模是机械运动系统计算机辅助设计的核心。

11.3.1 产品设计信息模型的特征

产品设计信息模型一般具有如下特征：

1. 支持产品功能表达

机械运动系统设计过程是根据用户提出的功能要求获得机构系统方案的过程。功能是机械运动系统设计的出发点，也是它的归宿。因此，产品设计信息模型应以功能表达为核心。

2. 支持产品多层次抽象表达

产品设计过程是一个渐进的、逐步完善的、不断细化的过程。因此，产品设计过程中的各个阶段，信息的抽象程度不同。采用多层次抽象表达，将有利于产品设计的步步深入，最终达到功能要求。

3. 支持自顶向下的设计过程模式

产品设计一般总是自顶向下(top—down)式进行的，它经历的过程是定义产品的功能表达、进行功能分析、寻求功能的结构实现、进行方案评价。如果不能满足要求，则需重复上述过程。产品设计信息模型应支持 top—down 式的设计过程，具有向下信息的可扩充性。

4. 产品信息的共享与重用

产品设计过程需要得到多方面设计资源和信息的支持，这一方面有利于加快设计过程，另一方面可以完善设计结果。因此，信息的共享与重用对产品设计十分重要。信息的共享与重用必须进行信息集成。

5. 减少信息的冗余

在产品设计信息模型建立过程中要充分注意如何减少信息冗余的问题。减少信息冗余有利于提高产品设计方案的自动生成效率。

11.3.2 层次化执行机构的信息模型

根据 F—P—A—M 求解过程，执行机构的信息模型分为四个层次：功能层、工艺动作过程层、运动行为层和执行机构层，如图 11 - 4 所示。

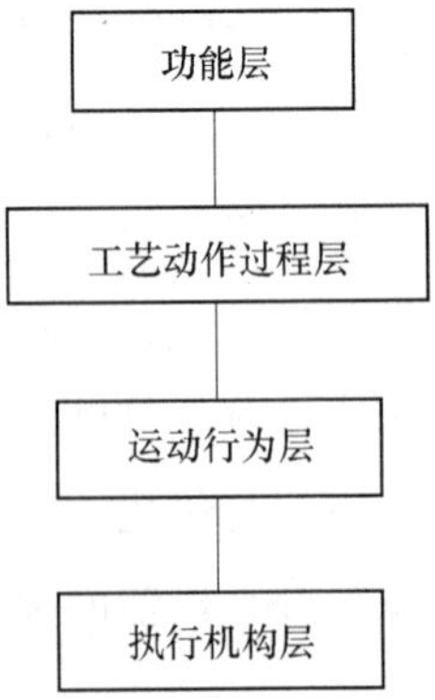

机械系统的功能层中包含机械的功用信息，例如实现"切削加工"、"纺织"、"包装"、"缝纫"、"装订"、"印刷"、"洗衣"等。这些功用信息来自于市场需求、机械的工作原理以及相关的机械实例。

工艺动作过程层中包含与机械工作原理相应的工艺动作的构想，对于工作机器，一般应包含"上料"、"送料"、"加工"、"下料"等关键动作，基于实例的构思可以帮助我们构思出"巧妙"、"实用"、"高效"的工艺动作过程。

图 11 - 4　层次化执行机构的信息模型

运动行为层，应包含工艺动作过程分解后所得到的若干执行动作。运动行为的信息主要包括：运动类型、运动轴线和速度特性等。工艺动作过程分解时要考虑所得的各执行动作能否为机构执行件实现，如不能，还需重新分解。

执行机构层应包含执行机构的特性，即输入运动行为、输出运动行为、输入/输出关系、机构的类型和尺度等。执行机构是为了实现所需的运动行为，同一执行机构所能实现的运动行为可以多种多样。

如图 11－5 所示的曲柄滑块机构，若 1 为输入构件，3 为输出构件，实现移动运动；若 3 为输入构件，1 为输出构件，实现转动或摆动运动；若 1 为输入构件，构件 2 上一点的输出运动为连杆曲线。

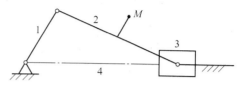

图 11－5　执行机构输出运动类型

执行机构是所求的输出运动行为的结构解。结构解不局限于选用现有机构，还应按需求来创新设计机构。

11.4　执行机构运动特性和机构知识库

11.4.1　执行机构输入—输出运动类型

执行机构实现的运动行为虽然是由输出运动来决定的，但是机构输入—输出运动类型对机构选择还是有不少影响的。机构的输入—输出运动类型如图 11－6 所示。

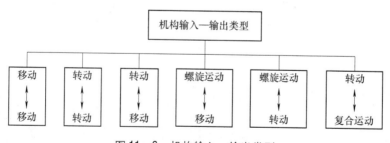

图 11－6　机构输入—输出类型

根据这六种输入—输出类型可以列出它们的基本机构如表 11－1 所示。

表 11－1　输入—输出各类型的基本机构

输入—输出	相应的基本机构
移动 ⟷ 移动	双滑块机构、移动从动件移动凸轮机构

续表

输入—输出	相应的基本机构
转动↔转动	双曲柄机构、摆动从动件凸轮机构、齿轮机构、曲柄摇杆机构、导杆机构
转动↔移动	曲柄滑块机构、正弦机构、正切机构、移动从动件凸轮机构、齿轮齿条机构
螺旋运动↔转动	螺旋机构
螺旋运动↔移动	螺旋机构
转动↔平面复合运动	铰链四杆机构、曲柄滑块机构

11.4.2 输出运动基本特性描述

基本机构的输出运动的基本特性一般可以用运动形式、运动轴线以及速度特性三个指标来描述，如图 11 – 7 所示。

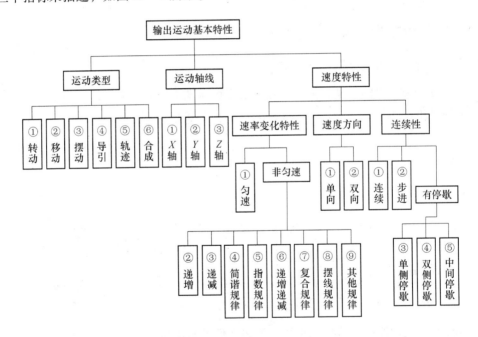

图 11 – 7 输出运动基本特性描述

11.4.3 执行机构知识库建立原则

建立执行机构知识库是机械运动系统方案计算机辅助设计的重要环节。我们可以将各种常用的机构按输入—输出运动形式、运动类型、运动轴线、速度特性进行描述，同时将机构的工作特性——工作性能、动力性能、经济性和结构尺寸等加以描述。执行机构知识库的建立，使设计者易于进行运动行为的求解，选择适合的执行机构。

机构知识库从便于存储和获取机构知识的角度考虑，对机构和机构知识进行具体的、形象化的描述，从而可根据设计要求自动地选择出所需的机构。机构知识库是将机构的相关知识存储在计算机中，从而成为数据化的关系、规则等。机构知识库中的机构知识要与机构输出运动基本特性相对应，以便根据设计要求自动地选择所需的机构。

11.4.4 机构的知识表示

根据机构输入运动类型及输出运动的基本特性，将机构的知识用六位数表示。如表 11-2 所示。表 11-3 所示为描述机构运动属性的代号。

表 11-2 对机构运动基本特性的符号表示

第一位数	第二位数	第三位数	第四位数	第五位数	第六位数
表示输入运动类型	表示输出运动类型	表示输出运动轴线	表示输出速度方向	表示输出运动速度连续性	表示输出速率变化特性

表 11-3 描述机构运动属性的代号

属性项	属性及代号							
输入运动类型	属性	转动	移动	螺旋运动				
	代号	1	2	3				
输出运动类型	属性	转动	移动	摆动	导引	轨迹	合成	
	代号	1	2	3	4	5	6	
输出运动轴线	属性	X 轴	Y 轴	Z 轴				
	代号	1	2	3				
输出运动方向	属性	单向	双向					
	代号	1	2					
输出运动连续性	属性	连续	步进	单侧停歇	双侧停歇	中间停歇		
	代号	1	2	3	4	5		

属性项	属性及代号								
输出速率 变化特性	属性	匀速	递增	递减	简谐 运动	指数 规律	递增 递减	复合 规律	摆线 规律	其他 规律
	代号	1	2	3	4	5	6	7	8	9

对于图 11-5 所示的曲柄滑块机构，若输入运动为转动（构件 1）、输出运动为移动（构件 3），则结合表 11-2、表 11-3 所示六位数表示情况和六种机构运动属性的代号，此机构可表示为 121219。

很显然这种基本特性所表示的代号是唯一的，但所对应的机构可能是多解的。这样给执行机构的选择带来了灵活多变的可能性。如果再考虑机构的工作特性、工作性能、动力性能、经济性和结构尺寸等，则机构选择范围又可大大缩小。

由于一般输入运动为转动，输入运动连续性只分为连续、步进和停歇三种，输出速率变化特性只分为匀速、非匀速两种。因此，机构基本特性的代号种类也就是 360 种左右，即 $1 \times 6 \times 3 \times 2 \times 5 \times 2 = 360$。

11.4.5 机构知识库的建立

常用的机构约 100 多种，可按基本特性所表示的符号将它们构建成机构知识库，以便进行求解选用。

例如，机构总代号为 121219 时，除了曲柄滑块机构外，还有移动从动件盘状凸轮机构、移动从动件圆柱凸轮机构、齿轮连杆机构等。

11.5 机构自动化选型

11.5.1 机构自动化选型的问题空间 Ω_w

机构自动化选型的问题空间 Ω_w 实质上是由机构输出运动基本特性要求和工作特性要求两部分组成。在数学集合论中用"论域"表明所述问题涉及的全体对象，并将其视为一个普通集合。机构自动化选型的问题空间与集合论中定义的论域有相同的特征，两者都是由若干个对象（元素）构成的整体。因此，借助于集合论中的论域对机构自动化选型的问题空间 Ω_w 进行抽象描述。用集合 Y_w 描述机构运动基本特性要求，用集合 G_w 反映机构工作特性要求。这样，描述运动基本特性要求的集合 Y_w 和反映工作特性要求的集合 G_w 则成为论域 Ω_w 中的两个子集（元素）。表 11-4 表示了机构自动化选型问题空间的组成元素。

表 11 - 4　机构自动化选型问题空间 Ω_w

		输入运动类型
		输出运动类型
	机构运动基	输出运动轴线
机构自动化选	本特性(Y_w)	输出运动方向
型问题空间 Ω_w		输出运动连续性
		输出速率变化特性
		工作性能
	机构工作特	动力性能
	性要求(G_w)	经济性
		结构尺寸
		……

关于集合 Y_w 中各元素都有其对应的属性值，各属性值的具体表达如表 11 - 3 所示，这里不再赘述。对于机构工作特性要求的各元素又可由若干项目组成。例如，工作性能常包含传力特性、传递功率和工作效率等项目。因此，对于不同的工作性能要求，可以用不同的集合进行描述。这样，实际上集合 G_w 中的元素是若干个描述不同特性要求的子集合的集合，即集合 G_w 的数学含义为：G_w 是工作性能要求集合 G_{1w}、动力性能要求集合 G_{2w}、经济性要求集合 G_{3w}、结构尺寸要求集合 G_{4w} 的并集，即

$$G_w = G_{1w} \cup G_{2w} \cup G_{3w} \cup G_{4w} \qquad (11-2)$$

或

$$G_w = \left\{ g_w : (g_w \in G_{1w}) \vee (g_w \in G_{2w}) \vee (g_w \in G_{3w}) \vee (g_w \in G_{4w}) \right\} \qquad (11-3)$$

式(11 - 2)和式(11 - 3)中，G_{1w} 为描述工作性能的集合

$$G_{1w} = \{ 传动特性、传递功率、效率、…… \} \qquad (11-4)$$

G_{2w} 为描述动力性能要求的集合

$$G_{2w} = \{ 惯性力、振动、噪声、…… \} \qquad (11-5)$$

G_{3w} 为描述经济性要求的集合

$$G_{3w} = \{ 加工制造成本、安装维护费用、…… \} \qquad (11-6)$$

G_{4w} 为描述结构尺寸要求的集合

$$G_{4w} = \{ 外廓尺寸、重量、…… \} \qquad (11-7)$$

由于对机构工作特性的要求不仅会随产品的应用场合、使用要求的变化而变

化，而且不同用户也会有不同的表达形式，即工作特性要求本身就是一个界线不清的模糊对象，会有很多随机不确定的因素。因此，较难用准确的、规范化的、计算机能识别的模式对机构工作特性要求进行确切地描述。一般，仍然采用能够为人们正确理解的自然语言词汇表达。

在集合 G_w 和 G_{1w}、G_{2w}、G_{3w}、G_{4w} 中各元素的属性值，如"传力特性"、"外廓尺寸"、"加工制造成本"等元素的属性值通常用好、较好、较差、差，或大、较大、较小、小，或高、较高、较低、低等表示。这类表示程度大小且语义较含糊的自然语言属于不确定的模糊值。因此，集合 G_w 中的子集 G_{1w}、G_{2w}、G_{3w}、G_{4w} 均属模糊集。

11.5.2 机构自动化选型的解空间 Ω_J

为了方便计算机完成机构选型的工作，将机构解知识分成三种类型，即机构运动的基本特性 Y_J、机构的工作特性 G_J 和机构特征 T_J，见表 11-5。

表 11-5 机构解的知识表达

		输出运动形式 Y_{1J}
	机构运动	输出运动轴线 Y_{2J}
	基本特性 Y_J	输出运动方向 Y_{3J}
		输出运动连续性 Y_{4J}
		输出速率变化特性 Y_{5J}
机构自动化		工作性能 G_{1J}
选型解空间 Ω_J	机构工作特性 G_J	动力性能 G_{2J}
		经济性 G_{3J}
		结构尺寸 G_{4J}
		……
		机构名称 T_{1J}
	机构特征 T_J	机构图 T_{2J}
		输入构件 T_{3J}
		输出构件 T_{4J}

Y_J 的数学表达式为

$$Y_J = Y_{1J} \cup Y_{2J} \cup Y_{3J} \cup Y_{4J} \cup Y_{5J} \qquad (11-8)$$

G_J 的数学表达式为

$$G_J = G_{1J} \cup G_{2J} \cup G_{3J} \cup G_{4J} \qquad (11-9)$$

G_{1J}、G_{2J}、G_{3J}、G_{4J} 分别是描述机构的工作性能、动力性能、经济性和结构尺寸的集合。它们中的对象及对象数目均与 G_w 类同。

T_J 中的元素包括机构名称 T_{1J}、机构图 T_{2J}、输入构件 T_{3J}、输出构件 T_{4J}，可表示为

$$T_J = \{T_{1J}, T_{2J}, T_{3J}, T_{4J}\} \qquad (11-10)$$

机构自动化选型的解空间的数学描述形式为

$$\Omega_{JK} = Y_{JK} \cup G_{JK} \cup T_{JK} \qquad (11-11)$$

11.5.3 机构自动化选型原理

计算机擅长求解和处理精确型问题，对于模糊型问题的求解和处理则显得极为困难。由于在机构自动化选型系统的问题空间到解空间中，同时含有精确和模糊两种类型的设计要求和机构知识。因此，计算机无法通过问题空间到解空间的直接映射，获取既满足机构输出运动基本特性要求又符合机构工作特性要求的机构解（称这类机构解为可行机构解）。

机构知识库中存储了机构选型的相关知识。其中，有确定型知识，例如机构输出运动基本特性与机构间的对应关系；也有模糊型知识，例如机构工作特性本身与应用场合相关，具有不确定性。

确定型知识可以辅助计算机精确推理，模糊型知识则可辅助设计者进行评价决策。因此，可构造出一个计算机与人类交互作用的机构自动选型模式，如图 11-8 所示。其中将机构自动化选型分成三个阶段：

（1）计算机精确推理，获取满足问题空间 Ω_w 中机构输出运动基本特性的机构解。由计算机根据机构输出运动基本特性要求，在解空间 Ω_J（机构知识库）中匹配满足此要求的机构解，由此获得一个新解空间 Ω_J'，这个新解空间缩小了进一步求解的范围。但是，一般应为多种机构解。

（2）设计者按机构工作特性要求评价决策。在新解空间 Ω_J' 中搜索满足机构工作特性要求的机构解，得到既符合机构输出运动基本特性要求又满足机构工作特性要求的可行机构解。

（3）可行机构解的综合最优解。通过综合评价，获得最佳机构解，作为最终的实际机构解。

从上述过程可见，这种人机结合的机构自动化选型过程，既提高了机构选型的效率和准确性，又简化了机构自动化选型的推理机制，避免了由于推理机制过于复杂而导致机构选型的可靠性和设计效率降低等不良后果。因此，这种方法具有较大

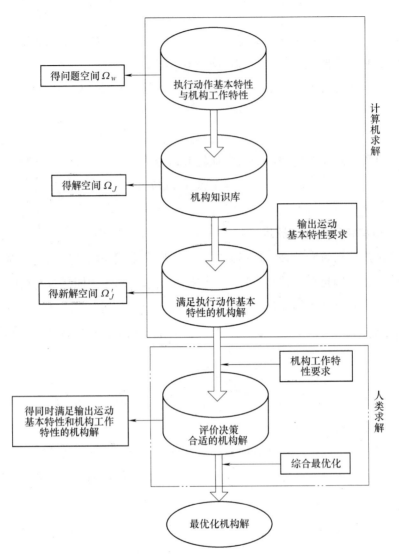

图 11 - 8　机构自动化选型模型

的实用价值。

11.5.4　机构自动化选型应用举例

试按下列要求进行机构自动化选型：

（1）机构输入运动的类型采用转动，绕 Z 轴单向匀速转动。

（2）机构输出运动基本特性要求为①移动；②沿 X 轴；③双向运动；④连续运动；⑤非匀速运动。

（3）机构工作特性要求为①工作性能——传力较大；②动力性能——振动、噪声较小；③经济性——制造成本较低；④结构尺寸——外廓尺寸较小。

可以按输出运动基本特性要求，在机构知识库中按总代码求出两个可行解，即曲柄滑块机构和移动从动件盘状凸轮机构。求解过程略。

根据机构工作特性要求最后选择采用曲柄滑块机构。

11.6 机构系统自动化组成理论及其实现

机械运动系统方案设计，最终应组成能够较好实现机械工艺动作过程的机械系统。因此，在机构自动化选型的基础上还需进行机构系统的自动组成。

11.6.1 基于 F—P—A—M 求解模型的机构系统自动化组成过程

基于 F—P—A—M 求解模型的机构系统自动化组成过程框图，如图 11 - 9

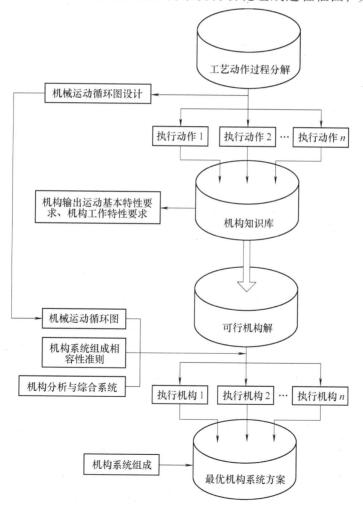

图 11 - 9 基于 F—P—A—M 求解模型的机构系统自动化组成过程

所示。

工艺动作过程分解所得的若干工艺动作(亦称执行动作)是机构系统组成的出发点,按各执行动作所提出的机构输出运动基本特性要求和机构工作特性要求,可以求得执行机构 $1,2,\cdots,n$。根据机械运动循环图和机构系统组成相容性准则,进行各机构的分析和综合,确定机构尺度和运动状况,组成符合工艺动作过程要求的机构系统,从而求得综合性能最优的机构系统(也就是机械运动系统方案)。

11.6.2 机构系统组合的相容性判别准则

根据各执行动作要求不难求得相应的执行机构。但是在机构系统组合过程中必须进行相容性判别,使机构系统能够完成所需的工艺动作过程,从而实现机械的总功能。

机构系统组合的相容性具体表现为:

(1) 各执行机构运动的时间相容性。各执行机构运动过程应满足工艺动作过程的时间序列,实现机械运动循环图的动作时间要求。否则会产生运动干涉,破坏工艺动作过程,使机械无法正常工作。

(2) 各执行机构运动的空间相容性。各执行机构在布局中,不能让各执行构件运动在空间上相互干涉。否则会造成动作失常、机件的破坏,使机械失效。

(3) 各执行机构的执行构件运动规律应符合机械运动循环图要求。机械运动循环图能够具体反映工艺动作过程。执行构件运动规律必须准确实现工艺动作过程的动作要求,否则会造成各构件动作不匹配、运动失调、工艺动作走样、机械无法按设计要求工作。

(4) 各执行机构输出运动基本特性的相容性。根据机械的工艺动作过程要求,执行构件(输出构件)的运动形式、运动轴线、运动方向、运动连续性、运动速率变化都应满足相应要求,否则还会产生运动不相容,无法实现所需工艺动作过程。

(5) 各执行机构运动精度的相容性。从实现机械工艺动过程来看,各执行机构按序实现相应动作,并由这些动作的相互配合实现精确有序的工艺动作过程,从而完成机械系统的功能。各执行动作的配合是由各执行机构运动精度相匹配作保证的。例如,四工位专用机床,其加工精度取决于工作台间歇转动 $90°$ 的转动精度和刀具主轴箱向左移动的移动精度(参见图 11-10 所示的四工位专用机床的运动系统方案)。这两个执行机构运动精度相匹配才能取得满意的结果。执行机构的运动精度取决于机构的类型和机构的尺寸精度。

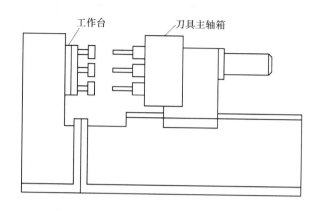

图 11 - 10   四工位专用机床

11.6.3   机构系统自动化组成的实现

图 11 - 9 所示为机构系统自动化组成过程。对于由 n 个执行机构所组成的机构系统，首先应按各执行动作要求得到 n 个可行机构解集，其次按机构系统组成相容性判别准则选择组成具有相容的 n 个机构解的机构系统，然后按机械运动循环图的动作顺序将 AutoCAD 绘制的各机构直接合成机构系统简图。一般可用三维机构图来表达机构系统。

11.6.4   机构系统自动化组成实例

图 11 - 10 所示为四工位专用机床的结构图，在四个工位上同时完成装卸工件、钻孔、扩孔和铰孔工作。它由三个部分组成：①装有四个工位的工作台；②装有由专用电动机驱动的三把专用刀具（钻头、扩孔钻和铰刀）的主轴箱；③刀具主轴箱的移动装置。刀具主轴箱每次往返移动完成一个工作循环，例如主轴箱左移送进一次，在四个工位上同时完成装卸工件、钻孔、扩孔和铰孔工作。当主轴箱右移至刀具离开工件后，工作台回转 90°，主轴箱再次左移，送进和加工工件。

由此可见，四工位专用机床有三个工艺动作：①刀具切削工件时刀轴的连续高速转动；②工作台的间歇转动；③主轴箱的往复移动。

图 11 - 11 表示四工位专用机床运动转换示意图。由图可见，刀轴的连续高速转动由单独的电动机 1 驱动，机构比较简单。工作台的间歇转动和主轴箱的往复移动均由另一台电动机 2 驱动。

根据机构输出运动基本特性和机构工作特性要求，并考虑机构系统组成的相容性准则，工作台间歇运动机构采用槽轮机构；主轴箱往复移动机构采用移动从动件圆柱凸轮机构。因此四工位专用机床的机构系统（机械运动系统方案）如图 11 - 12

所示，它只是其中一种可行方案。

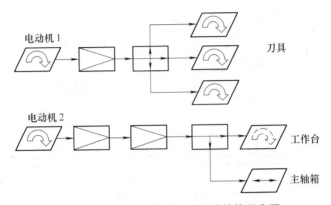

图 11－11　四工位专用机床运动转换示意图

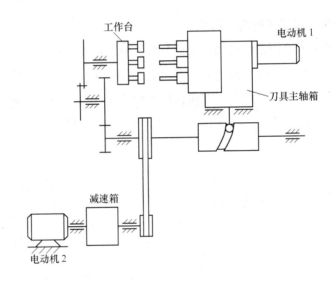

图 11－12　四工位专用机床的运动系统方案

11.7　机械系统方案计算机辅助设计的展望

机械系统方案设计是提高机械产品竞争能力的关键步骤之一。它是一项复杂的、有许多互相制约因素的系统性和综合决策性的设计工作。现有的 CAD 系统一般没有处理模糊信息的能力，对决策工作的处理能力较弱，由此使 CAD 技术在产品开发前期的机械系统方案设计中的应用和发展受到一定程度的制约，使机械系统方案设计的智能化、自动化受到较大的限制。目前，国内外从事设计科学研究的学者已十分重视机械系统方案计算机辅助设计的研究，并已初步取得了一些成果。

为了提高机械系统方案计算机辅助设计的水平，还应对下列问题加强研究，不断深化：

（1）完善功能—行为过程—行为—结构的功能求解模型，研究自动化求解方法。

机械系统方案设计的出发点是功能需求，它的具体表现是行为过程，通过行为过程分解可以得到各行为的结构解。对机械运动系统来说，就是功能—工艺动作过程—工艺动作—机构(F—P—A—M)。功能求解模型的细化有利于自动化求解的实现。完善功能求解模型，深入研究自动化求解方法是我们必须解决的问题。

（2）研究行为过程构思和分解的自动化方法。

根据功能需求和工作原理来构思行为过程。对于每一类机械系统均有其内在规律性和知识表达方法，因此研究行为过程构思和分解的自动化实现方法是提高机械系统方案计算机辅助设计水平的重要问题。

（3）研究机械系统行为分类和行为载体知识库的构建方法。

对于机械系统来说体现功能的行为种类是有限的，对行为进行合理地分类将有利于进行功能求解。行为载体是行为的结构解，只要对行为载体按运动特性和工作特性构建知识库就能较好地实现行为载体的自动化选型。

（4）研究机械系统方案自动化组成的理论和方法。

机械系统方案的组成涉及功能要求、相容性要求等。因此对设计中的推理规则和组成规则必须深入研究，并设法建立相应的规则库，推动机械系统方案的计算机辅助设计向更加自动化、实用化的方向发展。

（5）研究机械系统方案简图的自动绘制和机械系统的动态仿真。

机械系统方案设计的最终结果要绘制出以线条形式表达的方案简图。在方案组成后，可以采用行为载体的简图表示方法，画出机械系统的方案简图，为机械系统构形设计提供依据。对于机械运动系统方案还应进行动态仿真以检验方案的性能，判别方案的好坏。

总之，把系统科学思想与计算机技术结合起来可以将机械运动方案设计提高到一个新的水平，使机械创新设计达到更高的层次。

第12章 机电一体化系统方案设计基本原理

12.1 概述

12.1.1 机电一体化系统的形成和发展

为了增强机械设备的功能和改善机械设备的性能,人们早在20世纪70年代以前就开始将机械与电子有机结合起来,产生了一些新颖的机械产品,为机电一体化产品的研制奠定了基础。随着机械技术、微电子技术的飞速发展和广泛应用,人们日益重视机械技术与微电子技术的相互集成和融合,使机电一体化技术得到了迅速发展。正式提出"机电一体化(mechatronics)"概念是在1971年。因此,可以认为机电一体化技术已经历了30多年的发展。机电一体化技术正在不断地完善,愈来愈受到重视。

20世纪70年代,日本学者首次提出了机电一体化的概念,当时只是将机械技术与电子技术简单地结合,相应地,机电一体化产品也比较简单,主要采用了高性能伺服技术,其典型产品如自动照相机、自动售货机等。20世纪80年代,由于高性能微处理器的出现以及在机电一体化产品中的广泛应用,大大提高了机电一体化产品的自动化、智能化程度,使产品性能有了较大提高,其典型产品如数控机床、工业机器人等。20世纪90年代,由于计算机网络和信息技术的迅速发展和广泛应用,使机电一体化产品向网络化、集成化方向发展,产品性能大大提高,具有了远程操作等特性。通过网络远程控制进行心脏手术的机器人就是它的典型代表。

关于"机电一体化(mechatronics)"这个名词的起源,说法较多。早在1971年,日本《机械设计》杂志副刊就提出了"mechatronics"这一名词,它是由mechanics(机械学)与electronics(电子学)组合而成的。从图12-1可见,它是融合机械技术、电子技术、信息技术等多种技术为一体的新兴技术。采用机电一体化技术设计和制造出的产品，称为机电一体化产品。从系统科学的观点来看，机电一体化产品又可称为机电一体化系统，它是集机械元件和电子元件于一体的复合系统。

图 12-1　机电一体化技术

12.1.2　机电一体化系统的定义

机电一体化系统的英文译名"mechtronics"最早是在 1971 年日本的《机械设计》副刊特辑中提出的，到了 1976 年前后已被日本各界所接受。但是对于机电一体化系统的定义，日本、美国、德国学者的认识并不一致。

在日本，"机械振兴协会经济研究所"于 1981 年 3 月提出："机电一体化系统乃是在机械的主功能、动力功能、信息功能和控制功能上引进微电子技术，并将机械装置与电子装置用相关软件有机结合而构成系统的总称。"

在美国，美国机械工程师协会（ASME）于 1984 年也给出了对机电一体化系统的定义："由计算机信息网络协调与控制的、用于完成包括机械力、运动和能量流等多动力学任务的机械和（或）机电部件相互联系的现代机械系统。"

在德国，电气工程技术人员协会及其组成的精密工程技术专家组于 1981 年认为机电一体化系统是一种精密机械装置，"它是机械（含液压、气动及微机械）、电工与电子、光学及其他不同技术的组合。"

从上述日本、美国、德国机械工程界对机电一体化系统的认识来看，我们认为机电一体化系统最本质的特征是一个机械系统，从而将机电一体化系统定义如下："机电一体化系统是将计算机技术融合于机械的信息处理和控制功能，实现机械运动、动力传递和变换，完成设定的机械功能的现代机械系统。"

由于机械技术和微电子技术的有机结合，使现代机械系统更易实现功能的柔性化、智能化和自动化。

机电一体化系统是现代机械系统这一基本认识，将有利于我们建立机电一体化系统的组成框架及其系统设计的过程模型。

12.1.3　机电一体化系统的研究状况

总的来看，机电一体化系统设计的研究处于初始阶段。企业由于开发产品的需要，对于机电一体化系统设计理论和方法的需求十分迫切，但是现有的机电一体化系统的设计理论和方法远远无法满足这种需求。

目前，对于机电一体化系统设计的研究主要集中在欧洲、美国和日本。在欧洲开展机电一体化系统设计的研究的主要机构有：德国的 Darmstadt 大学、英国 Lancaster 大学的工程设计中心、荷兰 Twente 大学、比利时 Leuven 大学、挪威科技大学、丹麦技术大学和芬兰的 VTT 研究中心等。在美国开展机电一体化系统研究的主要集中在 MIT（美国麻省理工学院）、Carnegie Mellon 大学、Michigan 大学和 Standford 大学。在日本，东京大学的 Yoshikawa 和 Tomiyama 两位学者也在研究机电一体化系统设计。

德国 Darmstadt 大学的 R. Isermann，H. J. Herpel，M. Glesner 等人对机电一体化系统设计进行了较为深入的研究，集中研究了机电一体化系统中控制系统的设计方法学。他们认为控制系统设计是机电一体化的主体，较少考虑机械部分的特性、传感器的特性和驱动元件的特性，也没有考虑几部分之间的融合设计问题。

德国 Heinz Nixdorf 大学的 Jürgen Gausemeier，Martin Flath，Stefan Möhringer 等人于 2001 年构建了机电一体化系统开发的 V 型模型，指出在概念设计的早期阶段需要有一种共同的功能描述语言来描述所涉及的不同学科的知识，并给出了一种适用于机电一体化产品概念设计的集成方法，即用半规则式说明语言进行功能的功能原理建模。

在法国 PSA 所进行的 ESPRIT Ⅲ/OLMECO（open library for models of mechatronics components，即机电一体化组成元件模型的开放库）研究项目，取得了阶段性成果。该项目的核心是一个包含机电一体化基本功能元件，或者已在实践中应用的系统作为基本单元的模型库。这个模型库能够为工程设计人员提供正确的、有效的、可重用的模型单元。在机电一体化系统方案设计中可随时从库中调用这些基本元件或系统，从而提高了设计效率和设计水平，但所得方案往往缺乏创新性。

美国 Analogy 公司开发的 Saber 软件自称是支持机电一体化系统智能化概念设计的，但实际上实现的是机电一体化系统的仿真。它只具备对机电一体化系统的建模、性能仿真、灵敏度分析等功能，而不具备方案设计的功能。由于该软件是由电子系统设计软件发展而来的，因此无法满足真正的机电一体化系统方案设计需要。

英国 Lancaster 大学的工程设计中心自 1990 年成立以来，在机电一体化系统方案设计方面作了大量的研究。他们采用键合图（bond graph）作为仿真技术的底层，通过能量守恒定律在各能量子系统之间搭起一座桥梁，采用方框图作为信息处理系统的底层表达方式。用面向功能模块的混合建模（包括键合图理论、方框图和高层次的功能模块表达）方法，构建了机电一体化产品设计的 Schemebuilder 虚拟开发平台。通过系统模拟平台进行模拟、仿真、检验，从而使设计得到一定的验证并改善系统的性能。但该软件的设计偏重于控制部分，因此必然有它的局限性。

在我国，对机电一体化系统的方案设计问题还研究得不多。上海交通大学在

1996 年开始对机电一体化系统方案设计问题作了较为系统的研究，并取得了较大的成果。他们对国外机电一体化系统方案设计较多局限于电子软件和控制部分的现状进行了研究，认为机电一体化系统其本质还是一个机械系统，是一个现代机械系统。这就是说，机电一体化系统的主功能是机械功能，是为了实现运动和机械能的传递和变换。在机电一体化系统中实现信息的测试和传输、软件的编制和控制技术是围绕机械功能主线而进行的，通过机械、电子、软件的相互融合而使机械主功能实现自动化、智能化、柔性化和性能最优化。本章将分别论述机电一体化系统组成的划分、机电一体化系统概念设计的设计模型及数学描述、基于知识重用的机电一体化系统方案组成、广义执行机构概念设计过程模型、广义执行机构的创新解法等。

总之，机电一体化系统的设计理论和方法还有待深入研究。相信通过大家的努力，形成完整的机电一体化系统设计理论和方法，为期不会太远。

12.1.4 机电一体化系统的组成

机电一体化系统设计过程模型的建立与机电一体化系统的组成密切相关。根据有关文献的阐述，对机电一体化系统的组成比较典型的看法有三种：

1. 五块论

德国 Darmstadt 大学的 Rolf Isermann 提出机电一体化系统由五大功能模块组成，即控制功能、动力功能、传感检测功能、操作功能和结构功能。将机电一体化系统通俗地比作人的大脑、内脏、五官、四肢及躯体。Rolf Isermann 认为控制功能模块决定控制策略，动力功能模块提供动力，传感检测功能模块测量完成机械功能的相关信息，操作功能模块是指相应的执行元件，如电动机等，结构功能模块是指机电一体化系统的壳体等。五块论从机电一体化系统方案设计阶段来看，存在一些缺陷：它没有强调从实现机械主功能出发去获取功能原理解；它过分强调了控制部分的作用；它忽视了实现运动传递和转换的执行机构系统。由此，会使我们对机电一体化系统缺乏深层次的认识，难以深入解决机电一体化系统的设计问题。

2. 三环论

丹麦理工大学的 Jacob Burr 等人将机电一体化系统用机械、电子、软件三个相交圆环表示，认为机电一体化系统是由机械、电子、软件三大功能模块组成。其中机械模块包括执行机构、机械传动；电子模块包括驱动器的电力、电子部件和传感器；软件模块是指控制系统的软件。三环论模型的特点是将功能按机械、电子、软件三个方面进行分配，以此表示机电一体化系统的组成和相互关联。机械、电子、软件间的关系用三环来表达，其含义相对比较含糊，令人难以捉摸，同时电子和软件的内涵也没有明确地界定。由于上述两方面的模糊性使该模型难以用于机电一体化系统方案设计。

3. 两子系统论

挪威科技大学的 Bassam A. Hussein 提出将机电一体化系统划分为两大子系统：物理系统与控制系统。物理系统包括各种驱动装置、执行机构、传感器等；控制系统包括控制系统的软、硬件。这种划分方式是从能量流和信息流来考虑的，能量流经的系统属物理系统，信息流经的系统属控制系统。两个子系统的划分从实现功能角度来看，比前两种观点趋于合理，同时有利于对控制系统的深入研究。但是，对物理系统的内涵表达不够细致，因为驱动装置和执行机构与传感器在实现功能方面不能统一。两个子系统论同样很难指导机电一体化系统的方案设计。

12.1.5 机电一体化系统组成的新认识

根据系统论的观点，将一个系统划分为互相联系的子系统的原则为：一是应突出系统的主功能；二是应按功能分解原理用各相对独立的子功能来确定子系统。

从上述分析来看，机电一体化系统的主功能应是实现运动和动力的传递和转换，能量的传递和转换应服从运动和动力的传递和转换规律。机电一体化系统的执行机构系统就是为了实现机械的主功能。

从机电一体化系统的相对独立的子功能来看，实现机械主功能所需参数的检测和传感的目的是进行相关参量信息的采集，为精确地实现控制提供保证。另外，实现信息处理及控制功能，可使执行机构系统更好地完成运动及独立传递和转换。

从完成工艺动作过程这一总功能要求出发，机电一体化系统可以划分为：

（1）广义执行机构子系统。这是机电一体化系统的主功能，即运动与动力的传递和转换功能由此子系统完成。广义执行机构是由驱动元件和执行机构（或执行件）组成，如图 12-2 所示。在机电一体化系统中往往由若干个广义执行机构组成广义执行机构子系统，它是完成运动及动力传递和转换的独立功能部分，应该是现代机械系统（机电一体化系统）的主体。

（2）传感检测子系统。包括机电一体化系统中用以检测机械参数和工作过程有关参数的传感器、运算放大电路等。传感检测子系统的作用是采集、控制广义执行机构所需的参数信息，供信息处理及控制子系统进行处理并发出相关信息。这是控制广义执行机构子系统必不可少的环节。

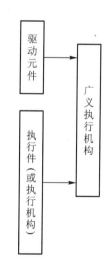

图 12-2 广义执行机构的组成

（3）信息处理及控制子系统。机电一体化系统中将传感检测子系统取得的信息加以处理、运算从而发出对广义执行机构子系统的控制信号。信息处理及控制子系统包括接口、微型计算机、系统整体控制方案及控制算法、软件设计等。信息处理及控制子系统性能的好坏，将直接影响整个机电一体化系统的性能和质量。这个子系统为机电一体化系统实现自动化、智能化、输出柔性化和性能优化提供了必要的条件。因此，许多人重视机电一体化系统控制部分的研究，甚至把机电一体化系统的设计问题认为就是控制问题。其实，若脱离机械的主功能和机械的相关参数，不可能设计出性能优良的机电一体化系统。一个性能优良的机电一体化系统应该将上述三个子系统很好地融合在一起。

图12-3表示机电一体化系统的子系统的组成和关联。提出机电一体化系统由广义执行机构子系统、传感检测子系统和信息处理及控制子系统组成，有利于明确机电一体化系统方案设计的目标、步骤和实施方法。因此，三个子系统论是五块论、三环论、两个子系统论的发展和完善。将有利于深化机电一体化系统设计理论和方法的研究。

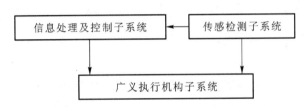

图12-3 机电一体化系统的子系统的组成和关联

12.2 机电一体化系统应用和特点

12.2.1 机电一体化系统的应用

机电一体化系统在机械产品设计中的应用已十分广泛。机电一体化技术的应用使机械产品的结构、功用、性能等方面产生了重大的变化。具体来说表现在如下几个方面：

1. 机电一体化技术可以实现机械产品的高性能和多功能

在原有机械产品中引进了机电一体化技术后，其自动化程度提高，工艺动作易于复杂多变，工艺质量提高且能耗降低。例如，对于有复杂工艺动作要求的情况，产品更新换代快的轻工机械、纺织机械、印刷机械、包装机械和制药机械等行业都十分重视产品的机电一体化设计。机械产品的机电一体化设计使产品的技术含量和附加值大为提高，有利于适应日益剧烈的市场竞争需要。

2. 用电子控制器件取代机械中部分的机械控制机构

用电子控制器件替代机械控制机构可以扩大原有机械产品的功能，提高工作性能。例如在普通机床上增加数控系统，在普通缝纫机上增加电子控制的绷架系统都可以使机械产品性能大为提高。

3. 以电子器件为主的机电共存的产品

这类产品一般来说机械结构比较简单，但要考虑机电两者的融合以提高产品的性能。复印机、录音机、录像机等均属于这类产品。

从以上情况来看，机电一体化系统是有不同层次和应用场合的。其机电融合的程度也是因具体产品而异的。

12.2.2 机电一体化产品的主要特点

机电一体化产品与传统的机训产品相比，有如下一些显著特点：

1. 机械结构简单化

一台传统的机械设备往往需要采用比较复杂的机械传动系统来连接各个相关的执行构件，以保证各执行构件动作的同步性和循调性。采用机电一体化技术后，可以改用几台电动机分别驱动，用电子器件、微型计算机来控制和实现各执行构件的动作，从而完成机械的工艺动作过程。例如，一台微机控制的精密插齿机，可以节省的齿轮等传动部件约占 30%。又如用单片机控制针脚花样的电脑缝纫机，可以比老式缝纫机减少 350 个机械零部件。

2. 提高了加工工艺的精度

由于机械传动部件的减少，机械磨损及间隙配合等所引起的运动误差大为减少，通过微机控制系统可以精确地按照预先给定量自行校正和补偿由机械动作、各种干扰因素造成的误差，从而可以达到单纯机械方法实现不了的加工工艺精度。例如，微机控制的精密插齿机加工的圆柱齿轮的精度，可以比原有的插齿机高一个精度等级。又如大型镗、铣床，只要安装上感应同步器数显装置，即可使加工精度从 0.06 mm/1 000 mm 提高到 0.02 mm/1 000 mm。

3. 机械工艺动作过程的柔性化

由于机电一体化系统中广义执行机构子系统广泛采用微机控制。因此，只要改变控制的计算机程序，就能改变设备的加工能力和机械工艺动作过程，从而迅速地改变被加工产品的结构，满足多品种、小批量的需求，使加工生产线更具柔性化。

4. 工艺动作过程的智能化

由于机电一体化系统采用了传感检测子系统和信息处理及控制子系统，可以按人工智能要求确定工艺动作，实现机械的智能化。例如，自动调焦和调光圈的自动照相机，又称为"傻瓜照相机"，实际上是一台智能化的照相机。

5. 操作自动化

采用传感检测子系统和信息处理及控制子系统后，可以依靠微机实现一台机器各个相关传动机构的动作及它们的功能协调关系，实现机械产品操作的全部自动化。例如，一般的数控机床在加工零件时，将被加工零件的工艺过程、工艺参数、机床运动要求等，用数控语言记录在数控介质（如磁盘）上，然后输入到机床的数控装置，再由数控装置控制机床工艺动作过程，从而实现加工自动化。

6. 调整维修方便

机电一体化产品在现场安装调试时，一般均可通过控制程序的变更来实现工作方式、工艺动作过程的变动，以适应各个用户工作对象及现场工作参数变化的需要。同时，机电一体化产品的维修也比较方便。

12.3 机电一体化系统方案设计过程模型及数学描述

机电一体化系统方案设计过程模型是建立在系统的功能需求和组成部分上的。功能需求是系统设计的出发点和归宿，组成部分是实现系统目标的重要基础。采用三个子系统（即广义执行机构子系统、传感检测子系统、信息处理及控制子系统）作为机电一体化系统的组成，实际上是从完成机械主功能、实现工作过程参数测量以及完成过程控制这三个子功能出发的。通过将三个子功能及其行为、结构的集成就可以实现机电一体化系统方案的设计。

12.3.1 机电一体化系统设计过程模型的建立

机电一体化系统设计过程模型的建立要充分考虑计算机对机电一体化系统方案设计的支持。

图 12-4 所示为完成某一动作的广义执行机构的设计过程。从设计过程来看，它是一种功能—行为—结构的设计模型。它将某一机械分功能与检测功能、控制功能融为一体，而机械分功能是三者中的主体。

图 12-5 表示机电一体化系统方案设计过程模型，具体表述了系统的设计过程和广义执行机构子系统、检测传感子系统、信息处理及控制子系统之间的关联。

很显然，在机电一体化系统确定之前，应该先确定一个围绕广义执行机构检测—控制部分的子集成。如图 12-4 所示，进行子集成的构思和设计，可以产生若干个可行的方案，作为机电一体化系统方案设计时的重要依据。

从图 12-5 所示的机电一体化系统方案设计过程来看，检测传感系统的各个分

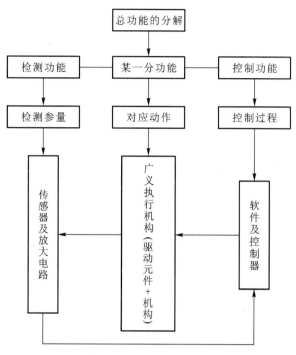

图 12 - 4　单一动作广义执行机构的设计过程

系统、信息处理及控制系统的各个分系统均与相应的广义执行机构系统的各个分系统紧密地融合在一起，形成了三个子系统之间的联系。

　　为了实现机电一体化系统方案综合性能最优的选择，必须进行评价与决策。对于机电一体化系统方案的评价可以采用功能—行为—结构三层决策模型，如图 12 - 6 所示。具体来说，先对每个子集成，即执行、检测、控制子集成从功能、行为、结构三个层次加以评价分析，然后对整个系统从功能、行为、结构三个层次进行评价分析，最后进行决策。

12.3.2　机电一体化系统设计过程的数学描述

　　机电一体化系统方案设计是一个基于知识的求解过程，它始于设计要求，止于获得系统方案。因此机电一体化系统方案设计的数学描述应遵循功能—行为—结构的思维过程。

　　机电一体化系统方案设计的进程如图 12 - 7 所示。

　　机电一体化系统从组成来看，由三大子系统(即广义执行机构子系统、传感检测子系统和信息处理及控制子系统)构成，这是一种横向结构形式。但从设计进程来看，它是由各分系统(以每个广义执行机构及相关的检测、控制部分构成)的行为描述和结构方案来确定的，最终将各分系统集成为系统方案，这是一种纵向设计进程。

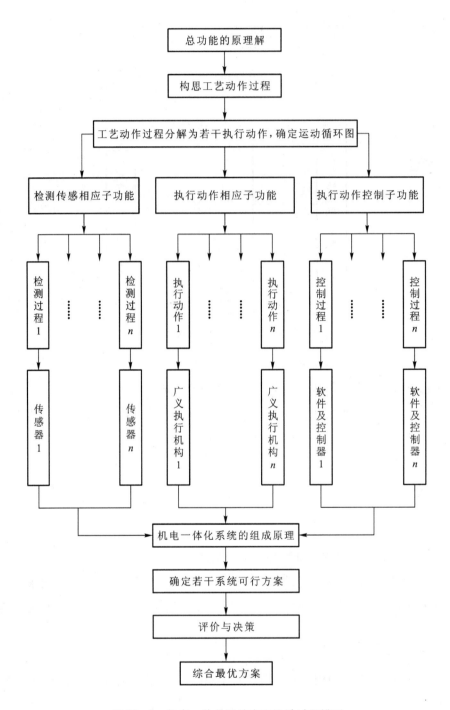

图 12-5 机电一体化系统方案设计过程模型

1. 分系统方案设计的数学描述

分系统方案设计由两个阶段组成，即方案的综合和方案的评价。

方案的综合过程主要在设计要求的基础上，通过行为的描述，提出分系统方案的备择集。从设计要求到方案备择集的映射过程可以定义如下：

$$S_i = K^s(R_i^d, B_i^d) \qquad (12-1)$$

式中，S_i 为分系统的备择方案；R_i^d 为设计要求，包括广义执行机构、检测部分和控制部分要求；B_i^d 为行为描述，包括广义执行机构、检测和控制部分的行为描述；K^s 为可用知识域（包括机械、传感、控制、软件等技术）。

方案评价过程是以分系统评价指标集为依据对备择方案集进行评估的，其决策集可以计算如下：

$$B_i = A_i \cdot R_i \qquad (12-2)$$

式中，B_i 为分系统的决策集；A_i 为分系统的权数分配集；R_i 为分系统的评价矩阵。

以此计算出方案备择集中各方案的好坏。

2. 机电一体化系统方案设计的数学描述

根据上述评价方法可以选择每种分系统的若干优秀的方案，以此组合成机电一体化系统的备择集。其评价过程中的决策集，可以计算如下：

$$B = A \cdot R \qquad (12-3)$$

式中，B 为系统的决策集；A 为系统的权数分配集；R 为系统的评价矩阵。

比较各方案的决策集，不难求得综合性能最优的系统方案。

图 12-6 三层决策模型

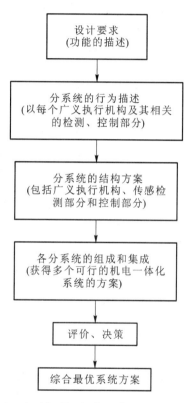

图 12-7 机电一体化系统
方案设计进程

12.4 广义执行机构子系统的类型和设计

12.4.1 传统执行机构

在机器中，执行机构用作运动和动力的传递和变换。

18 世纪下半叶，工业革命推动了生产的机械化，产生了纺织机械、蒸汽机以及内燃机等。以机械化为主要特征的传统执行机构，就是这一时代的产物。那时对机构定义为：具有确定运动的构件系统。构件均看作刚性杆件，且认为运动副中无间隙。它的结构学、运动学和动力学目前已比较完备。

在传统的机械系统中往往是由一个驱动元件(如电动机、液压马达等)等速驱动各执行机构，依靠各执行机构输入件的相位角布置和传动机构，使各执行机构进行协调动作完成机械的工艺动作过程。因此，传统执行机构只要研究它的类型和运动学、动力学，不必与驱动元件的特性联系在一起进行研究。这种传统的执行机构又可称为无源机构，其输出运动取决于机构的类型和机构的运动尺寸。在构件为刚体、副中无间隙的假定条件下，机构可看作是几何图形。因此，将机构的运动学称为运动几何学，此时机构学的研究内容相对比较单纯。

12.4.2　广义执行机构

20世纪70年代以来，随着科学技术的发展，机械技术与电子技术、控制技术、信息技术、传感技术等的相互结合，产生了新一代的机械系统——机电一体化系统，这种现代机械系统的主要特征是可控性，其中各执行机构的输出运动都是可控的。广义机构的概念由此产生。

广义机构与传统机构的主要区别有三点：

(1) 广义机构引入了柔性件、弹性件等非刚性构件，使机构脱离了纯刚性的范畴。机构同时更具可变性和复杂性。

(2) 广义机构融合了控制技术，使驱动元件的输出机械特性更加符合机构多变的输出需要。

(3) 广义机构将驱动元件与机构集成为一体，使机构的输出更具真实性和可控性。

根据上述讨论，对广义机构定义如下：广义机构是由实现可控运动或不可控运动的驱动元件与刚性、非刚性构件组成的运动链两者集成的一体化系统。

这里所指的驱动元件的种类是十分广泛的，有感应电动机、步进电机、伺服电机、液压缸、气动缸、弹簧、重锤、形状记忆合金、光电马达……

驱动元件的种类如图12-8所示。

在广义机构中由于驱动元件与构件系统融为一体，使输出运动可以复杂多变，使广义执行机构具有可控性。即使机构各构件仍为刚性，其输出运动的复杂多变性仍然具备，适应了机电一体化系统设计的需要。

另外，如果执行构件(输出构件)直接与驱动元件相连，不能说是机构的消失，从传统机构学来看，它是一个由运动构件与机架构成的二杆机构。因此，它仍归属

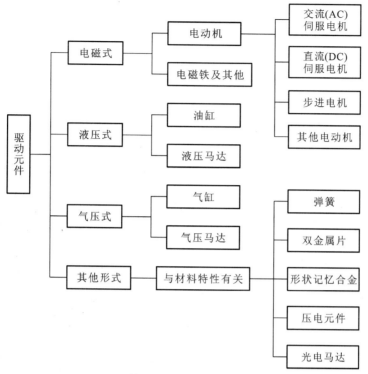

图 12 - 8 驱动元件的种类

于执行机构。

不可控电动机和由刚性构件组成的机构的集成系统，与传统机构在形式和组成上是不同的。我们只是将它看成广义机构中比较特殊的一种类型。

总之，广义机构概念的形成，是与机电一体化系统划分成机械主功能、检测功能、控制功能密切相关的。广义机构概念的提出有利于进行机电一体化系统方案的构思和设计。

12.4.3 广义执行机构的种类和基本特性

1. 广义执行机构的种类

1）按驱动元件的类型分类

（1）电动型广义机构。驱动元件采用各种电动机的广义机构。

（2）液压、气动型广义机构。驱动元件采用各种液压、气动驱动元件的广义机构。

（3）弹性元件型广义机构。驱动元件为弹簧、簧片等的广义机构。

（4）形状记忆合金型广义机构。采用形状记忆合金为驱动元件的广义机构。

（5）电磁型广义机构。采用电磁元件驱动的广义机构。

（6）压电元件型广义机构。采用压电晶体等作为驱动元件的广义机构。

（7）其他驱动形式的广义机构。

2）按被驱动的机构类型分类

（1）两杆机构及多杆机构。驱动元件直接驱动执行件的为两杆机构，其余多杆机构包括凸轮机构、齿轮机构、连杆机构等。

（2）单自由度机构及多自由度机构。被驱动的机构自由度数可以是单自由度数也可以是多自由度数。多自由度机构的驱动元件数应与自由度数一致。

（3）弹性机构和刚性机构。被驱动机构的构件全部是刚性的称刚性机构，而被驱动机构的构件中至少有一个为弹性的称为弹性机构。

（4）控制方式不同的可控机构。如采用调节构件运动尺寸的可调机构、采用编程控制的可编程机构、信息反馈的自动控制机构、混合输入的伺服控制机构等。

（5）开链机构及闭链机构。被驱动的是开链称开链机构，如开链机器人。被驱动的是闭链称闭链机构。

2. 广义机构的基本特性

广义机构由于是驱动元件和机构的集成体，它的基本特性如下：

（1）机电一体化。广义机构由于其具有可控性，易于实现机电一体化，使其在现代机械中被广泛采用。通过传感技术、电子技术、控制技术使机电融合于一体，实现机构的现代化。

（2）输出运动的多样化。通过对驱动元件的可编程控制，使机构的输入运动按需求改变，可得出多种多样满足生产需要的输出运动。

（3）输出运动间歇停顿可能性。普通的四杆机构难以实现间歇停顿，但是通过对驱动元件控制可实现任意停歇，使机构的运动与动力性能大为改善。

（4）智能化。通过采用一些智能化驱动元件，如形状记忆合金，使机构输出运动具有智能化，可实现机器的智能控制。

（5）微型化。通过微型马达、压电晶体等作用可使机构产生微米级工作行程，从而实现机构微型化。

12.4.4 驱动元件的机械特性和基本特点

驱动元件的机械特性是指驱动力（或力矩）与运动参数（如转速、转角等）的关系。

1. 直流伺服电机

直流伺服电机的功能是将输入的电压控制信号快速转换为轴上的角速度和角位移输出，直流伺服电机具有如下特点：

（1）可控性好。具有线性的调节特性，其转速正比于控制电压的大小，转向取决于控制电压的极性(或相位)。控制电压为零时，转子能立即停转。

（2）稳定性好。能在电动机的转速范围内稳定运行。

（3）响应快。具有较大的起动转矩和较小的转动惯量，在控制信号发生变化时，伺服电机的转速能快速跟随变化。

直流伺服电机广泛应用在精确位置控制系统和宽调速系统中。在控制电压一定时，输出转矩 T 与转速 n 的关系，如图 12 - 9 所示。

2. 交流伺服电机

笼型交流伺服电机的主要性能为：励磁电流较小，体积较小，机械强度较高，低速运转时不够平滑，有抖动现象。它的使用范围为小功率自动控制系统、随动系统和计算装置。它的机械特性如图 12 - 10 所示，其机械特性曲线是非线性的，非线性使系统产生动态误差。

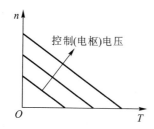

图 12 - 9　直流伺服电机机械特性

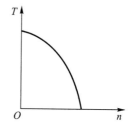

图 12 - 10　交流伺服电机机械特性

3. 步进电机

步进电机是一种把电脉冲信号转变成角位移或直线位移的驱动元件。电脉冲由专用电源供给。每输入一个脉冲，电动机前进一步，故又称为脉冲电机。步进电机的位移量与脉冲数成正比，速度与脉冲频率成正比，在其负载能力范围内，不因电源电压、负载、环境条件的波动而变化，可以在宽广的范围内通过改变脉冲频率来调速，能够快速起动、反转和制动，在一相绕组长期通电时具有自锁能力。

表 12 - 1 所示为常用步进电机的分类和特点。

表 12 - 1　常用步进电机分类和特点

序号	名　称	特　点
1	反应式步进电机	起动和运行频率较高，断电时无定位转矩，消耗功率较大
2	永磁式步进电机	消耗功率比反应式步进电机小，但需供给正、负脉冲电流，起动和运行频率较低，有定位转矩

序号	名　称	特　点
3	永磁感应子式步进电机	有较高的运行和起动频率，需正、负脉冲供电，消耗功率较小，有定位转矩，具有反应式和永磁式步进电机两者的优点
4	直线步进电机	可直接提供直线运动，系统结构简化，惯量小，提高了系统的快速性和精度，显著改善了系统的动态性能

图 12 - 11 所示为步进电机与驱动电路框图。其中，$\theta = KN$，θ 为输出转角，N 为输入脉冲数。

图 12 - 11　步进电机与驱动电路框图

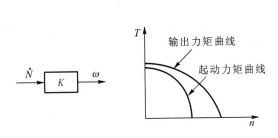

图 12 - 12　步进电机的机械特性

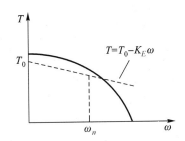

图 12 - 13　脉冲速率的选取

图 12 - 12 所示为步进电机的机械特性曲线。

图 12 - 13 所示为步进电机如何选取脉冲速率。在此临界转矩状态下使用时，其运动方程式为

$$J_M \dot{\omega} = T_0 - K_E \omega \qquad (12 - 4)$$

式中，J_M 为惯性负载；K_E 为电枢电势常数。

4. 电磁铁

电磁铁是利用电磁吸力来操纵或者牵引机械装置或执行机构来完成自动化的动作。图 12 - 14 为电磁铁驱动元件示意图。图 12 - 15 为电磁铁驱动的机械特性曲线。

5. 弹簧

弹簧是利用弹性变形所产生的弹性力来驱动执行机构以完成某种执行动作。弹簧一般又有片簧、螺旋弹簧以及盘簧等。它们的弹性力表达式为 $P = KS$。图 12 - 16 所示为弹簧驱动的机械特性曲线。

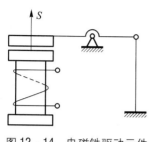

图 12 - 14 电磁铁驱动元件

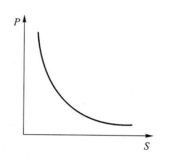

图 12 - 15 电磁铁驱动的机械特性

6. 压电式驱动元件

对压电式元件，给予应力应变时，则产生电荷；反之给予电压时，则产生应力应变。后一性能就是压电式驱动元件的工作原理。

图 12 - 17 为压电式驱动元件的驱动特性曲线。压电驱动元件用于产生微小位移，其优点是没有机械滑动。但压电元件有磁滞现象。

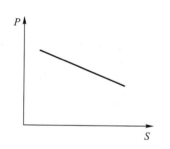

图 12 - 16 弹簧驱动的机械特性

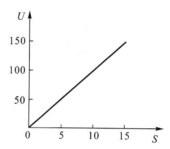

图 12 - 17 压电元件特性

7. 形状记忆合金

利用 Ti - Ni 或 Cu - Al - Ni 的合金材料冷却至马氏体相变终了温度 Mf 以下，并施加应力使其产生塑性变形；若重新加热至 Mf 以上，合金因返回原取向，马氏体发生逆转，形状得以恢复。这种现象称为形状记忆效应。形状记忆合金可用于产生微动的驱动元件。

8. 微马达

目前已有五类微马达，即静电马达、超声马达、电磁马达、谐振马达和生物马达。其中静电马达应用最多。静压马达利用两充电电极之间基于静电能的能量变化趋势可产生机械位移。目前，已经在硅材料上制作出了多种类型的直径为 30 ~ 100 μm 的转动马达，最快的马达转速超过了 4 000 r/min。

12.4.5 驱动元件与执行机构的匹配

广义执行机构是由驱动元件与执行机构集合而成的。为了使广义执行机构工作性能优良,需要考虑驱动元件与执行机构在机械特性、工作精度、运转速度及能量等方面的匹配。

1. 驱动元件和执行机构负载的机械特性匹配

广义执行机构中驱动元件的机械特性应与执行机构的负载机械特性相匹配。在广义执行机构的速度和负载变化时,驱动元件驱动力的机械特性,即驱动力矩与转速(或转角)的变化曲线能与之适应。这种驱动元件机械特性与执行机构负载机械特性的适应性就是机械特性的匹配。

2. 驱动元件和执行机构的工作精度匹配

广义执行机构的工作精度取决于执行机构输出的精度,这种执行机构输出精度取决于机构的类型、传动精度。但是广义执行机构的输出精度还与驱动元件的工作精度有关。因此,为了保证广义执行机构输出精度,必须选择合适的类型驱动元件。

3. 驱动元件与执行机构运转速度的匹配

在广义执行机构中驱动元件的最佳工作转速与执行机构的运转速度通常是不相同的,因此需要在两者之间增加一个传动机构,使驱动元件与执行机构的运转速度能相互匹配,从而提高广义执行机构的效能。这种传动机构也可包容在执行机构之内。因此,在广义执行机构中可以将传动机构与执行机构统称为执行机构,许多机电一体化系统中就是如此定义的。

4. 驱动元件与执行机构负载能量的匹配

广义执行机构负载的功率是按执行机构在一个工作循环中负载所作的功来计算的。广义执行机构中驱动元件的驱动功率应按下式计算:

$$P_{驱动} = \frac{P_{负载}}{\eta_{总}} \tag{12-5}$$

式中,$P_{驱动}$ 为驱动元件的输入功率;$P_{负载}$ 为执行机构负载的功率;$\eta_{总}$ 为广义执行机构的总效率。

12.4.6 广义执行机构的运动方程式

对于单自由度广义执行机构,一般把它简化成一个等效构件来研究。等效构件的运动方程式一般有两种形式:

1. 能量方程式

能量方程的力矩形式为

$$\int_{\varphi_1}^{\varphi_2} M_d \mathrm{d}\varphi - \int_{\varphi_1}^{\varphi_2} M_r \mathrm{d}\varphi = \frac{1}{2} J_2 \omega_2^2 - \frac{1}{2} J_1 \omega_1^2 \tag{12-6}$$

式中，φ_1，φ_2 为等效构件在 1，2 位置处转角；M_d，M_r 分别为等效驱动力矩、等效负载力矩；J_1，J_2 为广义执行机构在转角 φ_1，φ_2 处的等效转动惯量；ω_1，ω_2 为广义执行机构在转角 φ_1，φ_2 处的角速度。

能量方程的力形式为

$$\int_{s_1}^{s_2} P_d \mathrm{d}s - \int_{s_1}^{s_2} P_r \mathrm{d}s = \frac{1}{2}m_2 v_2^2 - \frac{1}{2}m_1 v_1^2 \qquad (12-7)$$

式中，各符号的含义与上式相类似。

2. 力矩方程式

由

$$(M_d - M_r)\mathrm{d}\varphi = \frac{1}{2}\mathrm{d}(J\omega^2)$$

得出

$$M_d - M_r = J\frac{\mathrm{d}\omega}{\mathrm{d}t} + \frac{\mathrm{d}J}{\mathrm{d}\varphi}\frac{\omega^2}{2} \qquad (12-8)$$

类似地可写成

$$P_d - P_r = m\frac{\mathrm{d}v}{\mathrm{d}t} + \frac{\mathrm{d}m}{\mathrm{d}s}\frac{v^2}{2} \qquad (12-9)$$

由运动方程式按数值解法，可求得广义执行机构的真实运动。

12.5 检测传感子系统的类型和设计

检测传感系统主要包括传感器和微机接口两部分。

12.5.1 检测传感器的分类与基本要求

传感器是将机电一体化系统中被检测对象的各种物理变化量变为电信号的一种参量变换器。它的主要功用是检测机电一体化系统自身与作业对象、作业环境的状态，为有效地控制机电一体化系统的动作提供信息。

1. 检测传感器的分类

传感器的种类繁多，分类方法也有多种。

按作用可分为检测机电一体化系统内部状态的内部信息传感器和检测作业对象和外部环境状态的外部信息传感器，如表 12-2 所示。

按输出信号的性质，可将传感器分为开关型（二值型）、模拟型和数字型三种，如表 12-3 所示。

表 12-2 按作用对传感器分类

名　　称			传感器具体类型
内部信息传感器			位置传感器、速度传感器、力传感器、力矩传感器、温度传感器
外部信息传感器	与人体五官对应	接触式	压觉传感器、滑动觉传感器
		非接触式	视觉传感器、听觉传感器
	纯工程性		电涡流传感器、超声波测距仪、激光测距机

表 12-3 按输出信号的性质对传感器分类

名　　称	工 作 原 理	传感器具体类型
开关型（二值型）	接触式	微动开关、接触开关
	非接触式	光电开关、接近开关
模拟型	电阻型	电位器、电阻应变片等
	电压、电流型	热电偶、光电电池、压电元件等
	电感、电容型	电感式位移传感器、电容式位移传感器等
数字型	计数型	二值＋计数器
	代码型	编码器、磁尺

2. 检测传感器的基本要求

机电一体化系统对检测传感器的基本要求有：

（1）体积小、重量轻，对整体的适应性好。

（2）精度和灵敏度高、响应快、稳定性好、信噪比高。

（3）安全可靠、寿命长。

（4）便于与计算机连接。

（5）不易受被测对象特性（如电阻、导磁率）的影响，也不影响外部环境。

（6）对环境条件适应能力强。

（7）现场处理简单、操作性能好。

（8）价格便宜。

3. 开关型、模拟型和数字型传感器的工作原理

1) 开关型传感器

开关型传感器又称二值型传感器。它的二值就是"1"和"0"或开(ON)和关(OFF)。其工作原理如图 12-18 所示。这种"1"和"0"的数字信号可直接传送到微机进行处理,使用方便。

2) 模拟型传感器

模拟型传感器的输出是与输入物理量的变化相对应的连续变化的电量。

图 12-19 表示传感器的输入—输出关系,包括线性和非线性两种。线性输出信号可直接被采用,而非线性输出信号则需进行适当修正,将

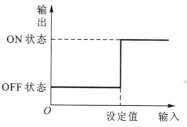

图 12-18 二值型传感器的工作原理

其变成线性信号。一般需对这些线性信号进行模/数(A/D)转换,将其转换成数字信号再送给微机进行处理。

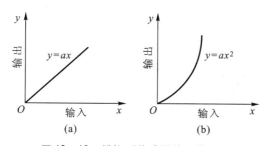

图 12-19 模拟型传感器的工作原理

3) 数字型传感器

数字型传感器分为计数型和代码型两大类。

计数型又称脉冲数字型,其工作原理如图 12-20 所示,它是一种脉冲发生器,所发出的脉冲数与输入量成正比,并用计数器计数。增量式光电码盘就是如此。

代码型传感器又称编码器,其工作原理如图 12-21 所示,它输出的信号是数字代码,每一代码相当于一个输入量之值。若高电平代码为"1",低电平代码为"0",则从四条脉冲输出看,输入量为 K_1 时,输出代码为 1010。绝对值型光电编码

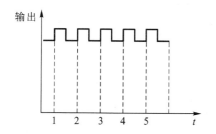

图 12-20 计数型传感器工作原理

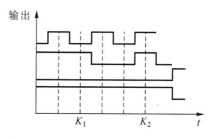

图 12-21 代码型传感器工作原理

器就是如此。

12.5.2 位移检测传感器

位移检测传感器用来直接或间接检测目标的位移。表 12-4 表示了常用的位移检测传感器的种类、工作原理和特点。

表 12-4 位移检测传感器的种类、工作原理及特点

运动形式	传感器类型	传感器名称	工作原理	特点
直线型	光电型	光电编码器	是一种脉冲发生器，用数字代码检测线位移	结构较简单，使用方便，精度高
		光栅	利用光栅的莫尔条文现象	精度高，高分辨力，可动态测量
		刻度尺	有透射式和反射式	
	电压型	差动变压器	利用一次线圈、二次线圈及可动铁芯	可测 2 mm 至几十 mm，精度较高
	电磁感应型	直线感应同步器	利用电磁感应原理	具有高精度，高分辨力，抗干扰力强，使用寿命长，可用于长距离测量
	磁电型	磁尺	利用漏磁通变化产生感应电动势	可测位移达 3 m
	非接触型	激光测距仪	利用激光原理	非接触测量，精度较高
		超声波测距仪	利用超声波原理	
非直线型	光电型	增量型编码器	利用脉冲发生器加计数器	精度高，使用方便
		绝对型编码器	输出信号是数字代码	精度高，使用方便
		圆光栅	利用光栅的莫尔条文现象	精度高，高分辨力，可动态测量
	电磁感应型	旋转变压器	利用电磁感应原理	
		感应同步器	利用电磁感应原理	
	磁电型	磁尺	利用漏磁通变化产生感应电动势	
	电阻型	电位计	利用电阻变化测量角度	结构简单，使用方便

12.5.3 速度、加速度传感器

常用的速度、加速度传感器如表 12-5 所示。

表 12-5 常用的速度、加速度传感器

名　称	工　作　原　理	特　点
测速发电机	有交流和直流两种，用发电机原理	方便，有较高检测灵敏度
差动变压器式速度传感器	利用磁芯移动产生感应电势	
光电式速度和转速传感器	被测物移过光电池而输出阶跃电压信号	方便
霍尔式转速传感器	利用霍尔效应，测得单位时间内脉冲数	
加速度传感器	利用惯性力产生位移的电感或电容变化	

12.5.4 力、力矩传感器和其他传感器

表 12-6 列出了力、力矩及其他物理量传感器。

表 12-6 力、力矩及其他物理量传感器

传感器名称	工　作　原　理	特　点
力、力矩传感器	利用应变片和应变杆测力、力矩 利用磁分度圆和应变轴测力矩 压电晶体的电荷变化与作用力成正比	测量范围较大 测量精度较高 测量范围宽，线性好，可动态测量
温度传感器	基于热电效应所产生的热电势 根据导体或半导体的电阻随温度而变化 光学高温计单色辐射强度随温度升高而增加的原理	被测温度可较高，精度高 精度高，范围广 用于非接触式

12.5.5 传感器与微机的接口

输入到微机的信息必须是微机能够处理的数字量信息。传感器的输出形式可以分为模拟量、数字量和开关量。与此相应的有三种基本接口方式，见表 12-7。

表 12 – 7 传感器与微机的基本接口

接口方式	基 本 方 法
模拟量接口方式	传感器输出信号→放大→采样保持→模拟多路开关→A/D 转换 I/O 接口→微机
开关量接口方式	开关型传感器输出二值信号(逻辑 1 或 0)→三态缓冲器→微机
数字量接口方式	数字型传感器输出数字量(二进制代码、脉冲序列等)→计数器→三态缓冲器→微机

根据模拟量转换输入的精度、速度与通道等因素可采用四种转换输入方式,如表 12 – 8 所示。

12.5.6 检测传感系统的设计原则

检测传感系统在机电一体化系统中起着十分重要的作用,它对机电一体化系统自身的、作业对象的以及作业环境的工作状态参数进行检测,并将检测到的状态参数提供给信息处理及控制系统进行信息处理并发出控制信号以控制广义执行机构。检测传感系统的设计原则有:

(1)决定需要检测的工作状态参数。

(2)选择合适的检测传感器类型。

(3)确定检测传感器的安装位置及信号引出方式。

(4)设计传感器与微机接口方式和检测传感器模拟量转换输入方式。

表 12 – 8 模拟量转换输入方式

类型	组成原理框图	特 点
单通道直接型		形式简单,受转换电压幅度与速度的限制,应用范围窄
多通道一般型		节省元部件,速度低,不能获得同一瞬时的各通道的模拟信号

续表

类型	组成原理框图	特　点
多通道同步型	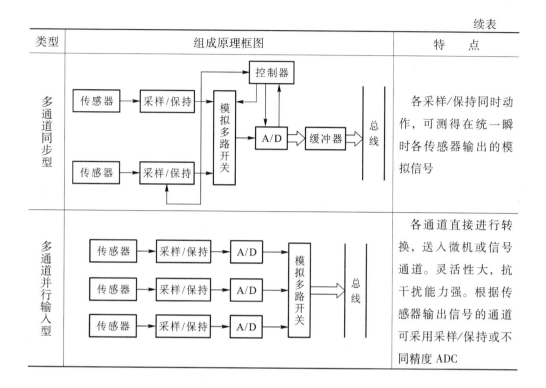	各采样/保持同时动作，可测得在统一瞬时各传感器输出的模拟信号
多通道并行输入型	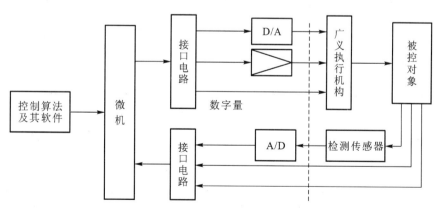	各通道直接进行转换，送入微机或信号通道。灵活性大，抗干扰能力强。根据传感器输出信号的通道可采用采样/保持或不同精度 ADC

12.6　信息处理及控制子系统的类型和设计

12.6.1　信息处理及控制子系统的基本构成

信息处理及控制子系统的基本构成如图 12－22 虚线左边所示。

图 12－22　线性处理及控制子系统的基本构成

作为一种微机控制系统，它的基本构成与微机类型、接口形式、控制方案和控制算法有关。

在确定信息处理及控制子系统的构成时应考虑如下两个问题：

1. 控制系统的专用性与通用性的选择

对于大批量生产的机电一体化产品，其控制系统采用专用控制系统，专用控制系统可选用通用的 IC 芯片，使其与广义执行机构和检测传感器相匹配。对于多品种、中小批量生产的机电一体化产品常常采用通用控制系统，它选用微机并通过接口设计和软件编制使控制系统达到专用化。

2. 硬件与软件的权衡

对于运算与判断处理等功能适宜用软件来实现，而其余的功能既可用硬件来实现又可用软件来实现。为了合理组成控制系统的硬件和软件，通常根据系统的经济性和可靠性综合最优来确定。

在必须用分主元件组成硬件的情况下，不如采用软件；如果能用通用的 LSI 芯片来组成所需的电路，则最好用硬件。

12.6.2 信息处理及控制子系统的一般设计过程及内容

不同的机电一体化系统对控制有不同的要求，控制子系统是围绕广义执行机构子系统的机械主功能需要进行设计的。因此，控制子系统的设计方法和步骤应按实际需要而定，但其一般设计过程如图 12 – 23 所示。

信息处理及控制子系统设计的主要内容有：

1. 确定控制子系统的整体方案

构思控制子系统的整体方案必须深入了解被控对象的控制要求，具体有：

（1）采用何种控制方式。采用开环控制结构比较简单但精度不高；采用闭环控制结构比较复杂，但精度较高。采用闭环控制应考虑采用何种检测传感器、检测精度要求如何。

（2）应考虑驱动元件的类型和执行机构的类型。

（3）应考虑对可靠性、精度和快速性有什么要求。

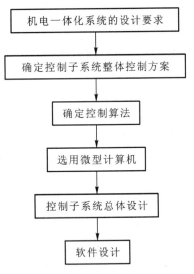

图 12 – 23　信息处理及控制子系统的一般设计过程

（4）考虑微机在整个控制系统中的作用，是设定计算、直接控制还是数据处理，微机应承担哪些任务，为完成这些任务，微机应具备哪些功能，需要哪些输入/输出通道，配备哪些外围设备。

（5）画出控制系统组成的初步框图，作为下一步设计的依据。

2. 确定控制算法

应对控制系统建立数学模型，确定其控制算法。所谓数学模型就是系统动态特性的数学表达式。它反映了系统输入、内部状态和输出之间的数量和逻辑关系。这些关系式为计算机进行运算处理提供了依据，即由数学模型推出控制算法。所谓计算机控制，就是按照规定控制算法进行控制。因此，控制算法决定了控制系统的优劣。应根据不同的控制对象、不同的控制指标要求选择不同的控制算法。对于复杂的控制系统，其算法也较复杂，控制较难实现。为此进行某些合理简化，忽略某些影响因素，使控制算法既简化又能获得较好的控制效果。

3. 选择微型计算机

微型计算机具有单片机、单板机和 PC 计算机。

从控制的角度出发，微型计算机应具有较完善的中断系统，具有实时控制性能，能够保证控制系统满足生产中提出的各种控制要求；微型计算机应有足够的存储容量，包括内存容量和外存容量，以保证存放程序和数据；要有完备的输入/输出通道和实时时钟，以实现多种信息交换和按规定时间程序完成各种操作。

4. 控制系统总体设计

控制系统要综合考虑硬件和软件措施，解决微型机、被控对象和操作者三者的信息交换的通路和分时控制的时序安排问题，保证系统能正常的运行。最后通过总体设计画出系统的具体构成框图。

5. 软件设计

微机控制系统的软件主要分为系统软件和应用软件。系统软件包括操作系统、诊断系统、开发系统和信息处理系统，通常这些软件不需用户设计，对用户来说，基本上只需了解其大致原理和使用方法就行了。而应用软件都要由用户自行编程，所以软件设计主要是指应用软件的设计。

控制系统对应用软件的要求是具有实时性、针对性、灵活性和通用性。

应用软件的设计方法有两种，即模块程序和结构化程序。模块化是将整个程序分成若干模块，一个模块完成一定的功能。结构化就是采用规定的结构类型和操作顺序，便于查找错误和纠正错误。

12.6.3 主要控制方法

在机电一体化系统中操作过程控制目的有两个：一是根据操作条件的变化，制定最佳操作方案；二是对操作过程进行自动检测和自动控制，提高控制性能，实现规定的功能。

1. 伺服控制系统

伺服控制系统是以机械位置或角度作为控制对象的自动控制系统。其输出量随输入量的变化而变化。

以图 12-24 所示的位置控制伺服系统实例。被控对象是机器人的手臂，被控制量是手臂的转角。手臂转角的目标值 θ_1 由指令电位器转换为电压 u_1，手臂的实际输出转角 θ_2 由检测电位器检测，并转换为电压 u_2。只要电压 $u_2 \neq u_1$，即 $\theta_2 \neq \theta_1$ 就有偏差电压 e 存在，该偏差电压经放大器放大后，驱动伺服电机转动，并通过齿轮减速机构带动机器人手臂转动，从而使输出转角 θ_2 随 θ_1 变化。该位置控制系统的工作过程可用图 12-25 所示的框图表示。

图 12-24 所示的系统，其输出量不仅受输入量控制，而且反馈回来影响输入量，所以称为闭环控制或反馈控制。

如果图 12-24 所示系统中不存在反馈电压 u_2，输出量与输入量之间只有前向作用，而无反向控制联系，则此时的控制称开环控制。

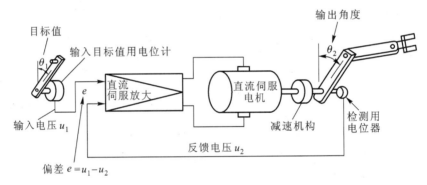

图 12-24 位置的电气伺服系统

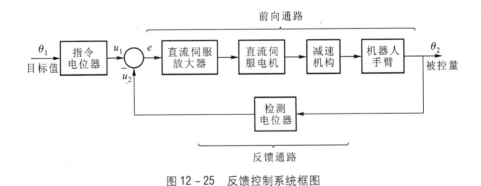

图 12-25 反馈控制系统框图

2. 采样控制

在系统中只要有一处信号是脉冲信号或数字信号，则此系统称离散系统或采样系统。所谓采样是指将连续时间信号转变为脉冲或数字信号的过程。

图 12-26 所示为炉温控制系统原理图。当炉温 θ 偏离给定值时，测温电阻的

阻值变化，使电桥失去平衡，检流计指针发生偏转，偏角为 s。检流计是一个高灵敏度的元件。同步电动机通过减速器带动凸轮，使检流计指针周期性上下运动，指针每隔 T 秒与电位器接触一次，每次接触时间为 τ 秒。T 称为采样周期，τ 称为采样持续时间。当炉温连续变化时，电位器的输出是一串宽度为 τ 的脉冲电压信号 $e_\tau^*(t)$，见图 12 –27a。$e_\tau^*(t)$ 经放大器、电动机、减速器去控制阀门角度 φ，改变加热气体的进气量，从而使炉温趋向于给定值。

在大多数实际应用中，采样保持时间 τ 远小于采样周期 T，可认为 τ 趋近于零，即把采样器的输出近似地看成一串强度等于矩形脉冲面积的理想脉冲 $e_n^*(t)$，如图 12 –27b 所示。

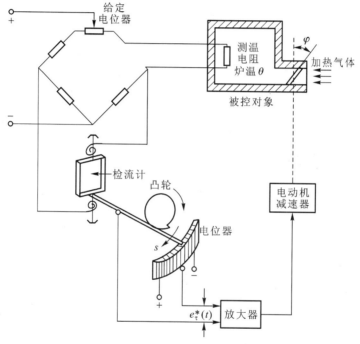

图 12 – 26　炉温控制系统原理图

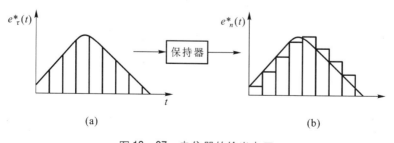

图 12 – 27　电位器的输出电压

数字控制系统是指在系统中含有数字计算机或数字式控制器的系统。由于数字控制系统也需要采样，所以也称为采样控制系统。图 12 – 28 所示为数字控制系统工作原理。其中对信号的采样和实现分别由模数转换（A/D）装置和数模转换（D/A）装置实现。

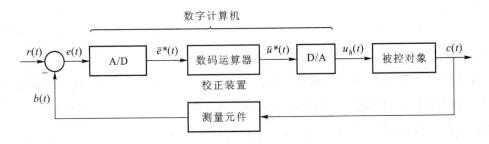

图 12 – 28　数字控制系统工作原理框图

12.6.4　控制系统的种类

1. "量" 控制与 "逻辑" 控制

"量" 控制是以物理量的大小为控制对象的控制。"逻辑" 控制是以物体 "有"、"无"、"动"、"停" 等逻辑状态为控制对象的控制。

"量" 控制又分为 "模拟控制" 和 "数字控制"。前者是将物理量变换成大小与之对应的电压或电流等模拟量进行信号处理的控制。后者是将处理的 "量" 变换成数字量进行信号处理的控制。

"逻辑" 控制又称顺序控制。

2. 开环控制与闭环控制

在以数量大小、精度高低为对象的控制系统中，经常将检测到的控制输出结果与指令输入（目标值）进行比较，如有误差则进行自动修正，这种控制方式称为闭环控制。闭环控制又称反馈控制，它能改善自动修改误差的稳定性和瞬态响应特性。与此不同，虽给出目标值输入，但不管输出结果如何，这种控制方式称为开环控制。

3. 连续控制与非连续控制

在控制系统中，输入与输出在时间上保持连续关系的控制称连续控制。而在控制系统中输入与输出在时间上具有不连续关系的控制称非连续控制。

4. 线性控制与非线性控制

根据控制系统中是否存在非线性元件而分为线性控制或非线性控制。利用微机控制很容易实现所需的非线性特性，如图 12 – 29 所示，这是在

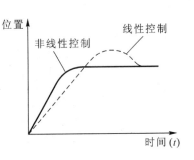

图 12 – 29　位置反馈控制系统的响应特性

位置反馈控制系统中其目标位置阶跃变化时的响应特性。对于线性控制,若增大反馈控制系统的放大率(增益),响应虽加快,但超调量变大,会出现不稳定;反之,虽然超调量变小而比较稳定,但响应变慢。这就是线性控制系统的缺点。利用微机进行非线性控制,当接近目标值时可逐渐提高放大率,其响应特性曲线比较理想。

5. 点位控制和轨迹控制

点位控制(PTP——point to point)是只要求起点和终点坐标的准确性,而不管经过任何路径的控制方式,如图 12-30 所示。

轨迹控制(CP——continuous path)是需要对经过路径(轨迹)进行控制的控制方式,如图 12-31 所示。

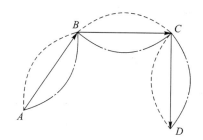

图 12-30　点位控制

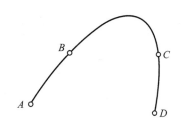

图 12-31　轨迹控制

12.6.5　动作控制方式及其特点

机电一体化系统中,动作控制方式是指执行机构上一点移动到另一点的过程中,对位置、速度、加速度等的控制方式。

1. 位置控制方式

位置控制方式按其控制指令可分为绝对值方式和增量方式两种。绝对值方式是先确定基本坐标系,以此坐标系的坐标值为位置控制指令。而增量控制方式则以当前位置向下一个位置移动所需的移动量为控制指令。

1)利用步进电机定位

以步进电机为驱动元件,用对应于所需移动量的脉冲数驱动步进电机进行定位,常用于定位精度要求不太高的场合。

2)利用直流(或交流)伺服电机定位(绝对值方式)

图 12-32 所示为绝对值直流伺服电机定位的结构组成。采用反馈控制可以获得高速、高精度的定位。

3)利用直流(或交流)伺服电机定位(增量式)

图 12-33 所示为增量式直流伺服电机定位的结构组成图。

2. 速度控制方式

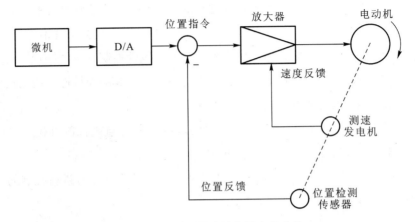

图 12-32 绝对值直流伺服电机定位

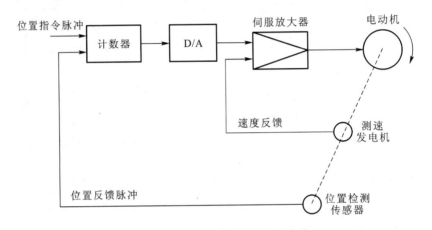

图 12-33 增量式直流伺服电机定位

1）速度的模拟反馈控制

图 12-34 所示为速度的模拟反馈控制的结构组成。其工作原理是利用电压比

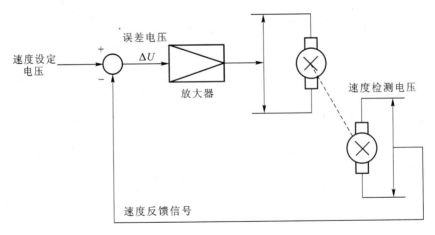

图 12-34 直流电机速度的模拟反馈控制

较电路，用设定电压与测速发电机的输出电压之差来求出设定转速与实际转速之差，以此进行速度控制。

2）速度的数字反馈控制

图 12–35 所示为速度的数字反馈控制的结构组成。其伺服放大器的输出与输入脉冲和速度反馈脉冲的相位差 α 成正比，通过控制使其相位达到一致，从而达到速度控制的目的。

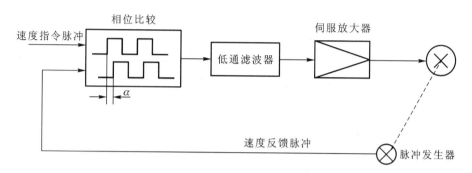

图 12–35 速度的数字反馈控制

12.7 机电一体化系统设计举例

机电一体化系统方案设计应是机械创新设计的重要内容，它的基础还是纯粹的机械系统设计理论和方法。

机电一体化系统设计相对于纯粹的机械系统设计要复杂得多，但是可以按机械主功能的需要，以各个执行动作为核心按三个子系统进行集成化设计。下面用两个设计示例加以说明，希望读者能举一反三，灵活运用。

12.7.1 线料自动切断机

线料自动切断机是一种将连续线料切断成所需长度的机器。线料通过滚轮进行导引输送。根据总功能要求，线料自动切断机可以有两个执行动作，即电缆间歇送料和电缆周期性切削。因此，可由间歇送料机构和电缆定时切削机构组成此自动切断机。由于定时切削机构需有较大的切断力，一般可采用常速电动机通过减速器带动的曲柄滑块机构实现。对于间歇送料机构，考虑到切断长度多变，而且送料力又不大的特点，因此采用机电一体化系统是十分合适的。下面进行详细讨论。

1. 广义执行机构的设计

1）执行动作的要求

间歇送料机构的执行动作应是间歇移动，其移动位移应是可变的。因此，采用机电一体化执行机构是较易实现这种要求的。

2）广义执行机构的类型选择

广义执行机构是驱动元件与机构的集成体。它的运动转换应有移动→间歇移动和转动→间歇移动。具体来说，可由图12-36表示其组成方式。根据组成原理，它的方案至少有九种广义执行机构方案。通过对直线电动机、伺服电机、步进电机的控制得到行程变化的间歇移动。

2. 传感器、控制系统与广义执行机构的集成

以步进电机—齿轮齿条组成的广义执行机构为例，其传感器、控制系统与广义执行机构的集成方案如图12-37所示。

它的传感器是位移传感器，控制系统采用增量式脉冲反馈控制，最后使齿条实现间歇变行程移动。

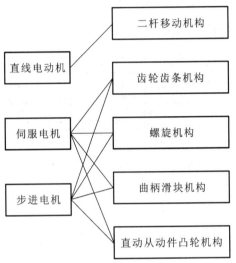

图12-36　广义执行机构组成方案

3. 进行集成方案的评价与决策

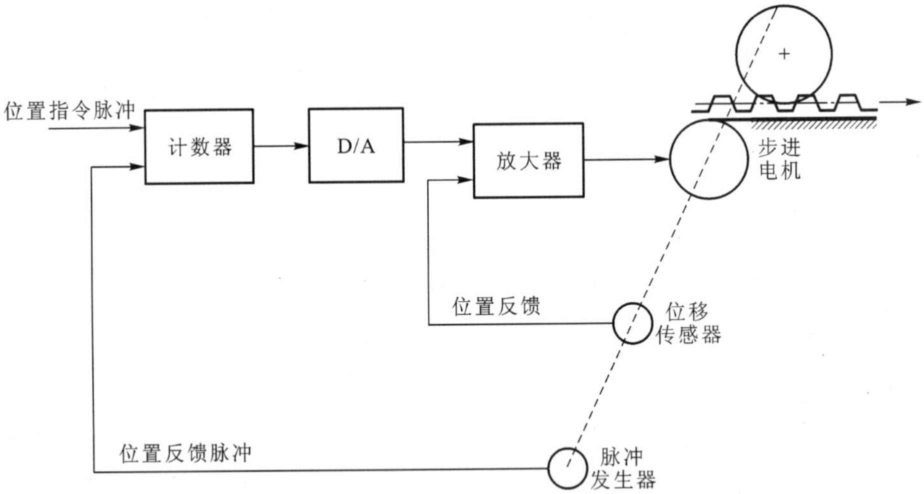

图12-37　传感器、控制系统与广义执行机构的集成方案

集成方案的评价与决策是十分重要的。一般先可按工作精度、运动学和动力学要求、价格等方面对各子系统进行评价，然后对集成方案进行综合评价，最后进行决策。

4. 对机电一体化系统进行动态分析

先对机电一体化系统建立数学模型，然后计算动态响应特性曲线，最后评定系统的动态性能。

12.7.2 多功能缝纫机的横针机构

家用缝纫机的发展已有 150 多年的历史，近几十年来，家用多功能缝纫机已有逐步替代普通家用缝纫机的趋势。家用多功能缝纫机与普通家用缝纫机不同之处就是增加了一个横针机构。通过横针机构使机针左右摆动，按不同的摆动运动规律使其缝纫出各种较为复杂的线迹来，使缝制品增加花式，提高附加值。

老的横针机构采用纯机械式，它是通过一定速比的机械传动和花模凸轮来实现机针的摆动运动。为了改变线迹花样必须改变凸轮廓线形状，因此为形成了一个线迹花样就需更换一个花模凸轮。机械式横针机构具有使用不便、制造困难、输出柔性较差等缺点。因此，目前采用机电一体化系统作为横针机构，这种横针机构具有输出柔性好、操作方便等优点。

1. 广义执行机构的设计

1）执行动作的要求

横针机构的结构组成如图 12 - 38 所示。它是将原来刺料机构的针杆滑道由固定的变成左右摆动。这种摆动要求：一是摆幅可大可小；二是摆动规律可以任意设定。

2）广义执行机构的类型选择

广义执行机构的驱动元件和执行机构有多种形式，根据组合原理可以构建多种类型的执行机构，如图 12 - 39 所示。从原则上讲，横针机构有十种类型以上，可以满足上述执行动作的要求。

2. 传感器、控制系统与广义执行机构的集成

以伺服电机—齿轮机构组成的广义机构为例。其控制系统与广义执行机构的集成方案如图 12 - 40 所示。通过微机发出指令脉冲使输出齿轮的转角运动规律符合规定要求。

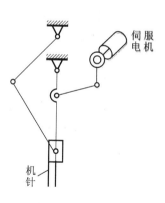

图 12 - 38 横针机构

3. 对集成方案进行评价与决策

集成方案数目可以很多，通过给定的评价指标体系进行综合评价，最后确定综合性能最优的集成方案。

4. 对机电一体化系统进行动态分析

先建立机电一体化系统的数学模型，然后计算相应的动态特性曲线，最后评定系统动态性能的优劣。

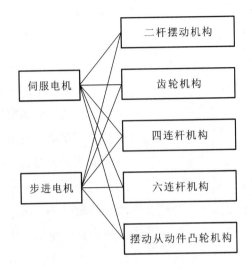

图 12 - 39　广义执行机构的组成方案

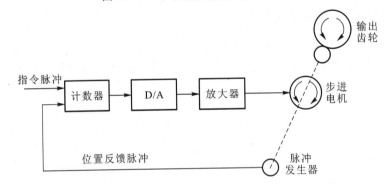

图 12 - 40　控制系统与广义执行机构的集成方案

第13章　机械运动方案设计的评价体系和评价方法

13.1　评价指标体系的确定原则

机械运动方案的构思和拟定的最终目标是最优地选取某一机械运动方案，并进一步解决机构系统设计问题。如何通过科学的评价和决策方法来确定最佳机械运动方案是机械运动方案设计的一个重要阶段。为此，必须根据机械运动方案的特点来确定评价特点、评价准则和评价方法，从而使评价结果更为准确、客观、有效，并能为广大工程技术人员认可和接受。

机械运动方案设计是机械设计初始阶段的设计工作，其评价具有如下特点：

（1）评价准则应包括技术、经济、安全可靠三个方面的内容。这一阶段的设计工作只是解决原理方案和机构系统的设计问题，不具体地涉及机械结构设计的细节。因此，对经济性评价往往只能从定性角度加以考虑。机械运动系统方案的评价准则所包括的评价指标总数不宜过多。

（2）在机械运动方案设计阶段，各方面的信息一般来说都还不够充分，因此一般不考虑重要程度的加权系数。但是，为了使评价指标有广泛的适用范围，对某些评价指标可以按不同应用场合列出加权系数。例如承载能力，对于重载的机器应加上较大的权系数。

（3）考虑到实际的可能性，一般可以采用 0~4 的五级评分方法来进行评价，即将各评价指标的评价值等级分为五级。

（4）对于相对评价值低于 0.6 的方案，一般认为较差，应该予以剔除。若方案的相对评价值高于 0.8，那么，只要它的各项评价指标较均衡，则可以采用。对于相对评价值介于 0.6 ~ 0.8 之间的方案，则要进行具体分析，有的方案在找出薄弱环节后加以改进，有可能成为较好的方案而被采纳。例如，当传递相对较远的两平行轴之间的运动时，采用 V 带传动是比较理想的方案。但是，当整个系统要求传动比十分精确，而其他部分都已考虑到这一点而采取相应措施时(如高精度齿轮传动、无侧隙双导程蜗杆传动等)，V 带传动就是一个薄弱环节。如果改成同步带传动后，就能达到扬长避短的目的，又能成为优先选用的好方案。至于，缺点确实较多又难以改进的方案，则应予以淘汰。

（5）在评价机械运动方案时，应充分集中机械设计专家的知识和经验，特别是所要设计的这一类机器的设计专家的知识和经验。要尽可能多地掌握各种技术信息和技术情报，要尽量采用功能成本(包括生产成本和使用成本)指标值进行机械运动方案的比较。通过这些措施才能使机械运动方案的评价更加有效。

因此，为了使机械运动方案的评价结果尽量准确、有效，必须建立一个评价指标体系，它是一个机械运动方案所要达到的目标群。对于机械运动方案的评价指标体系，一般应满足以下基本要求：

（1）评价指标体系应尽可能全面，但又必须抓住重点。它不仅要考虑到对机械产品性能有决定性影响的主要设计要求，而且应考虑到对设计结果有影响的主要条件。

（2）评价指标应具有独立性，各项评价指标相互之间应该无关。也就是说，采用提高方案中某一评价指标评价值的某种措施，不应对其他评价指标的评价值有明显的影响。

（3）评价指标都应进行定量化。对于难以定量的评价指标可以通过分级量化。评价指标定量化有利于对方案进行评价与优选。

13.2　评价指标体系

13.2.1　机构的评价指标

机械运动系统方案是由若干个执行机构组成的。在方案设计阶段，对于单一机构的选型或整个机构系统(机械运动系统)的选择都应建立合理、有效的评价指标。从机构和机构系统的选择和评定的要求来看，主要应满足五个方面的性能指标，具体见表 13 - 1。

表 13-1　机构系统的评价指标

序号	1	2	3	4	5
性能指标	功能	工作性能	动力性能	经济性	结构紧凑性
具体内容	运动规律的形式 传动精度	应用范围 可调性 运转速度 承载能力	加速度峰值 噪声 耐磨性 可靠性	制造难易程度 制造误差敏感度 调整方便性 能耗	尺寸 重量 结构复杂性

确定这17项评价指标的依据为：一是机构及机构系统设计的主要性能要求；二是机械设计专家的咨询意见。因此，随着科学技术的发展、生产实践经验的积累，这些评价指标需要不断地增删和完善。合适的评价指标，将有利于方案的评价优选。

13.2.2　几种典型机构评价指标的初步评定

在构思和拟定机械运动方案时，许多执行机构首选连杆机构、凸轮机构、齿轮机构、组合机构这四种典型机构。因为这几种典型机构的结构特性、工作原理和设计方法都为广大设计人员所熟悉，并且它们本身结构较简单，易于实际应用。表13-2给出了它们的性能和初步评价，为评分和择优提供了一定的依据。

表 13-2　四种典型机构评价指标的初步评定

性能指标	具体项目	评 价			
		连杆机构	凸轮机构	齿轮机构	组合机构
功能 A	1. 运动规律形式	任意性较差，只能达到有限个精确位置	基本上能任意	一般作定速比转动或移动	基本上可以任意
	2. 传动精度	较高	较高	高	较高
工作性能 B	1. 应用范围	较广	较广	广	较广
	2. 可调性	较好	较差	较差	较好
	3. 运转速度	高	较高	很高	较高
	4. 承载能力	较大	较小	大	较大
动力性能 C	1. 加速度峰值	较大	较小	小	较小
	2. 噪声	较小	较大	小	较小
	3. 耐磨性	耐磨	差	较好	较好
	4. 可靠性	可靠	可靠	可靠	可靠

续表

性能指标	具体项目	评　　价			
		连杆机构	凸轮机构	齿轮机构	组合机构
经济性 D	1. 制造难易程度 2. 制造误差敏感 3. 调整方便性 4. 能耗	易 不敏感 方便 可靠	难 敏感 较麻烦 一般	较难 敏感 方便 一般	较难 敏感 方便 一般
结构紧凑性 E	1. 尺寸 2. 重量 3. 结构复杂性	较大 较轻 简单	较小 较重 复杂	较小 较重 一般	较小 较重 复杂

如果在机械运动系统方案中采用自己创新的机构或其他一些非典型机构，对评价指标应另作评定。

13.2.3　机构选型的评价体系

机构选型的评价体系是由机械运动方案设计应满足的要求来确定的。依据上述评价指标所列项目，通过一定范围内的专家咨询，逐项评定并分配分数值。这些分数值是按项目重要程度来分配的，该过程十分细致、复杂。在实践中，还应该根据有关专家的咨询意见，对机械运动方案设计中的机构选型的评价体系不断地进行修改、补充和完善。表 13 − 3 为初步建立的机构选型评价体系，它既有评价指标，又有分配给各项的分数值，正常情况下满分为 100 分。有了这样一个初步的评价体系，可以使机械运动系统方案设计逐步摆脱经验、类比的情况。

利用表 13 − 3 所示的机构选型评价体系，再加上对各个选用的机构评价指标的评价量化，就可以对几种被选用的机构进行评估、选优。

表 13 − 3　初建的机构选型评价体系

性能指标	总　　分	项　　目	分配分数值	备　　注
A	20	A1 A2	15 10	以运动为主时，加权系数为 1.5，即 A × 1.5
B	20	B1 B2 B3 B4	5 5 5 5	受力较大时，在 B3、B4 上加权系数为 1.5
C	20	C1 C2 C3 C4	5 5 5 5	加速度较大时，加权系数为 1.5，即 C × 1.5

续表

性能指标	总　分	项　　目	分配分数值	备　　注
D	20	D1	5	
		D2	5	
		D3	5	
		D4	5	
E	15	E1	5	
		E2	5	
		E3	5	

13.2.4　机构评价指标的量化

利用机构选型评估体系对各种被选用机构进行评估、选优的重要步骤就是将各种常用的机构就各项评价指标进行量化。通常情况下，各项评价指标较难量化，一般可以按"很好"、"好"、"较好"、"不太好"、"不好"五档加以评价，这种评价当然应出自机械设计专家的评估。在特殊情况下，也可以由若干个有一定设计经验的专家或设计人员来评估。上述五档评价可以量化为4、3、2、1、0的数值、由于多个专家评价总有一定的差别，其评价指标的评价值取其平均值，因此不再为整数。如果数值4、3、2、1、0用相对值1、0.75、0.5、0.25、0表示，其评价值的平均值也就按实际情况而定。有了各机构实际的评价值，就不难进行机构选型。这种选型过程由于依靠了专家的知识和经验，因此可以避免个人决策的主观片面性。

13.2.5　机构系统选型的评估方法

在机械运动系统方案中，实际上是由若干个执行机构进行评估后将各机构评价值相加，取最大评价值的机构系统作为最佳机构运动方案。除此之外，也可以采用多种价值组合的规则来进行综合评估。

机械运动方案的选择本身是一个因素复杂、要求全面的难题，采用什么样的机构系统选型评估计算方法值得认真去探索。上面采用评价指标体系及其量化评估的办法是进行机械运动方案选择的一大进步，只要不断地完善评价指标体系，同时又注意收集机械设计专家的评价值资料，吸收专家经验，并加以整理，那么，就能有效地提高设计水平。

13.3　价值工程方法

价值工程以提高产品实用价值为目的，以功能分析为核心，以开发集体智力资源为基础，以科学分析方法为工具，用最低的成本去实现机械产品的必要功能。

价值工程中功能与成本的关系是

$$V = \frac{F}{C} \tag{13-1}$$

式中，V 为价值；F 为功能；C 为寿命周期成本。

机械运动方案的评价可以按它的各项功能求出综合功能评价值，以便从多种方案中合理地选择最佳方案，即以功能为评价对象，以金额为评价尺度，找出某一功能最低成本。

下面先分别说明产品的功能、产品的寿命周期成本、产品的价值以及对产品价值评定的思考等。

13.3.1　产品的功能

价值工程的根本问题是摆脱以事物（产品结构）为中心的研究，转向以功能为中心的研究。功能是机械产品设计的出发点和依据。用户所要求的是特定的功能而不是具体的产品结构本身，结构本身只不过是实现特定功能的一种手段。例如，间歇运动机构的改进，如果单从机械结构出发来研究，最终仍离不开原来的框框，如从实现间歇运动这一功能出发就可以采用步进电机。因此，功能定义可以帮助设计者打破老框框，创造新机构。

功能是指机械产品所具有的特定用途和使用价值。对于机械运动方案来说，特定用途就是指实现某一特定工艺动作的过程，使用价值就是指机械实现功能所体现的价值。对某一执行机构来说，特定用途就是指实现某一工艺动作，使用价值就是此动作所体现的效果。

13.3.2　产品的寿命周期成本

产品的寿命周期成本是指产品自研究、形成到退出使用所需的全部费用。产品的寿命周期成本是生产成本 C_v 与使用成本 C_u 之和，即

$$C = C_v + C_u \tag{13-2}$$

用户为获得机械产品而用的购置费，称为生产成本 C_v。而用户在使用机械产品过程中所支付的各种使用费用，称为使用成本 C_u。

价值工程法的目的就是寻求不同的设计方案，用最低寿命周期成本可靠地实现使用者所需功能，以获取最佳的综合效益。图 13-1 表

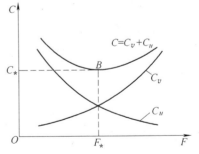

图 13-1　产品功能与产品成本间的关系

示机械产品功能 F 与机械产品寿命周期成本 C 之间的关系,在 C 曲线的最低点 B 处,产品寿命周期成本最低。价值工程追求的也是这一理想点,说明设计方案在技术、经济上更为合理。

13.3.3 产品的价值

为了评定机械产品的价值,必须将功能与成本进行比较。因此,功能也必须用货币来表示。每一机械产品都是为了实现用户需要的某种功能,为了获得这种功能必须克服某种困难,而克服困难的难易程度是可以设法用货币来表示的。这种用货币表示的实现功能的费用,即功能的货币表现,称为功能评价值。在大多数情况下,机械运动方案的功能有好几项,选择的分析对象为执行机构。例如家用缝纫机,它的四个执行机构为刺料机构、挑线机构、送料机构和勾线机构,它们的功能分别为 F_1、F_2、F_3、F_4。

由此得出价值公式

$$V = \frac{F_1 + F_2 + F_3 + F_4 + \cdots}{C} \tag{13-3}$$

另外,功能评价值(即货币表示的功能)可以相加。

在评定机械运动方案的价值时,$V=1$ 表示实现功能所花的费用与其成本相适应,这是理想状况。$V<1$ 表示实现功能的实际成本比其必需成本大,应该努力降低成本,使其趋近于 1。$V>1$ 表示用较少的成本实现了规定的功能,可以在保持一定成本水平的情况下适当地提高其功能。

13.3.4 机械运动方案的价值评定

价值工程评价过程,主要包括功能成本分析和功能评价值的确定。

1. 功能成本分析

功能成本是实现功能所需费用,它包括生产成本和使用成本。机械运动方案的功能是由各执行机构来实现的,因此功能成本分析对象就是各个执行机构。功能成本分析主要依靠生产厂和用户的资料进行预测和估算,这就需要进行成本资料的积累和分析。这些工作往往有很强的针对性。例如,针对缝纫机、包装机械等进行资料积累。

2. 功能评价值的确定

从定义来看,功能评价值是一个理论数值。在实际工作中,通常都是把功能目标成本作为功能评价值。这一数值的确定,既要考虑用户的需求,又要考虑技术实现的可行性和经济性。确定这一数值的方法很多,下面介绍一种比较有效的方法——最低成本法。

最低成本法实际上是一种类比方法，当功能的目标成本在理论上难以找到时，可以找出实际中实现同样功能的最低成本作为目标成本，具体做法为：

（1）广泛收集已有产品中完成同样功能的实际资料，弄清楚它们的功能相关条件，如工作性能、动力性能、经济性、结构紧凑性等，并了解这些功能的实际满足程度、产品成本和用户的反应等。

（2）统一产品的可比成本。将收集到的产品资料，按功能相关条件进行分类。功能及功能实现条件相似或相同的划分为一类，同一类中，依据功能满足程度可再划分等级。

（3）根据成本资料估算出各自的功能成本。然后以产品功能实现程度为横坐标，以成本值为纵坐标绘制坐标图，把各产品实现该功能的情况画入坐标图中，分别描出"×"点，如图13-2所示。

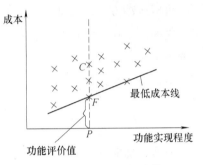

图13-2　产品功能估算

（4）把图中最低点连成一条直线，这条直线就是按不同满足程度实现这一功能的最低成本线。从这条直线上可以很方便地求出目标成本。如图13-2中P点为原方案的满足程度，F点代表满足同样功能水平的目标成本，而C点为目前成本。

这种方法要求有充分的实际数据作为依据，其可靠性强、可比性好。由于目标成本实际上是不断变化的，因此需要不断地收集资料进行分析，并适当地调整收集到的成本值。有了机械运动方案的功能成本和功能评价值就可以进行几个机械运动方案的评估选优。用价值工程法对机械运动方案进行评估时，由于方案设计阶段不确定因素还比较多，因此困难较大。但是对某一种专门机械产品，在大量资料积累之后，还是能够有效地进行评价选择。价值工程法由于强调机械的功能和成本，因此它有可能对不同工作机理方案进行评价，为人们创新设计方案开辟了一条重要的途径。

13.4　系统分析方法

系统分析法就是将整个机械运动系统方案作为一个系统，从整体上评价方案是否适合总的功能要求，以便从多种方案中客观地、合理地选择最佳方案。系统工程评价是通过求总评价值H来进行的，通常Q个方案中H值最高的方案为整体性能最佳的方案。当然，最终决策还是由设计者根据实际情况作出选择。例如，完成某一实际工艺动作有许多机械运动方案，有时为了满足一些特殊的要求，并不一定要选择 H 值最高的方案，而是选择 H 值稍低而某些指标值较高的方案。

图 13-3 为系统工程评价步骤的框图。

通常机械运动系统方案要达到的目标很多，它们的要求也不一样，系统工程评价法就是将一个机构系统从整体上对其各项评价指标进行综合评价。

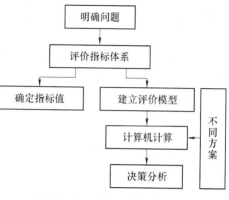

图 13-3 系统工程评价步骤

13.4.1 系统工程评价方法的基本原则

为了使机构系统从整体上进行综合评价，必须遵循以下几个原则：

1. 要保证评价的客观性

系统综合评价的目的是为了决策和选优，因此评价的客观性、有效性和合理性必须充分保证。这就要求评价的依据要全面和可靠，评价专家要有一定的权威性和客观性，评价方法要合理和可靠等。

2. 要保证方案的可比性

各个供选择的机械运动方案在保证实现系统的基本功能上要有可比性和一致性。不能突出一点而不考虑其余，要进行方案的全面比较，才能防止片面性和个人主观武断。

3. 要有适合机械运动方案的评价指标体系

评价指标既要包括机构系统所要实现的定量指标，也要包括机构系统所应满足的定性要求。评价指标体系制定得好坏，对于评价结果的合理和有效性是十分重要的。评价指标体系的建立过程应充分集中领域专家的知识和经验。

13.4.2 建立评价指标体系和确定评价指标值

对于机械运动方案的评价指标体系如前所述，定为五个方面 17 项评价指标，从表 13-3 中看出，这 17 项评价指标的重要程度按分配分数值的多少来决定，如果在具体的机械运动方案中要考虑一些特别情况，还可在有关项评价指标的分配分数值上乘以加权系数。

确定评价指标值的过程称为量化，它是把某一执行机构所能达到评价指标要求的程度进行量化，一般采用相对比值办法，将实现程度定为 1、0.75、0.5、0.25、0。对完全能实现评价指标规定要求的机构就定为 1，也就取得这项评价指标分配分数值的满分，否则就要将分配分数值打一个折扣。量化的方法通常有三种，即直接量化法、间接量化法、分等级法。上面采用的是分等级法。

如何确定机构系统评价指标体系及其各项评价指标的分配分数值是机械运动方案评估中十分重要的步骤。这些工作要通过领域专家的咨询而最后确定下来。表 13-3 所示的就是一种集思广益后的评价指标体系和各项分配分数值。

为了对各机械运动方案进行评估，还必须对各个具体的执行机构的各项指标的实现程度用相对比值来表示，这些相对比值一定要根据机构的技术资料、手册、实验数据以及领域专家的知识和经验来确定。如果由多名专家用填表方式来确定相对比值，其平均值就作为最后确定的相对比值。

13.4.3　建立评价模型

评价模型应能综合考虑各评价指标，体现系统工程评价法的具体计算原理，得出合理的评价结果。评价模型不但应考虑各指标在总体目标中的重要程度，还应考虑各指标之间的相互影响及结合状态。一般不能只用加权方法，还应运用多种价值组合规则。当各因素之间互相促进时用代换规则；当各因素之间可以互相补偿时用加法规则；当因素个个重要时用乘法规则，对于由 A、B、C 三个执行机构组成的机械运动方案，如图 13-4 所示，它的总评价模型为

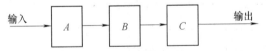

图 13-4　三个执行机构组成的机械运动方案
评价模型

$$H = \langle H_A^{\omega_A} \cdot H_B^{\omega_B} \cdot H_C^{\omega_C} \rangle \qquad (13-4)$$

式中，ω_A、ω_B、ω_C 为加权因子，由各执行机构 A、B、C 在整体系统中的重要程度决定。必须注意，运用乘法规则时的加权因子采用指数加权。

评价模型的结构如图 13-5 所示，其中 $H_A = \langle U_1(\cdot)U_2\cdots(\cdot)U_N \rangle$ 为乘法规则；$H_B = \langle U_{N+1}(+)U_{N+2}\cdots(+)U_P \rangle$ 为加法规则；$H_C = \langle U_{P+1}(\cdot)U_{P+2}\cdots(\cdot)U_S \rangle$ 为乘法规则。

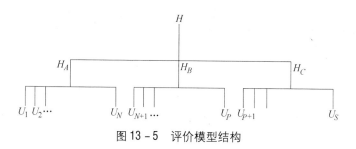

图 13 - 5   评价模型结构

每个指标 U_i 又可由若干子指标组成，可根据设计要求采用某一运动规则来组成。对于加法规则有

$$U_i = \sum_{i=1}^{M} W_i \qquad (13-5)$$

经过计算得出所有方案的评价值后，应对所得结果进行分析，选取其中最能适合设计要求的方案。例如，A 执行机构有 m 个方案、B 执行机构有 n 个方案、C 执行机构有 p 个方案，那么根据排列组合理论和实际可行性，此机械运动系统方案数为

$$Q = mnp - k \qquad (13-6)$$

式中，k 为 A、B、C 三个执行机构组成的不可行方案数。产生不可行方案的主要原因是三个执行机构在五大类评价指标上不能匹配工作。

在通常情况下，Q 个方案中 H 值为最高的机械运动系统方案为整体性能最佳的方案。当然，由系数工程方法算出的评价值只是为设计者选择机械运动方案提供了可靠的依据。但是，最终的决策还是由设计者根据实际情况作出。例如，在实际工作中，有时为了满足一些特殊的要求，并不一定选择 H 值最高的方案，而是选择 H 值稍低，但某些指标值较高的方案。

13.5   模糊综合评价法

在机械运动系统方案评价时，由于许多评价指标难以定量化，例如应用范围、可调性、承载能力、耐磨性、可靠性、制造难易、调整方便性、结构复杂性等，只能用"很好"、"好"、"不太好"、"不好"等"模糊概念"来评价。因此，应用模糊数学的方法进行综合评价将会取得更好的实际效果。模糊评价就是利用集合与模糊数学将模糊信息数值化，以进行定量评价的方法。

13.5.1   模糊综合评价中主要运算符号

模糊综合评价中的主要运算符号如表 13 - 4 所示。

表 13 - 4　模糊综合评价中的主要运算符号

符　　号	含　　义	符　　号	含　　义
∈	表示元素与集合的属	$\bar{\in}$ 或 ∉	不属于
⊆	包含	⊄	不包含
⊂	真包含	∪	并
∩	交	$\underset{\sim}{A}$	模糊集合
$\underset{\sim}{A}^c$	模糊集的补	∧	取小运算
∨	取大运算		

13.5.2　模糊集合的概念

定义：论域 U 中的模糊集合 $\underset{\sim}{A}$ 是以隶属度函数 $\mu_{\underset{\sim}{A}}$ 为表征的集合，即

$$\mu_{\underset{\sim}{A}}:\ U\rightarrow[0,1]$$

$$u\rightarrow\mu_{\underset{\sim}{A}}(u)$$

其中，$\mu_{\underset{\sim}{A}}$ 称作 $\underset{\sim}{A}$ 的隶属度函数；$\mu_{\underset{\sim}{A}}(u)$ 表示元素 $u\in U$ 属于 $\underset{\sim}{A}$ 的程度，并称 $\mu_{\underset{\sim}{A}}(u)$ 为 u 对于 $\underset{\sim}{A}$ 的隶属度。

关于此定义，有如下几点说明：

（1）A 的隶属度函数与普通集合的特征函数相比是经典集合的一般化，而经典集合则是它的特殊形式，即 A 是 U 上的一个模糊子集。

（2）模糊子集完全由其隶属度函数来刻画。事实上，可以建立模糊子集与隶属函数间的一一对应关系。$\mu_{\underset{\sim}{A}}(u)$ 接近于 1，表示 u 隶属于 $\underset{\sim}{A}$ 的程度大；反之，$\mu_{\underset{\sim}{A}}(u)$ 接近于零，表示 u 隶属于 $\underset{\sim}{A}$ 的程度小。

（3）隶属度函数是模糊数学的最基本概念，借助它才有可能对模糊集合进行量化，也才有可能利用精确数学方法去分析和处理模糊信息。隶属度函数通常根据经验或统计来确定，它本质上是客观事物的属性，但往往带有一定的主观性。正确地建立隶属度函数，是使模糊集合能够恰当地表现模糊概念的关键。所以，应用模糊数学去解决实际问题，往往归结为找出一个恰当的隶属度函数。这个问题解决了，其他问题也就迎刃而解了。

为了说明隶属度函数与其模糊集合的关系，举例如下。设 $U=[0,100]$ 表示年龄的某个集合，A 和 B 分别表示"年老"与"年轻"，其隶属度函数分别见图 13 - 6 和图 13 - 7，其表达式如下：

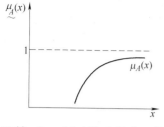

图 13-6 "年老"隶属度函数

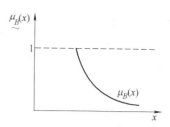

图 13-7 "年轻"隶属度函数

$$\mu_{\underset{\sim}{A}}(x) = \begin{cases} 0 & 0 \leqslant x \leqslant 50 \\ \left[1 + \left(\dfrac{x-50}{50}\right)^{-2}\right]^{-1} & 50 < x \leqslant 100 \end{cases}$$

$$\mu_{\underset{\sim}{B}}(x) = \begin{cases} 0 & 0 \leqslant x \leqslant 25 \\ \left[1 + \left(\dfrac{x-25}{25}\right)^{-2}\right]^{-1} & 25 < x \leqslant 100 \end{cases}$$

如果 $x = 60$，则有 $\mu_{\underset{\sim}{A}}(60) = 0.80$，$\mu_{\underset{\sim}{B}}(60) = 0.02$，即 60 岁属于"年老"的程度为 0.80，属于"年轻"的程度为 0.02，故可以认为 60 岁是比较老的。

13.5.3 隶属度函数的确定方法

一个模糊集合在给定某种特性之后，就必须建立反映这种特性所具有的程度函数即隶属度函数。它是模糊集合应用于实际问题的基石。一个具体的模糊对象，首先应当确定其切合实际的隶属度函数，才能应用模糊数学方法作具体的定量分析。

模糊评价的表达和衡量是用某一评价指标的评价概念（如优、良、差）隶属度的高低来表示。例如，某方案的调整方便性，一般不可能是绝对方便或绝对不方便，若认为方便性的概念有八成符合，那么它对调整方便性的隶属度就为 0.8。

隶属度可采用统计法或通过已知隶属度函数求得。

1. 模糊统计试验法

模糊统计试验法，是对评价指标体系中某一指标进行模糊统计试验，其试验次数应足够多，使统计得到的隶属频率稳定在某一数值范围，由此求得较准确的隶属度。

例如，为了对机械运动方案中某执行机构的调整方便性隶属度函数进行统计试验，由 20 位机械设计人员进行评定，其数据见表 13-5。

由表 13-5 可见，此指标在"好"处的隶属度为 0.75。

表 13-5 对某执行机构调整方便性的评价统计

序 号	评 价	频 数	相 对 频 数
1	很好	1	0.05
2	好	15	0.75
3	较好	3	0.15
4	不太好	1	0.05
5	不好	0	0

2. 二元对比排序法

在实际工作中，用二元对比排序法确定隶属度常常能对不易量化的概念进行较好的数据处理，但其主观色彩较浓厚。下面介绍二元对比排序法中的择优比较法。它是在抽样试验后，利用统计方法求取隶属度的。例如，对于某种评价指标，五种机构哪种最好？设论域 $U = \{$机构 I，机构 II，机构 III，机构 IV，机构 V$\}$。

在从事机械设计的科技人员中，随机抽取 50 人，每人被测 20 次。被测者每次在 U 中选两种机构进行对比，并从两种机构中择优指定自己选定的机构。

每个被测者按表 13-6 中的次序反复进行两遍测试，其结果记于表 13-7 中。

表 13-6 择优选定记录

	机构 I	机构 II	机构 III	机构 IV	机构 V
机构 I					
机构 II	1				
机构 III	5	2			
机构 IV	8	6	3		
机构 V	10	9	7	4	

表 13-7 择优选定记录结果与排序

择 优 次 数	I	II	III	IV	V	$\sum$	%	顺 序
I		52	52	54	66	224	22.4	2
II	48		84	48	58	238	23.8	1
III	47	16		53	61	177	17.7	4
IV	45	52	47		64	208	20.8	3
V	40	52	39	22		153	15.3	5

择优比较法将表 13-7 各行数字相加，按总和数值大小排序。百分数由各行总和除以"$\sum$"列总和后求得。其中各百分数就代表某评价指标"好"的隶属度。由表 13-7 可见，机构 II 为最好。

13.5.4 模糊综合评价

对机械运动方案评价指标的评判往往是模糊的，因此需采用模糊综合评价的方法对机构系统的方案作出最佳决策。

1. 确定评价因素集

评价因素集又称评价指标集，其中每一个因素都是评价的"着眼点"。

对于一个执行机构的评价因素集，由表 13 - 2 可得

$$U = \{A, B, C, D, E\}$$

式中，$A = (A_1, A_2)$；$B = (B_1, B_2, B_3, B_4)$；$C = (C_1, C_2, C_3, C_4)$；$D = (D_1, D_2, D_3, D_4)$；$E = (E_1, E_2, E_3)$。

为了全面评价某一选定的执行机构，它的评价指标集应由专家群来确定，以力求全面、合理。

2. 确定评价等级集合

对于 U 中的各因素作出评价等级，一般可以按"很好"、"好"、"较好"、"不太好"、"不好"五个等级来加以评价。因此，请 N 个专家，分别对 U 中各因素作出评价 v_i，列于表 13 - 8，其中评价因素集中的因素 u_i 有 x_{ij} 个专家评定为 v_j。

表 13 - 8　确定评价等级集合

	v_1	v_2	v_3	v_4	v_5	$\sum$
$u_1(A_1)$	X_{11}	X_{12}	X_{13}	X_{14}	X_{15}	N
$u_2(A_2)$	X_{21}	X_{22}	X_{23}	X_{24}	X_{25}	N
$u_3(B_1)$	X_{31}	X_{32}	X_{33}	X_{34}	X_{35}	N
$\vdots$	$\vdots$	$\vdots$	$\vdots$	$\vdots$	$\vdots$	$\vdots$
$u_{17}(E_3)$	$X_{17,1}$	$X_{17,2}$	$\cdots$	$\cdots$	$\cdots$	N

3. 确定评价矩阵

对于某一执行机构都可确定从 U 到 V 的评价矩阵，亦可称为模糊关系 $\underset{\sim}{R}$

$$\underset{\sim}{R} = (r_{ij})_{n \times m} = \begin{bmatrix} r_{11} & r_{12} & \cdots & r_{1m} \\ r_{21} & r_{22} & \cdots & r_{2m} \\ \vdots & \vdots & \vdots & \vdots \\ r_{n1} & r_{n2} & \cdots & r_{nm} \end{bmatrix}$$

式中，$r_{ij} = \dfrac{x_{ij}}{N}$。

对于一个执行机构，它的评价因素有 n 个，这里 $n = 17$；它的评价等级有 m 个，这里 $m = 5$。

4. 确定权数分配集

权数又称权重，它是表征各评价因素相对重要性大小的估测。权数分配集用 $\underset{\sim}{A}$ 表示

$$\underset{\sim}{A} = (a_1, a_2, a_3, \cdots a_n)$$

式中，$a_i > 0$，且 $\sum\limits_{i=1}^{n} a_i = 1$。

权数确定方法很多，对于机械运动方案评估可以采用专家估测法。这种方法取决于机械设计领域中专家的知识与经验，各评价指标的权数都可由专家群作出判断。

设评价指标集为 $\underset{\sim}{U} = (u_1, u_2, u_3, \cdots u_n)$，请 M 个专家分别就 $\underset{\sim}{U}$ 中元素作出权数判定，其结果列于表 13-9 中。

表 13-9　专家对评价因素权数判定

专　　家	评　价　指　标				
	u_1	u_2	$\cdots$	u_n	$\sum$
	权　　数				
专家 1	a_{11}	a_{12}	$\cdots$	a_{1n}	1
专家 2	a_{21}	a_{22}	$\cdots$	a_{2n}	1
$\vdots$	$\vdots$	$\vdots$	$\vdots$	$\vdots$	$\vdots$
专家 M	a_{M1}	a_{M2}	$\cdots$	a_{Mn}	1
$\frac{1}{M} \sum a_{ij} = t_i$	$\frac{1}{M} a_1$	$\frac{1}{M} a_2$	$\cdots$	$\frac{1}{M} a_n$	1

显然，表中各行之和等于 1，即 $\sum\limits_{j=1}^{n} a_{ij} = 1$，$i = 1, 2, \cdots, M$。根据上表，可取各评价因素权数为

$$t_i = \frac{1}{M} \sum_{i=1}^{M} a_{ij} = \frac{a_i}{M}$$

在实际确定权数过程中，为了使所得权数更加客观、合理，一般应剔除 $a_{kj} = M_{\max}(a_{ij})$ 及 $a_{k'j} = M_{\min}(a_{ij})$，即除去一个最大值和一个最小值，然后将其余各值平均后得到权数 t_i。

由于表 13-3 中所列评价性能指标的分配分数值是征集了专家意见后确定的，因此按分配分数值可得到各评价指标（评价因素）的权数，17 项评价指标的权数为

$A = (0.15, 0.10, 0.05, 0.05, 0.05, 0.05, 0.05, 0.05, 0.05, 20.05, 0.05, 0.05,$

$0.05, 0.05, 0.05, 0.05, 0.05)$

5. 计算模糊决策集

在确定评价矩阵 R 和权数分配集 A 以后，可以按下式求模糊决策集 B

$$B = A \circ R$$

式中，"$\circ$" 为算子符号。

B 的算法主要有两种：

（1）采用模糊矩阵的复合算法。

$$B = A \cdot R = (b_1, b_2, b_3, \cdots b_m)$$

$$b_j = \bigvee_{i=1}^{n} (a_i \wedge r_{ij}), \quad j = 1, 2, \cdots, m$$

即算子 "$\circ$" 取 "$\wedge$"、"$\vee$" 运算，亦即取小运算和取大运算。

现以简单例子说明运算过程，设 $A = (0.25, 0.20, 0.20, 0.20, 0.15)$，方案评价矩阵 R 为

$$R = \begin{bmatrix} 0.4 & 0.3 & 0.2 & 0.1 & 0 \\ 0.4 & 0.3 & 0.2 & 0 & 0.1 \\ 0.3 & 0.2 & 0.2 & 0.2 & 0.1 \\ 0.3 & 0.3 & 0.1 & 0.2 & 0.1 \\ 0.2 & 0.2 & 0.3 & 0.1 & 0.2 \end{bmatrix}$$

那么模糊决策集为

$$B = A \cdot R = (0.25, 0.2, 0.2, 0.2, 0.15) \begin{bmatrix} 0.4 & 0.3 & 0.2 & 0.1 & 0 \\ 0.4 & 0.3 & 0.2 & 0 & 0.1 \\ 0.3 & 0.2 & 0.2 & 0.2 & 0.1 \\ 0.3 & 0.3 & 0.1 & 0.2 & 0.1 \\ 0.2 & 0.2 & 0.3 & 0.1 & 0.2 \end{bmatrix}$$

$= [(0.25 \wedge 0.4) \vee (0.2 \wedge 0.4) \vee (0.2 \wedge 0.3) \vee (0.2 \wedge 0.3) \vee (0.15 \wedge 0.2),$

$(0.25 \wedge 0.3) \vee (0.2 \wedge 0.3) \vee (0.2 \wedge 0.2) \vee (0.2 \wedge 0.3) \vee (0.15 \wedge 0.2),$

$(0.25 \wedge 0.2) \vee (0.2 \wedge 0.2) \vee (0.2 \wedge 0.2) \vee (0.2 \wedge 0.1) \vee (0.15 \wedge 0.3),$

$(0.2 \wedge 0.1) \vee (0.2 \wedge 0) \vee (0.2 \wedge 0.2) \vee (0.2 \wedge 0.2) \vee (0.15 \wedge 0.1),$

$(0.25 \wedge 0) \vee (0.2 \wedge 0.1) \vee (0.2 \wedge 0.1) \vee (0.2 \wedge 0.1) \vee (0.15 \wedge 0.2)]$

$= (0.25 \vee 0.2 \vee 0.2 \vee 0.2 \vee 0.15, 0.25 \vee 0.2 \vee 0.2 \vee 0.2 \vee 0.15,$

$0.2 \vee 0.2 \vee 0.2 \vee 0.1 \vee 0.15, 0.1 \vee 0 \vee 0.2 \vee 0.2 \vee 0.1,$

$0 \vee 0.1 \vee 0.1 \vee 0.1 \vee 0.15)$

$$= (0.25, 0.25, 0.2, 0.2, 0.15)$$

评价结果表明，该方案"很好"的程度为 0.25，"好"的程度为 0.25，"较好"的程度为 0.2，"不太好"的程度为 0.2，"不好"的程度为 0.15。假如对 $\underset{\sim}{\boldsymbol{B}} = (0.25, 0.25, 0.2, 0.2, 0.15)$ 进行归一化处理，即 $\underset{\sim}{\boldsymbol{B}}^* = \left(\dfrac{0.25}{1.05}, \dfrac{0.25}{1.05}, \dfrac{0.2}{1.05}, \dfrac{0.2}{1.05}, \dfrac{0.15}{1.05}\right) = (0.233, 0.238, 0.190, 0.190, 0.144)$，就是说，认为该方案"很好"的占 23.8%，"好"的占 23.8%，"较好"的占 19%，"不太好"的占 19%，"不好"的占 14.4%。

这种方法因为采用了"$\wedge$"、"$\vee$"运算，对于某些问题，可能丢失了太多的信息，使结果显得粗糙。特别是评价因素较多，权数分配又较均衡时，由于 $\sum\limits_{i=1}^{n} a_i = 1$，因而使每一个因素所分得的权重 a_i 必然很小，于是利用"$\wedge$"、"$\vee$"运算时，使综合评价中得到的 b_j 注定很小（$b_j \leqslant \vee a_i$）。这时较小的权数通过"$\vee$"运算而被剔除了，那么实际得到的结果往往变得不够真实。因此需要采用其他改进方法。

（2）改进的运算方法。

$$\underset{\sim}{\boldsymbol{B}} = \underset{\sim}{\boldsymbol{A}} \circ \underset{\sim}{\boldsymbol{R}} = (b_1, b_2, b_3, \cdots b_m)$$

$$b_j = \sum_{i=1}^{n} (a_i, r_{ij}) = (a_1 r_{1j}) \oplus (a_2 r_{2j}) \oplus \cdots \oplus (a_n r_{nj}), \quad j = 1, 2, \cdots, m$$

即"$\circ$"取"$\cdot$"、"$\oplus$"算子，亦即取 $a \circ b = a \cdot b$ 乘积算子，$a \oplus b = (a+b) \wedge 1$ 闭合加法算子。$\sum\limits_{i=1}^{n}$ 表示对几个数在 $\oplus$ 下求和。这种算法简记为 $M(\cdot, \oplus)$。

对前文所列举的例子用改进的运算方法来计算模糊决策集，得

$$\underset{\sim}{\boldsymbol{B}} = \underset{\sim}{\boldsymbol{A}} \circ \underset{\sim}{\boldsymbol{R}} = (0.25, 0.2, 0.2, 0.2, 0.15) \begin{bmatrix} 0.4 & 0.3 & 0.2 & 0.1 & 0 \\ 0.4 & 0.3 & 0.2 & 0 & 0.1 \\ 0.3 & 0.2 & 0.2 & 0.2 & 0.1 \\ 0.3 & 0.3 & 0.1 & 0.2 & 0.1 \\ 0.2 & 0.2 & 0.3 & 0.1 & 0.2 \end{bmatrix}$$

采用 $M(\cdot, \oplus)$，有

$$\underset{\sim}{\boldsymbol{B}} = [(0.25 \times 0.4) \oplus (0.2 \times 0.4) \oplus (0.2 \times 0.3) \oplus (0.2 \times 0.3) \oplus (0.15 \times 0.2),$$
$$(0.25 \times 0.3) \oplus (0.2 \times 0.3) \oplus (0.2 \times 0.2) \oplus (0.2 \times 0.3) \oplus (0.15 \times 0.2),$$
$$(0.25 \times 0.2) \oplus (0.2 \times 0.2) \oplus (0.2 \times 0.2) \oplus (0.2 \times 0.1) \oplus (0.15 \times 0.3),$$
$$(0.25 \times 0.1) \oplus (0.2 \times 0) \oplus (0.2 \times 0.2) \oplus (0.2 \times 0.2) \oplus (0.15 \times 0.1),$$
$$(0.25 \times 0) \oplus (0.2 \times 0.1) \oplus (0.2 \times 0.1) \oplus (0.2 \times 0.1) \oplus (0.15 \times 0.2)]$$
$$= (0.1 \oplus 0.08 \oplus 0.06 \oplus 0.06 \oplus 0.03, 0.075 \oplus 0.06 \oplus 0.04 \oplus 0.06 \oplus 0.03,$$

$0.05 \oplus 0.04 \oplus 0.04 \oplus 0.02 \oplus 0.45, 0.025 \oplus 0 \oplus 0.04 \oplus 0.04 \oplus 0.015,$

$0 \oplus 0.02 \oplus 0.02 \oplus 0.02 \oplus 0.03)$

$= (0.33, 0.265, 0.195, 0.12, 0.09)$

归一化处理后有

$$\underset{\sim}{\boldsymbol{B}}^* = (0.33, 0.265, 0.195, 0.12, 0.09)$$

上述计算结果表明，认为方案"很好"的占 33%，"好"的占 26.5%，"较好"的占 19.5%，"不太好"的占 12%，"不好"的占 9%。因此，认为方案"很好"、"好"和"较好"的共占了 79%。

采用 $M(\wedge, \vee)$ 与 $M(\cdot, \oplus)$ 的计算结果不同，是运算算子不同的缘故。实际计算结果表明，当元素较均衡时，利用 $M(\wedge, \vee)$ 运算的结果是失真的，但采用 $M(\cdot, \oplus)$ 则可弥补 $M(\wedge, \vee)$ 算法的不足。所以实际工作中要根据不同情况选择运算算子。

6. 模糊综合评价

对于单一机构的选型评价，只要对所选用的若干机构分别按上述步骤算出各机构的模糊决策集 $\underset{\sim}{\boldsymbol{B}}_{\mathrm{I}}^*$、$\underset{\sim}{\boldsymbol{B}}_{\mathrm{II}}^*$、$\cdots \underset{\sim}{\boldsymbol{B}}_N^*$，然后综合评价它们的优劣，选择最佳的机构。

对于由若干个机构组成的机械运动系统方案，亦可根据以上方法，先求出此机械运动系统方案中各机构的模糊决策集 $\underset{\sim}{\boldsymbol{B}}_1$、$\underset{\sim}{\boldsymbol{B}}_2$、$\cdots \underset{\sim}{\boldsymbol{B}}_n$，然后确定各机构的综合权数分配集 $\underset{\sim 综}{\boldsymbol{A}}$，最后计算此机械运动系统方案的模糊综合决策集 $\underset{\sim 综}{\boldsymbol{B}}$

$$\underset{\sim 综}{\boldsymbol{B}} = \underset{\sim 综}{\boldsymbol{A}} \circ \underset{\sim 综}{\boldsymbol{R}} = \underset{\sim 综}{\boldsymbol{A}} \begin{bmatrix} \underset{\sim}{\boldsymbol{B}}_1 \\ \underset{\sim}{\boldsymbol{B}}_2 \\ \vdots \\ \underset{\sim}{\boldsymbol{B}}_n \end{bmatrix}$$

式中，$\underset{\sim 综}{\boldsymbol{R}}$ 可用各机构的模糊决策集叠加而成，其运算方法取 $M(\cdot, \oplus)$。

为了要对多个机械运动系统方案进行模糊综合评价，可分别求出各方案的模糊综合决策集 $\underset{\sim 综}{\boldsymbol{B}}^{\mathrm{I}}$、$\underset{\sim 综}{\boldsymbol{B}}^{\mathrm{II}}$、$\cdots \underset{\sim 综}{\boldsymbol{B}}^N$。根据模糊综合决策集的评价结果，选择最佳的方案。

例如，某种机械运动系统方案由三个执行机构组成，它有两套方案，已知

$$\underset{\sim 综}{\boldsymbol{A}}^{\mathrm{I}} = (0.4, 0.3, 0.3)$$

$$\underset{\sim 综}{\boldsymbol{R}}^{\mathrm{I}} = \begin{bmatrix} 0.4 & 0.3 & 0.1 & 0.1 & 0.1 \\ 0.35 & 0.25 & 0.2 & 0.1 & 0.1 \\ 0.4 & 0.2 & 0.2 & 0.2 & 0.1 \end{bmatrix}$$

$$\mathop{A}_{\sim \text{综}}^{\text{II}} = (0.35, 0.35, 0.3)$$

$$\mathop{R}_{\sim \text{综}}^{\text{II}} = \begin{bmatrix} 0.35 & 0.3 & 0.2 & 0.15 & 0 \\ 0.4 & 0.4 & 0.1 & 0.1 & 0 \\ 0.3 & 0.3 & 0.2 & 0.1 & 0.1 \end{bmatrix}$$

由此可求出模糊综合决策集 $\mathop{B}_{\sim \text{综}}^{\text{I}}$、$\mathop{B}_{\sim \text{综}}^{\text{II}}$

$$\mathop{B}_{\sim \text{综}}^{\text{I}} = (0.4, 0.3, 0.3) \begin{bmatrix} 0.4 & 0.3 & 0.1 & 0.1 & 0.1 \\ 0.35 & 0.25 & 0.2 & 0.1 & 0.1 \\ 0.4 & 0.2 & 0.2 & 0.2 & 0.1 \end{bmatrix}$$

$$= (0.385, 0.255, 0.16, 0.13, 0.10)$$

归一化后得

$$\mathop{B}_{\sim \text{综}}^{*\text{I}} = (0.374, 0.248, 0.155, 0.126, 0.097)$$

$$\mathop{B}_{\sim \text{综}}^{\text{II}} = (0.35, 0.35, 0.3) \begin{bmatrix} 0.35 & 0.3 & 0.2 & 0.15 & 0 \\ 0.4 & 0.4 & 0.1 & 0.1 & 0 \\ 0.3 & 0.3 & 0.2 & 0.1 & 0.1 \end{bmatrix}$$

$$= (0.3525, 0.335, 0.165, 0.1175, 0.03)$$

归一化后得

$$\mathop{B}_{\sim \text{综}}^{*\text{II}} = (0.3525, 0.335, 0.165, 0.1175, 0.03)$$

由 $\mathop{B}_{\sim \text{综}}^{*\text{I}}$、$\mathop{B}_{\sim \text{综}}^{*\text{II}}$ 的评价结果来看,方案 I 的"很好"、"好"、"较好"占 77.7%,方案 II 的"很好"、"好"、"较好"占 85.25%。因此,应选择方案 II。

如果机械运动系统方案由更多的执行机构所组成,提出的机械运动系统方案数更多,那么可以按上述方法求出 $\mathop{B}_{\sim \text{综}}^{*\text{I}}$、$\mathop{B}_{\sim \text{综}}^{*\text{II}}$、$\cdots \mathop{B}_{\sim \text{综}}^{*N}$,并最终选定某一方案。

13.6 实例分析

13.6.1 系统工程评价法评价机械运动方案

为了使提花织物纹板轧制系统实现自动化,纹版冲孔机的首要功能是削纸,即将放在纸库内的纹板(一块长 400 mm、宽 68 mm、厚 0.8 mm 的纸板)推出,送至由一对滚轮组成的纹版步进机构。削纸机构的削纸速度要求均匀,每次削纸不能卡纸或削空,图13-8为这种机构的结构示意图。另外,还要求机构尽量简单,便于加工制造和设计。

根据对削纸机构的要求,通过初步分析可以采用以下三个方案:

(1) 凸轮摇杆滑块机构(图13-9)。

(2) 牛头刨机构(图13-10)。

（3）斯蒂芬森机构（图 13-11）。

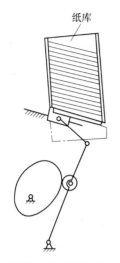

图 13-8 削纸机构

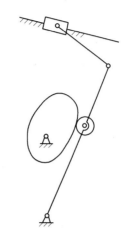

图 13-9 凸轮摇杆滑块机构

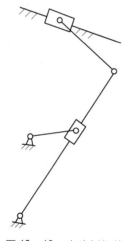

图 13-10 牛头刨机构

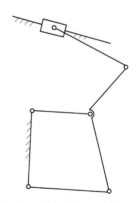

图 13-11 斯蒂芬森机构

除了上述三种机构，还可以通过创新和构思设计出其他形式的削纸机构。

根据削纸机构的工作特点、性能要求和应用场合等，采用表 13-2 所示的评价体系，可以用图 13-12 来简单表示。

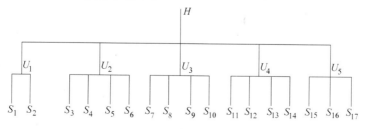

图 13-12 削纸机构评价体系

根据各评价指标相互关系，建立评价模型为

$$H_A = \langle U_1(\,\cdot\,)U_2(\,\cdot\,)U_3(\,\cdot\,)U_4(\,\cdot\,)U_5 \rangle$$

式中，$U_1 = S_1 + S_2$；$U_2 = S_3 + S_4 + S_5 + S_6$；$U_3 = S_7 + S_8 + S_9 + S_{10}$；$U_4 = S_{11} + S_{12} + S_{13} + S_{14}$；$U_5 = S_{15} + S_{16} + S_{17}$。

从上述可以看出，U_1、U_2、U_3、U_4、U_5 各指标之间采用了乘法规则，而它们内部各子评价指标采用了加法规则。

表 13 – 10 表示上述三个机构方案的评价指标体系、评价值及计算结果。在表中所有指标值分为五个等级，即"很好"、"好"、"较好"、"不太好"、"不好"，它们分别用 1，0.75，0.50，0.25，0 来表示。确定指标值时最好征求有设计经验的设计人员的意见，他们评定的指标值的平均值更趋合理，具体评估时不妨一试。

表 13 – 10　三种机构的评价体系、评价值和计算结果

评　价　指　标		方案 I（凸轮摇杆滑块机构）	方案 II（牛头刨机构）	方案 III（斯蒂芬森机构）
U_1	S_1	1	0.75	0.75
	S_2	0.75	0.75	0.75
U_2	S_3	0.75	0.75	0.75
	S_4	0.75	0.75	0.75
	S_5	0.75	0.75	0.75
	S_6	0.75	0.75	0.75
U_3	S_7	1	0.50	0.50
	S_8	0.50	0.75	0.75
	S_9	0.50	0.75	0.75
	S_{10}	7	1	7
U_4	S_{11}	0.50	0.75	0.50
	S_{12}	0.50	0.75	0.75
	S_{13}	1	0.75	0.75
	S_{14}	0.75	0.75	0.75
U_5	S_{15}	0.75	0.50	0.50
	S_{16}	0.75	0.75	0.75
	S_{17}	0.75	0.75	0.50
方案的 H 值		89.32	81	78.875

根据表 13 - 10 表示的评价值，用系统工程评价法可以算出各方案的 H 值，以 H 值的大小来排列三个机构方案的次序为：方案 I 最佳，方案 II 其次，方案 III 最差。在一般情况下宜选用方案 I 。

13.6.2 模糊综合评价法评价机械运动系统方案

在冲压式蜂窝煤成型机运动方案设计过程中，可以看到有十八个方案可供选择。为了简化分析，将下列两个机械运动方案（见表 13 - 11）用模糊综合评价法加以评估。如果有更多方案，亦可照此处理。

表 13 - 11 蜂窝煤成型机的机械运动系统方案

蜂窝煤成型机的三大机构	机械运动方案 I	机械运动方案 II
冲头和脱模机构	对心曲柄滑块机构	六连杆冲压机构
扫屑刷机构	附加滑块摇杆机构	移动从动件固定凸轮机构
模筒转盘间歇运动机构	槽轮机构	凸轮式间歇运动机构

下面给出评价计算步骤：

1. 计算方案 I 中各机构的模糊决策集

1）对心曲柄滑块机构

权数分配集为

$$\underset{\sim 1}{\boldsymbol{A}}^{\mathrm{I}} = (0.25, 0.2, 0.2, 0.2, 0.15)$$

评价矩阵为

$$\underset{\sim 1}{\boldsymbol{R}}^{\mathrm{I}} = \begin{bmatrix} 0.5 & 0.2 & 0.2 & 0.1 & 0 \\ 0.5 & 0.2 & 0.1 & 0.2 & 0 \\ 0.4 & 0.2 & 0.2 & 0.1 & 0.1 \\ 0.4 & 0.2 & 0.2 & 0.2 & 0 \\ 0.4 & 0.3 & 0.2 & 0.1 & 0 \end{bmatrix}$$

模糊决策集为

$$\underset{\sim 1}{\boldsymbol{B}}^{\mathrm{I}} = \underset{\sim 1}{\boldsymbol{A}}^{\mathrm{I}} \circ \underset{\sim 1}{\boldsymbol{R}}^{\mathrm{I}} = (0.25, 0.2, 0.2, 0.2, 0.15) \begin{bmatrix} 0.5 & 0.2 & 0.2 & 0.1 & 0 \\ 0.5 & 0.2 & 0.1 & 0.2 & 0 \\ 0.4 & 0.2 & 0.2 & 0.1 & 0.1 \\ 0.4 & 0.2 & 0.2 & 0.2 & 0 \\ 0.4 & 0.3 & 0.2 & 0.1 & 0 \end{bmatrix}$$

$$= (0.125 \oplus 0.1 \oplus 0.08 \oplus 0.08 \oplus 0.06, 0.05 \oplus 0.04 \oplus 0.04 \oplus 0.04 \oplus 0.045,$$
$$0.05 \oplus 0.02 \oplus 0.04 \oplus 0.04 \oplus 0.03, 0.025 \oplus 0.04 \oplus 0.02 \oplus 0.04 \oplus 0.015,$$
$$0 \oplus 0 \oplus 0.02 \oplus 0 \oplus 0)$$

$$= (0.445, 0.215, 0.18, 0.14, 0.02)$$

归一化后为

$$\underset{\sim 1}{\boldsymbol{B}}^{*\mathrm{I}} = (0.445, 0.215, 0.18, 0.14, 0.02)$$

2）附加滑块摇杆机构

权数分配集为

$$\underset{\sim 2}{\boldsymbol{A}}^{\mathrm{I}} = (0.25, 0.2, 0.2, 0.2, 0.15)$$

评价矩阵为

$$\underset{\sim 2}{\boldsymbol{R}}^{\mathrm{I}} = \begin{bmatrix} 0.3 & 0.3 & 0.2 & 0.1 & 0.1 \\ 0.3 & 0.3 & 0.2 & 0.2 & 0 \\ 0.3 & 0.3 & 0.2 & 0.1 & 0.1 \\ 0.4 & 0.3 & 0.2 & 0.1 & 0 \\ 0.5 & 0.3 & 0.1 & 0.1 & 0 \end{bmatrix}$$

模糊决策集为

$$\underset{\sim 2}{\boldsymbol{B}}^{\mathrm{I}} = \underset{\sim 2}{\boldsymbol{A}}^{\mathrm{I}} \circ \underset{\sim 2}{\boldsymbol{R}}^{\mathrm{I}} = (0.25, 0.2, 0.2, 0.2, 0.15) \begin{bmatrix} 0.3 & 0.3 & 0.2 & 0.1 & 0.1 \\ 0.3 & 0.3 & 0.2 & 0.2 & 0 \\ 0.3 & 0.3 & 0.2 & 0.1 & 0.1 \\ 0.4 & 0.3 & 0.2 & 0.1 & 0 \\ 0.5 & 0.3 & 0.1 & 0.1 & 0 \end{bmatrix}$$

$$= (0.075 \oplus 0.06 \oplus 0.06 \oplus 0.08 \oplus 0.075, 0.075 \oplus 0.06 \oplus 0.06 \oplus 0.06 \oplus 0.045,$$
$$0.05 \oplus 0.04 \oplus 0.04 \oplus 0.04 \oplus 0.015, 0.025 \oplus 0.04 \oplus 0.02 \oplus 0.02 \oplus 0.015,$$
$$0.025 \oplus 0 \oplus 0.02 \oplus 0 \oplus 0)$$

$$= (0.35, 0.3, 0.185, 0.12, 0.045)$$

归一化后为

$$\underset{\sim 2}{\boldsymbol{R}}^{*\mathrm{I}} = (0.35, 0.3, 0.185, 0.12, 0.045)$$

3）槽轮机构

权数分配集为

$$\underset{\sim 3}{\boldsymbol{A}}^{\mathrm{I}} = (0.25, 0.2, 0.2, 0.2, 0.15)$$

评价矩阵为

$$\mathop{R}_{\sim 3}^{\mathrm{I}} = \begin{bmatrix} 0.4 & 0.2 & 0.2 & 0.1 & 0.1 \\ 0.4 & 0.3 & 0.1 & 0.1 & 0.1 \\ 0.3 & 0.2 & 0.2 & 0.2 & 0.1 \\ 0.4 & 0.3 & 0.1 & 0.1 & 0.1 \\ 0.3 & 0.3 & 0.3 & 0.1 & 0 \end{bmatrix}$$

模糊决策集为

$$\mathop{B}_{\sim 3}^{\mathrm{I}} = \mathop{A}_{\sim 3}^{\mathrm{I}} \circ \mathop{R}_{\sim 3}^{\mathrm{I}} = (0.25, 0.2, 0.2, 0.2, 0.15) \begin{bmatrix} 0.4 & 0.2 & 0.2 & 0.1 & 0.1 \\ 0.4 & 0.3 & 0.1 & 0.1 & 0.1 \\ 0.3 & 0.2 & 0.2 & 0.2 & 0.1 \\ 0.4 & 0.3 & 0.1 & 0.1 & 0.1 \\ 0.3 & 0.3 & 0.3 & 0.1 & 0 \end{bmatrix}$$

$$= (0.1 \oplus 0.08 \oplus 0.06 \oplus 0.08 \oplus 0.045, 0.05 \oplus 0.06 \oplus 0.04 \oplus 0.06 \oplus 0.045,$$

$$0.05 \oplus 0.02 \oplus 0.04 \oplus 0.02 \oplus 0.045, 0.025 \oplus 0.02 \oplus 0.04 \oplus 0.02 \oplus 0.015,$$

$$0.025 \oplus 0.02 \oplus 0.02 \oplus 0.02 \oplus 0)$$

$$= (0.365, 0.255, 0.175, 0.12, 0.085)$$

归一化后为

$$\mathop{B}_{\sim 3}^{*\mathrm{I}} = (0.365, 0.255, 0.175, 0.12, 0.085)$$

2. 计算方案 II 中各机构的模糊决策集

1）六连杆冲压机构

权数分配集为

$$\mathop{A}_{\sim 1}^{\mathrm{II}} = (0.25, 0.2, 0.2, 0.2, 0.15)$$

评价矩阵为

$$\mathop{R}_{\sim 1}^{\mathrm{II}} = \begin{bmatrix} 0.4 & 0.3 & 0.2 & 0.1 & 0 \\ 0.4 & 0.2 & 0.2 & 0.1 & 0.1 \\ 0.4 & 0.2 & 0.2 & 0.1 & 0.1 \\ 0.3 & 0.2 & 0.2 & 0.2 & 0.1 \\ 0.3 & 0.2 & 0.2 & 0.3 & 0 \end{bmatrix}$$

模糊决策集为

$$\mathop{B}_{\sim 1}^{\mathrm{II}} = \mathop{A}_{\sim 1}^{\mathrm{II}} \circ \mathop{R}_{\sim 1}^{\mathrm{II}} = (0.25, 0.2, 0.2, 0.2, 0.15) \begin{bmatrix} 0.4 & 0.3 & 0.2 & 0.1 & 0 \\ 0.4 & 0.2 & 0.2 & 0.1 & 0.1 \\ 0.4 & 0.2 & 0.2 & 0.1 & 0.1 \\ 0.3 & 0.2 & 0.2 & 0.2 & 0.1 \\ 0.3 & 0.2 & 0.2 & 0.3 & 0 \end{bmatrix}$$

$$= (0.1 \oplus 0.08 \oplus 0.08 \oplus 0.06 \oplus 0.045, 0.075 \oplus 0.04 \oplus 0.04 \oplus 0.04 \oplus 0.03,$$
$$0.05 \oplus 0.04 \oplus 0.04 \oplus 0.04 \oplus 0.03, 0.025 \oplus 0.02 \oplus 0.02 \oplus 0.04 \oplus 0.045,$$
$$0 \oplus 0.02 \oplus 0.02 \oplus 0.02 \oplus 0)$$

$$= (0.365, 0.225, 0.2, 0.15, 0.06)$$

归一化后为

$$\underset{\sim 1}{\boldsymbol{B}}^{*\mathrm{II}} = (0.365, 0.225, 0.2, 0.15, 0.06)$$

2）移动从动件固定凸轮机构

权数分配集为

$$\underset{\sim 2}{\boldsymbol{A}}^{\mathrm{II}} = (0.25, 0.2, 0.2, 0.2, 0.15)$$

评价矩阵为

$$\underset{\sim 2}{\boldsymbol{R}}^{\mathrm{II}} = \begin{bmatrix} 0.4 & 0.3 & 0.2 & 0.1 & 0 \\ 0.2 & 0.2 & 0.3 & 0.2 & 0.1 \\ 0.2 & 0.2 & 0.3 & 0.2 & 0.1 \\ 0.3 & 0.2 & 0.3 & 0.1 & 0.1 \\ 0.4 & 0.3 & 0.1 & 0.1 & 0.1 \end{bmatrix}$$

模糊决策集为

$$\underset{\sim 2}{\boldsymbol{B}}^{\mathrm{II}} = \underset{\sim 2}{\boldsymbol{A}}^{\mathrm{II}} \circ \underset{\sim 2}{\boldsymbol{R}}^{\mathrm{II}} = (0.25, 0.2, 0.2, 0.2, 0.15) \begin{bmatrix} 0.4 & 0.3 & 0.2 & 0.1 & 0 \\ 0.2 & 0.2 & 0.3 & 0.2 & 0.1 \\ 0.2 & 0.2 & 0.3 & 0.2 & 0.1 \\ 0.3 & 0.2 & 0.3 & 0.1 & 0.1 \\ 0.4 & 0.3 & 0.1 & 0.1 & 0.1 \end{bmatrix}$$

$$= (0.1 \oplus 0.04 \oplus 0.04 \oplus 0.06 \oplus 0.06, 0.075 \oplus 0.04 \oplus 0.04 \oplus 0.04 \oplus 0.045,$$
$$0.05 \oplus 0.06 \oplus 0.06 \oplus 0.06 \oplus 0.015, 0.025 \oplus 0.04 \oplus 0.04 \oplus 0.02 \oplus 0.015,$$
$$0 \oplus 0.02 \oplus 0.02 \oplus 0.02 \oplus 0.015)$$

$$= (0.3, 0.24, 0.245, 0.14, 0.075)$$

归一化后为

$$\underset{\sim 2}{\boldsymbol{B}}^{*\mathrm{II}} = (0.3, 0.24, 0.245, 0.14, 0.075)$$

3）凸轮式间歇运动机构

权数分配集为

$$\underset{\sim 3}{\boldsymbol{A}}^{\mathrm{II}} = (0.25, 0.2, 0.2, 0.2, 0.15)$$

评价矩阵为

$$\mathop{R}_{\sim 3}^{\text{II}} = \begin{bmatrix} 0.4 & 0.2 & 0.2 & 0.1 & 0.1 \\ 0.3 & 0.2 & 0.2 & 0.2 & 0.1 \\ 0.4 & 0.3 & 0.2 & 0.1 & 0 \\ 0.3 & 0.2 & 0.1 & 0.2 & 0.2 \\ 0.2 & 0.3 & 0.2 & 0.2 & 0.1 \end{bmatrix}$$

模糊决策集为

$$\mathop{B}_{\sim 3}^{\text{II}} = \mathop{A}_{\sim 3}^{\text{II}} \circ \mathop{R}_{\sim 3}^{\text{II}} = (0.25, 0.2, 0.2, 0.2, 0.15) \begin{bmatrix} 0.4 & 0.2 & 0.2 & 0.1 & 0.1 \\ 0.3 & 0.2 & 0.2 & 0.2 & 0.1 \\ 0.4 & 0.3 & 0.2 & 0.1 & 0 \\ 0.3 & 0.2 & 0.1 & 0.2 & 0.2 \\ 0.2 & 0.3 & 0.2 & 0.2 & 0.1 \end{bmatrix}$$

$$= (0.1 \oplus 0.06 \oplus 0.08 \oplus 0.06 \oplus 0.03, 0.05 \oplus 0.04 \oplus 0.06 \oplus 0.04 \oplus 0.045,$$

$$0.05 \oplus 0.04 \oplus 0.04 \oplus 0.02 \oplus 0.03, 0.025 \oplus 0.04 \oplus 0.02 \oplus 0.04 \oplus 0.03,$$

$$0.025 \oplus 0.02 \oplus 0 \oplus 0.04 \oplus 0.015)$$

$$= (0.33, 0.235, 0.18, 0.155, 0.1)$$

归一化后为

$$\mathop{B}_{\sim 3}^{*\text{II}} = (0.33, 0.235, 0.18, 0.155, 0.1)$$

3. 两机械运动方案的模糊综合评价

1）方案 I

方案 I 三个执行机构的权数分配集为

$$\mathop{A}_{\sim 综}^{\text{I}} = (0.4, 0.25, 0.35)$$

方案 I 的综合评价矩阵，由前可得

$$\mathop{R}_{\sim 综}^{\text{I}} = \begin{bmatrix} \mathop{B}_{\sim 1}^{\text{I}} \\ \mathop{B}_{\sim 2}^{\text{I}} \\ \mathop{B}_{\sim 3}^{\text{I}} \end{bmatrix} = \begin{bmatrix} 0.445 & 0.215 & 0.18 & 0.14 & 0.02 \\ 0.35 & 0.3 & 0.185 & 0.12 & 0.045 \\ 0.365 & 0.255 & 0.175 & 0.12 & 0.085 \end{bmatrix}$$

它的模糊综合决策集为

$$\mathop{B}_{\sim 综}^{\text{I}} = \mathop{A}_{\sim 综}^{\text{I}} \circ \mathop{R}_{\sim 综}^{\text{I}} = (0.4, 0.25, 0.35) \begin{bmatrix} 0.445 & 0.215 & 0.18 & 0.14 & 0.02 \\ 0.35 & 0.3 & 0.185 & 0.12 & 0.045 \\ 0.365 & 0.255 & 0.175 & 0.12 & 0.085 \end{bmatrix}$$

$$= (0.178 \oplus 0.0875 \oplus 0.127753, 0.086 \oplus 0.075 \oplus 0.08925,$$

$$0.072 \oplus 0.04625 \oplus 0.06125, 0.056 \oplus 0.03 \oplus 0.042,$$

$$0.008 \oplus 0.011\,25 \oplus 0.029\,75)$$

$$= (0.393\,3,0.250\,3,0.179\,5,0.127\,9,0.049)$$

归一化后为

$$\mathop{\boldsymbol{B}}_{\sim 综}^{*\,\mathrm{I}} = (0.393\,3,0.250\,3,0.179\,5,0.127\,9,0.049)$$

2）方案 Ⅱ

方案 Ⅱ三个执行机构的权数分配集为

$$\mathop{\boldsymbol{A}}_{\sim 综}^{\mathrm{II}} = (0.4,0.25,0.35)$$

方案 Ⅱ的综合评价矩阵，由前可得

$$\mathop{\boldsymbol{R}}_{\sim 综}^{\mathrm{II}} = \begin{bmatrix} \mathop{\boldsymbol{B}}_{\sim 1}^{\mathrm{II}} \\ \mathop{\boldsymbol{B}}_{\sim 2}^{\mathrm{II}} \\ \mathop{\boldsymbol{B}}_{\sim 3}^{\mathrm{II}} \end{bmatrix} = \begin{bmatrix} 0.365 & 0.225 & 0.2 & 0.15 & 0.06 \\ 0.3 & 0.24 & 0.245 & 0.14 & 0.075 \\ 0.33 & 0.235 & 0.18 & 0.155 & 0.1 \end{bmatrix}$$

它的模糊综合决策集为

$$\mathop{\boldsymbol{B}}_{\sim 综}^{\mathrm{II}} = \mathop{\boldsymbol{A}}_{\sim 综}^{\mathrm{II}} \circ \mathop{\boldsymbol{R}}_{\sim 综}^{\mathrm{II}} = (0.4,0.25,0.35) \begin{bmatrix} 0.365 & 0.225 & 0.2 & 0.15 & 0.06 \\ 0.3 & 0.24 & 0.245 & 0.14 & 0.075 \\ 0.33 & 0.235 & 0.18 & 0.155 & 0.1 \end{bmatrix}$$

$$= (0.146 \oplus 0.075 \oplus 0.115\,5,0.09 \oplus 0.06 \oplus 0.082\,25,$$

$$0.08 \oplus 0.061\,25 \oplus 0.063,0.06 \oplus 0.035 \oplus 0.054\,25,$$

$$0.024 \oplus 0.018\,75 \oplus 0.035)$$

$$= (0.336\,5,0.232\,3,0.204\,2,0.149\,3,0.077\,7)$$

归一化后为

$$\mathop{\boldsymbol{B}}_{\sim 综}^{*\,\mathrm{II}} = (0.336\,5,0.232\,3,0.204\,2,0.149\,3,0.077\,7)$$

4. 机械运动系统方案的评估与选择

从上述计算所得的 $\mathop{\boldsymbol{B}}_{\sim 综}^{*\,\mathrm{I}}$、$\mathop{\boldsymbol{B}}_{\sim 综}^{*\,\mathrm{II}}$ 来看，方案 Ⅰ的"很好"、"好"、"较好"占 82.31%，方案 Ⅱ的"很好"、"好"、"较好"占 77.30%。因此，一般情况下应选择方案 Ⅰ。

参 考 文 献

［1］ 邹慧君. 机械系统设计原理. 北京：科学出版社，2003.

［2］ 邹慧君. 机械系统概念设计. 北京：机械工业出版社，2003.

［3］ Yan Hongsen. Creative design of mechanical devices. Singapore：Springer，1998.

［4］ 颜鸿森. 机构学. 2 版. 中国台北：台湾东华书局股份有限公司，1999.

［5］ 邹慧君，张春林，李杞仪. 机械原理. 2 版. 北京：高等教育出版社，2006.

［6］ 张武城. 创造创新方略. 北京：机械工业出版社，2005.

［7］ 杨雁斌. 创新思维法. 上海：华东理工大学出版社，2005.

［8］ 卞华，罗伟清. 创造性思维的原理与方法. 长沙：国防科技大学出版社，2001.

［9］ 赵惠田. 发明创造技法. 北京：科学普及出版社，1988.

［10］ 威廉·卡尔文. 大脑如何思维. 杨雄里，译. 上海：上海科学技术出版社，1996.

［11］ 邹珊刚. 系统科学. 上海：上海人民出版社，1987.

［12］ 胡胜海. 机械系统设计. 哈尔滨：哈尔滨工程大学出版社，1997.

［13］ Deo N. Graph theory with application to engineering and computer science. Prentice-Hall，1974.

［14］ Harary F. Graph theory. Addison-Wesley，1969.

［15］ Harary F，Yan Hongsen. Logical foundations of kinematic chains：graphs，lines graphs，and hypergraphs. Journal of Mechanical Design，1990，112(1)：79 – 83.

［16］ Yan Hongsen，Hwang Y W. The specialization of mechanisms. Mechanism and Machine Theory，1991，26(6)：541 – 551.

［17］ 陈福成. 综合加工机机构之构形合成［D］. 中国台南：成功大学机械工程学系，1997.

［18］ Li B Y，Chen F C，Yan Hongsen. An eight-link anti-dive front suspension mechanism for scooters. International Journal of Vehicle Design，1998，19(3)：340 – 355.

［19］ Yan Hongsen. A methodology for creative mechanism design. Mechanism and Machine Theory，1992，27(3)：235 – 242.

［20］ Yan. Hongsen，Hwang Y W. Number synthesis of kinematic chains based on permutations groups. Mathematical and Computer Modeling，1990，13(8)：29 – 42.

[21] 黄以文. 创造性机构设计之专家系统[D]. 中国台南：成功大学，1990.

[22] Chen F C, Yan Hongsen. On the tool change motion characteristics of machining centers. Journal of Applied Mechanisms and Robotics, 1996, 3(2): 36－42.

[23] Chen F C, Yan Hongsen. A methodology for the configuration synthesis of machining centers with automatic tool changer. Journal of Mechanical Design, 1999, 121(3): 359－367.

[24] Yan Hongsen, Chen F C. Configuration synthesis of machining centers without tool change arms. Mechanism and Machine Theory, 1998, 33(1/2): 197－212.

[25] Wang D, Conti C, Verlinden O, et al. A computer-aided simulation approach for mechanisms with time-varying topology. Computers & Structures, 1997, 64(1－4): 519－530.

[26] Yan Hongsen, Hwang Y W. The specialization of mechanism. Mechanism and Machine Theory, 1992, 27(3): 235－242.

[27] 李秉彦. 速克达型机车前悬吊防俯冲机构之设计[D]. 中国台南：成功大学，1995.

[28] 陈照忠. 平面机构之类型合成[D]. 中国台南：成功大学，1982.

[29] 颜鸿森，许正和. 新机构之类型合成法. 中国机械工程学刊，1983, 4(1): 11－23.

[30] 刘念德. 单段可变号阻块式按键锁之概念设计[D]，中国台南：成功大学，1996.

[31] Yan Hongsen, Liu N T. Joint-codes representations for mechanisms and chains with variable topologies. Transactions of the Canadian Society for Mechanical Engineering, 2003, 27(1/2): 131－143.

[32] 刘念德. 变化链机构之构形合成[D]. 中国台南：成功大学机械工程学系，2001.

[33] 梁庆华. 计算辅助机械运动方案求解理论与应用研究[D]. 上海：上海交通大学，2000.

[34] 孔凡国. 机械方案创新设计及其智能支持系统的研究与实践[D]. 上海：上海交通大学，1997.

[35] 唐林. 机械运动方案智能 CAD 模型与型综合自动化设计理论及其实现[D]. 上海：上海交通大学，2000.

[36] 叶志刚. 计算机辅助机械运动方案自动化设计原理及动态模拟研究[D]. 上海：上海交通大学，2003.

[37] 冯涛. 行为分组和变换理论及其在机械运动方案创新设计中的应用研究[D]. 上海：上海交通大学，2002.

[38] 李瑞琴. 机电一体化系统方案创新设计理论与方法研究[D]. 上海：上海交通大学，2004.

[39] 田永利. 机电产品中广义执行机构方案自动生产原理及应用研究[D]. 上海：上海交通大学，2005.

[40] 胡建刚. 机械系统设计. 北京：水利电力出版社，1991.

[41] 黄纯颖. 机械创新设计. 北京：高等教育出版社，2000.

[42] 张春林. 机械创新设计. 北京：机械工业出版社，2000.

[43] 苊垆. 实用模糊数学. 重庆：科学技术文献出版社，1989.

［44］ 李学荣. 新机器机构的创造发明——机构综合. 重庆：重庆出版社，1988.

［45］ 黄纯颖. 设计方法学. 北京：机械工业出版社，1922.

［46］ 楼鸿棣，邹慧君，高等机械原理. 北京：高等教育出版社，1990.

［47］ 邹慧君，廖武. 机电一体化系统概念设计的基本原理. 机械设计与研究，1999（3）：24－28.

［48］ 邹慧君，汪利，王石刚，等. 机械产品概念设计及其方法综述. 机械设计与研究，1998（2）：9－12.

［49］ 邹慧君，郭为忠，田永利，等. 广义机构及其应用前景. 机械设计与研究，2000，16（增刊）：32－34.

［50］ 邹慧君. 机构系统设计. 上海：上海科学技术出版社，1996.

［51］ 邹慧君. 机械原理课程设计手册. 北京：高等教育出版社；1998.

［52］ 邹慧君. 机械运动方案设计手册. 上海：上海交通大学出版社，1994.

［53］ 邹慧君. 机械原理教程. 北京：机械工业出版社，2001.

［54］ 邹慧君，高峰. 现代机构学进展第1卷. 北京：高等教育出版社，2007.

［55］ 邹慧君. 广义概念设计的普遍性、内涵及理论基础的探求. 机构设计与研究，2004，20（3）：5－14.

［56］ 邹慧君，顾明敏. 机构系统方案设计专家系统初探（一）——知识库管理系统的建立. 机械设计，1996，13（5）：26－28.

［57］ 邹慧君，顾明敏. 机构系统方案设计专家系统初探（二）——推理系统的建立和应用. 机械设计，1996，13（5），26－28.

［58］ Pahl G, Beitz W. Engineering design. London：Design Council，1984.

［59］ French M J. Creative design for Engineers. 3rd ed. Springer-Verlag，1999.

［60］ Qian L, Gero J S. Function behavior-structure paths and their role in analogy-based design. Artificial Intelligence for Engineering Design, Analysis and Manufacturing, 1996, 10（4）：289－312.

［61］ 苏松基. 系统工程与数学方法. 北京：机械工程出版社，1988.

［62］ 肖俭枢. 模糊数学基础及应用. 北京：航空工业出版社，1992.

［63］ 张建民. 机电一体化系统设计. 北京：北京高等教育出版社，2005.

［64］ 史忠植. 知识工程. 北京：清华大学出版社，1988.

［65］ 邹慧君，张青，王学武，等. 机器工作机理的行为表述方法及其在产品创新设计中应用研究. 机械设计与研究，2005，21（5）：11－15.

［66］ 邹慧君，梁庆华. 功能—运动行为—结构的概念设计模型及运动行为的多层表示. 机械设计，2000（8）：1－4.

［67］ 邹慧君. 机构系统设计与应用创新. 北京：机械工业出版社，2008.

［68］ 石永刚. 凸轮机构设计与应用创新. 北京：机械工业出版社，2008.

［69］ 华大年. 连杆机构设计与应用创新. 北京：机械工业出版社，2008.

[70] 吕庸厚. 组合机构设计与应用创新. 北京：机械工业出版社，2008.

[71] 邹慧君，殷鸿梁. 间歇运动机构设计与应用创新. 北京：机械工业出版社，2008.

[72] 谢存禧. 空间机构设计与应用创新. 北京：机械工业出版社，2008.

[73] 李华敏. 齿轮机构设计与应用. 北京：机械工业出版社，2008.

[74] 邹慧君. 广义机构设计与应用创新. 北京：机械工业出版社，2008.

[75] 顾培量. 系统分析. 北京：机械工业出版社，1991.

[76] 汪应洛. 系统工程理论方法与应用. 北京：高等教育出版社，1992.

[77] 汪应洛. 系统工程. 2 版. 北京：高等教育出版社，1995.

[78] 黄天铭，邓先礼，梁昌. 机械系统学. 重庆：重庆出版社，1997.

[79] 寿野寿郎. 机械系统设计. 姜文炳，译. 北京：机械工业出版社，1983.

[80] 朱龙根，黄雨华. 机械系统设计. 北京：机械工业出版社，1992.

[81] 王玉新. 机械创新设计方法学. 天津：天津大学出版社，1994.

[82] 赵松年，张奇鹏. 机电一体化系统设计. 北京：机械工业出版社，1996.

[83] 贝季瑶. 现代机械设备设计手册：第 8 篇 机构及其系统设计. 北京：机械工业出版社，1996.

[84] 武春友，戴大双. 价值工程. 北京：机械工业出版社，1992.

[85] 邹开其，徐扬. 模糊系统与专家系统. 成都：西南交通大学出版社，1989.

[86] 傅京孙. 人工智能及其应用. 北京：清华大学出版社，1987.

[87] 江雨龙. 自动化机械设计. 金华科技图书股份有限公司，1991.

[88] 汪利，邹慧君. 计算机辅助的机构运动行为知识表述及推理. 机械设计，1999（1）：9 – 11.

[89] 邹慧君，蓝兆辉，王石刚. 机构学研究现状、发展趋势和应用前景. 机械工程学报，1998(35)：1 – 3.

[90] Tang Lin, He Wei, Zou Huijun. Das Prinzip automatisierter Kombination von Mechanismen und dessen Realisierung：the principle for automated connection of mechanisms and its realization. Mechanism and Machine Theory, 2001, 36(8)：997 – 1008.

郑 重 声 明

高等教育出版社依法对本书享有专有出版权。任何未经许可的复制、销售行为均违反《中华人民共和国著作权法》，其行为人将承担相应的民事责任和行政责任，构成犯罪的，将被依法追究刑事责任。为了维护市场秩序，保护读者的合法权益，避免读者误用盗版书造成不良后果，我社将配合行政执法部门和司法机关对违法犯罪的单位和个人给予严厉打击。社会各界人士如发现上述侵权行为，希望及时举报，本社将奖励举报有功人员。

反盗版举报电话：(010)58581897/58581896/58581879

反盗版举报传真：(010)82086060

E - mail：dd@hep.com.cn

通信地址：北京市西城区德外大街 4 号
　　　　　　高等教育出版社打击盗版办公室

邮　　编：100120

购书请拨打电话：(010)58581118